工程硕士系列教材

数值分析

（第二版）

主　编　王开荣
副主编　杨大地

科学出版社
北　京

内 容 简 介

本书系统地介绍数值计算的基本概念、常用算法及有关的理论分析和应用．全书包含数值计算中的基本问题，如线性方程组的数值解法、矩阵特征值和特征向量的数值解法、非线性方程及方程组的数值解法、插值方法、逼近方法、数值积分、数值微分以及常微分方程初值问题的数值解法等，还介绍了 Matlab 软件在数值计算中的应用. 读者可将其中的算法和命令应用于数值实验和工程计算实践中去. 各章都给出典型例题并配有一定数量的习题，书后给出了习题答案和提示．

本书基本概念叙述清晰，语言通俗易懂，注重算法的实际应用．可作为理工科大学工程硕士研究生的“数值分析”课程教材，还可作为大学本科及硕士生的学习参考书，同时也可供工程技术人员参考使用．

图书在版编目(CIP)数据

数值分析/王开荣主编．--2 版．—北京：科学出版社，2014.5
工程硕士系列教材
ISBN 978-7-03-040625-5

Ⅰ.①数… Ⅱ.①王… Ⅲ.①数值分析-研究生-教材 Ⅳ.①O241

中国版本图书馆 CIP 数据核字(2014)第 099333 号

责任编辑：邓 静 张丽花 / 责任校对：胡小洁
责任印制：赵 博 / 封面设计：迷底书装

科学出版社 出版
北京东黄城根北街 16 号
邮政编码：100717
http://www.sciencep.com

保定市中画美凯印刷有限公司印刷
科学出版社发行 各地新华书店经销
*
2006 年 5 月第 一 版 开本：720×1000 1/16
2014 年 5 月第 二 版 印张：15 1/2
2025 年 2 月第九次印刷 字数：312 000

定价：69.00 元
（如有印装质量问题，我社负责调换）

前　言

本书是在第一版的基础上修订再版的，第一版已进行了 7 次印刷．原书在 2006 年 5 月出版至今，重庆大学工程硕士研究生课程已使用了八届，且重庆大学 2006～2009 级学术硕士研究生“数值分析”课程也是使用的该教材，部分兄弟院校也将本书作为教材或主要参考书．作者在充分听取教师和学生使用本教材的宝贵意见后，结合多年来的教学经验，觉得有必要对第一版的部分内容进行修订．

本书第一版的第 1 章～第 4 章、第 10 章由杨大地编写，第 5 章～第 9 章由王开荣编写，全书由杨大地统稿．在此衷心感谢杨大地老师的信任，决定由王开荣教授执笔本书第二版的修订工作．在修订工作中，为了便于理解，对部分内容的叙述进行了适当的简化．本书的其他内容主要变动如下：

为便于更好地理解 1.3.4 节的知识点，增添了例 1.9、例 1.10. 在第 2 章，增添了 Gauss 全主元法求行列式的算法，删去了系数矩阵有误差对方程组解影响的推证．为便于自学理解，将 3.4 节的算法改写为用数学公式和文字说明描述的形式．将 4.1 节、4.2 节的算法进行了改写；增添了定理 4.6 和定理 4.7；删去了原 4.3.2 节．对 5.2.2 节进行了修改．对例 6.5 修改了计算方法. 对第 7 章的内容进行了调整，增添了 7.3.3 节多项式拟合的病态性分析和实用性很强的正交多项式拟合．对 8.5.3 节进行了删减．

感谢使用本书第一版的老师和同学对我们提出的宝贵意见，我们更期望在本书以后的使用中能得到更多的建议，以便改进和完善并得以提升．

目　　录

第 1 章　绪　　论

在科学研究、工程实践和经济管理等工作中，存在大量的科学计算、数据处理等问题．应用计算机解决数值计算问题是工程技术人员应当具备的基本能力．工程实际中的大多数数学模型的完备解(公式解或解析解)很难甚至不能用现有的数学方法求出，需借助于数值分析的方法求出其近似解或者说数值形式的解.

运用数学方法解决科学研究或工程技术问题，一般的途径为：

实际问题→模型设计→算法设计→程序设计→上机计算→问题的解

其中，算法设计是数值分析课程的主要内容．

数值分析是研究基本数学问题的适合计算机求解的数值计算方法，包含了数值代数(线性方程组的解法、矩阵特征值计算等)、非线性方程的解法、数值逼近、数值微分与数值积分、常微分方程的数值解法等．它的基本理论和研究方法建立在数学理论基础之上，研究对象是数学问题，是数学的分支之一；又与计算机科学有密切的关系．我们在考虑算法时，往往要同时考虑计算机的特性，如计算速度、存储量、字长等技术指标，考虑程序设计时的可行性和复杂性．如果具备了一定的计算机基础知识和程序设计方法，学习数值分析的理论和方法就会更深刻、更实际，选择或设计的算法也会更合理、更实用．

1.1　算　　法

解决某类数学问题的数值计算方法称为数值算法，简称算法，它是求解数学问题过程的完整而准确的描述．为使算法能在计算机上实现，必须将一个数学问题分解为有限次的四则运算，即＋、－、×、÷运算．虽然在算法中也引用一些简单的基本函数运算，但这些函数运算实际上在计算机语言编译系统中也事先转化成了有限次的四则运算．

1.1.1　算法的表述形式

(1) 用数学公式和文字说明描述．这种方式是面向人的算法，符合人们的理解习惯，和算法的推证相衔接，易于学习接受，但离上机应用距离较大．

(2) 用框图描述．这种方式描述计算过程流向清楚，易于编制程序，但对初学者有一个习惯过程．此外，框图描述格式不很统一，详略难以掌握．

(3) 算法描述语言．它是表述算法的一种通用的语言，有特定的表述程序和语句，独立于计算机的硬件和软件系统，但可以很容易地转换某种实用的计算机语言，同时也具有一定的可读性．

(4) 算法程序．即用计算机语言描述的算法，是面向计算机的算法，它们常组装成算法软件包．本书的算法通常都有现成的程序文本和软件可资利用．但从学习算法的角度看，这种描述方式并不有利．

1.1.2 算法常具有的基本特征

算法要准确而全面地描述整个解题过程，它常具有如下特征：

(1) 算法常表现为一个无穷过程的截断．

例 1.1 计算 $\sin x$，$x\in\left[0, \frac{\pi}{4}\right]$.

解 根据 Taylor 公式

$$\sin x=x-\frac{x^3}{3!}+\frac{x^5}{5!}-\frac{x^7}{7!}+\cdots+(-1)^n\frac{x^{2n+1}}{(2n+1)!}+\cdots \tag{1.1}$$

这是一个无穷级数，只能在适当的地方“截断”，使计算量不太大，同时又能满足精度要求．如取 $n=3$，计算 $\sin 0.5\approx 0.5-\frac{0.5^3}{3!}+\frac{0.5^5}{5!}-\frac{0.5^7}{7!}=0.479426$，根据 Taylor 余项公式，它的误差应为

$$R=(-1)^4\frac{\xi^9}{9!},\quad \xi\in\left[0, \frac{\pi}{4}\right] \tag{1.2}$$

$$|R|\leqslant\frac{(\pi/4)^9}{362880}=3.13\times 10^{-7}$$

计算结果的六位数字都是准确的．

(2) 算法常表现为一个连续过程的离散化．

例 1.2 计算积分值 $I=\int_0^1\frac{1}{1+x}\mathrm{d}x$．

解 如图 1.1 所示，将[0，1]分为 4 等份，分别计算 4 个小曲边梯形的面积的近似值，然后加起来作为积分的近似值．记被积函数为 $f(x)$，即

$$f(x)=\frac{1}{1+x}$$

取 $h=\frac{1}{4}$，有

$$x_i=ih,\ i=0, 1, 2, 3, 4,\qquad T_i=\frac{f(x_i)+f(x_{i+1})}{2}h$$

所以有

$$I\approx\sum_{i=0}^{3}T_i=0.697024$$

与精确值 0.693147 比较，可知结果不够精确，如需提高精度，可进一步细分区间．

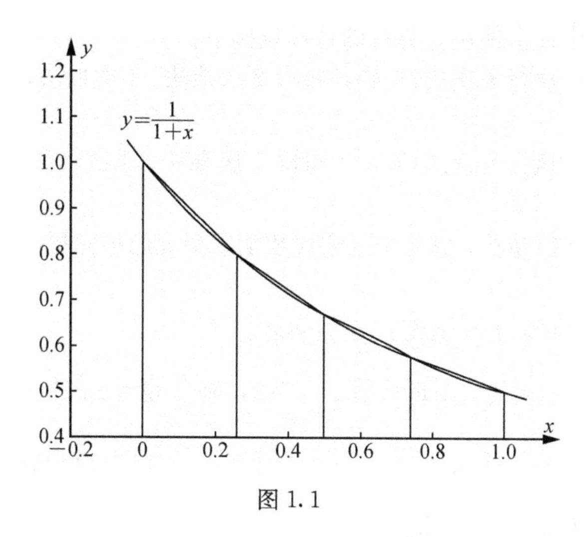

图 1.1

(3) 算法常表现为“迭代”形式．

迭代是指某一简单算法的多次重复，后一次使用前一次的结果．这种形式易于在计算程序中实现，在程序中表现为“循环”过程．

例 1.3　多项式求值：

$$P_n(x)=a_0+a_1x+a_2x^2+\cdots+a_nx^n \tag{1.3}$$

解　用 t_k 表示 x^k，u_k 表示式(1.3)前 $k+1$ 项之和．令

$$\begin{cases}t_0=1\\u_0=a_0\end{cases}$$

对 $k=1,2,\cdots,n$ 反复执行

$$\begin{cases}t_k=xt_{k-1}\\u_k=u_{k-1}+a_kt_k\end{cases} \tag{1.4}$$

显然 $P_n(x)=u_n$.

对此问题还有一种更好的迭代算法

$$\begin{aligned}P_n(x)&=a_nx^n+a_{n-1}x^{n-1}+\cdots+a_1x+a_0\\&=(a_nx^{n-1}+a_{n-1}x^{n-2}+\cdots+a_1)x+a_0\\&=((a_nx^{n-2}+a_{n-1}x^{n-3}+\cdots+a_2)x+a_1)x+a_0\\&=(\cdots(a_nx+a_{n-1})x+\cdots+a_1)x+a_0\end{aligned}$$

令

$$\begin{cases}v_0=a_n\\v_k=xv_{k-1}+a_{n-k}\end{cases} \tag{1.5}$$

显然 $P_n(x)=v_n$.

这两种算法都是将 n 次多项式化为 n 个一次多项式来计算，这种化繁为简的

方法在数值分析中经常使用．算法的计算量如下：

第一种方法：执行 n 次式(1.4)，每次 2 次乘法、1 次加法，共计 $2n$ 次乘法、n 次加法；

第二种方法：执行 n 次式(1.5)，每次 1 次乘法、1 次加法，共计 n 次乘法、n 次加法．

第二种方法运算量少，它是中国宋代数学家秦九韶最先提出的，被称为"秦九韶算法".

例 1.4 不用开平方计算 $\sqrt{a}\ (a>0)$ 的值．

解 假定 x_0 是 $\sqrt{a}$ 的一个近似值，$x_0>0$，则 $\frac{a}{x_0}$ 也是 $\sqrt{a}$ 的一个近似值，且 x_0 和 $\frac{a}{x_0}$ 两个近似值必有一个大于 $\sqrt{a}$，另一个小于 $\sqrt{a}$，可以设想它们的平均值应为 $\sqrt{a}$ 的更好的近似值，于是有算法

$$x_{k+1}=\frac{1}{2}\left(x_k+\frac{a}{x_k}\right),\quad k=0, 1, 2, \cdots \tag{1.6}$$

如计算 $\sqrt{3}$，取 $x_0=2$，有

$$x_{k+1}=\frac{1}{2}\left(x_k+\frac{3}{x_k}\right),\quad k=0, 1, 2, \cdots$$

计算有

$$\begin{aligned} x_0&=2\\ x_1&=1.75\\ x_2&=1.7321429\\ x_3&=1.7320508\\ &\vdots \end{aligned}$$

此算法收敛速度很快，只算三次就能得到 8 位精确数字．

迭代法应用时要考虑是否收敛、收敛条件及收敛速度等问题，今后的课程将进一步讨论．

1.2 误　　差

数值计算当然是越精确越好，最好是没有误差，但这一般说来是不可能的．误差总是不可避免的，问题是如何估计误差，并将误差控制在可以接受的范围内．因此，在数值分析中误差分析是十分重要的．

1.2.1 误差的来源

在运用数学方法解决实际问题的过程中，每一步都可能带来误差．

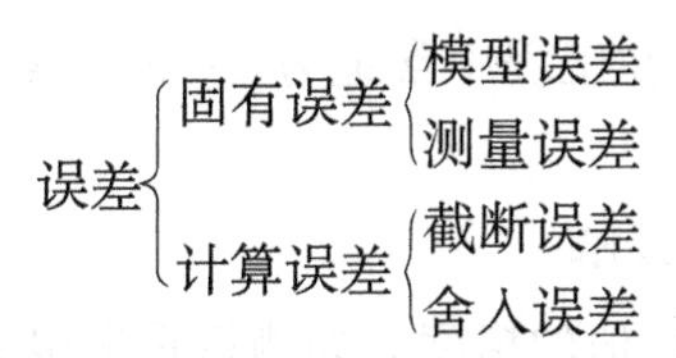

固有误差是求解工程问题的数学模型本身所具有的误差，是无法避免的．

模型误差：在建立数学模型时，往往要忽视很多次要因素，把模型“简单化”“理想化”，这时模型就与真实背景有了差距，即带入了误差．

测量误差：数学模型中的已知参数，多数是通过测量得到．而测量过程受工具、方法、观察者的主观因素、不可预料的随机干扰等影响必然带入误差．

计算误差是用数值计算方法求得的近似解与精确解之间的误差，它可以通过选择好的数学模型和计算方法来加以控制．数值分析的目标就是选择较好的计算公式，编制较好的算法和程序，使求解工程应用问题的计算误差被控制在最小的范围内．

截断误差：数学模型常难于直接求解，往往要近似替代，简化为易于求解的问题，这种简化带入的误差称为方法误差或截断误差．

舍入误差：计算机只能处理有限数位的小数运算，初始参数或中间结果都必须进行四舍五入运算，这必然产生舍入误差．

在数值分析课程中不分析讨论模型误差；截断误差是数值分析课程的主要讨论对象，它往往是计算中误差的主要部分，在讲到各种算法时，通过数学方法可推导出截断误差限的公式(如式(1.2))；舍入误差的产生往往带有很大的随机性，讨论比较困难，在问题本身呈病态或算法稳定性不好时，它可能成为计算中误差的主要部分；至于测量误差，可以作为初始的舍入误差看待．

详尽的误差分析是困难的，有时是不可能的．在数值分析中主要讨论截断误差及舍入误差．但一个训练有素的计算工作者，当发现计算结果与实际不符时，应当能诊断出误差的来源，并采取相应的措施加以改进，直至建议对模型进行修改.

1.2.2 误差的基本概念

1. 误差与误差限

定义 1.1 设 x^* 是准确值(一般是不知道的)，x 是它的一个近似值，称

$$e=x-x^* \tag{1.7}$$

为近似值 x 的绝对误差，简称误差．

误差一般无法准确计算，只能根据测量或计算情况估计出它的绝对值的一个上限，这个上限称为近似值 x 的误差限，记为 ε. 即

$$|x-x^*|\leqslant\varepsilon \tag{1.8}$$

其意义是$-\varepsilon \leqslant x-x^* \leqslant \varepsilon$. 在工程中常记为$x=x^* \pm \varepsilon$. 如$l=(10.2\pm 0.05)$mm，$R=(1500\pm 10)\Omega$等.

2. 相对误差与相对误差限

误差不能完全刻画近似值的精度. 如测量百米跑道产生 10cm 的误差与测量一个 1.2m 长度的课桌产生 1cm 的误差，就不能简单地认为后者更精确，还应考虑被测值的大小.

定义 1.2 误差与精确值的比值

$$e_r = \frac{e}{x^*} = \frac{x-x^*}{x^*} \tag{1.9}$$

称为x的相对误差. 相对误差是无量纲的量，常用百分比表示.

相对误差也常不能准确计算，而是用相对误差限来估计. 相对误差限

$$\varepsilon_r = \frac{\varepsilon}{|x^*|} \geqslant \frac{|x-x^*|}{|x^*|} = |e_r| \tag{1.10}$$

由于实际上x^*不知道，常用x代x^*作分母，用$\varepsilon_r = \frac{\varepsilon}{|x|}$表示相对误差限.

例 1.5 在刚才测量的例子中，若测得跑道长为(100 ± 0.1)m，课桌长为(120 ± 1)cm，则

$$\varepsilon_r^{(1)} = \frac{0.1}{100} = 0.1\%$$

$$\varepsilon_r^{(2)} = \frac{1}{120} = 0.83\%$$

显然后者比前者相对误差大.

1.2.3 有效数字

定义 1.3 若近似值x的误差限ε是它某一位数字的半个单位，就称x准确到该位数字，且从这一位数字起直到前面第一个非零数字为止的所有数字称为x的有效数字.

通常所说的l位有效数字是指从左端第一位非零数字往右数至第$l+1$位数字，并对第$l+1$位数字进行四舍五入而得到的近似数. 如$\pi=3.14159265\cdots$则 3.14 和 3.1416 分别有 3 位和 5 位有效数字. 而 3.143 相对于π也只能有 3 位有效数字.

在更多的情况下并不知道准确值x^*. 如果认为计算结果的各数位可靠，将它四舍五入到某一位，这时从这一位起到前面第一个非零数字共l位，由于四舍五入的原因，它与计算结果之差必不超过该位的半个单位. 习惯上说将计算结果保留l位有效数字. 如计算机上得到方程$x^3-x+1=0$的一个正根为 1.32472，保留 4 位有效数字的结果为 1.325，保留 5 位有效数字的结果为 1.3247.

相对误差与有效数字的关系十分密切．定性地讲，相对误差越小，有效数字越多，反之亦正确．定量地讲，有如下两个定理．

定理 1.1 设近似值 $x=\pm 0.a_1a_2\cdots a_n\times 10^m$，有 n 位有效数字，则其相对误差限

$$\varepsilon_r\leqslant\frac{1}{2a_1}\times 10^{-n+1} \tag{1.11}$$

证明略．

定理 1.2 设近似值 $x=\pm 0.a_1a_2\cdots a_n\cdots\times 10^m$ 的相对误差限

$$\varepsilon_r\leqslant\frac{1}{2(a_1+1)}\times 10^{-n+1} \tag{1.12}$$

则它至少有 n 位有效数字．

证明
$$|x|\leqslant(a_1+1)\times 10^{m-1}$$

$$|x-x^*|=\frac{|x-x^*|}{|x|}\times|x|\leqslant\frac{1}{2(a_1+1)}\times 10^{-n+1}\times(a_1+1)\times 10^{m-1}=0.5\times 10^{m-n}$$

由定义 1.3 知 x 有 n 位有效数字．

对有效数字的观察比估计相对误差容易得多，如监视到有效数字在算法中某一步突然变少，便意味着相对误差在这一步突然扩大，这就是计算出问题的地方．

例 1.6 计算$\frac{1}{759}-\frac{1}{760}$，视已知数为精确值，用 4 位浮点数计算．

解
$$原式=0.1318\times 10^{-2}-0.1316\times 10^{-2}=0.2\times 10^{-5}$$

结果只剩 1 位有效数字，有效数字大量损失，造成相对误差的扩大．若通分后再计算

$$原式=\frac{1}{759\times 760}=\frac{1}{0.5768\times 10^6}=0.1734\times 10^{-5}$$

就得到 4 位有效数字的结果，从此例可知相近数字相减会扩大相对误差．

1.3 数值运算时误差的传播

当参与运算的数值带有误差时，结果也必然带有误差，问题是结果的误差与原始误差相比是否会扩大．

1.3.1 一元函数计算误差的传播

设 x 是 x^* 的近似值，则结果误差 $e(f(x))=f(x)-f(x^*)$，用 Taylor 展开式分析

$$f(x^*)=f(x)+f'(x)(x^*-x)+\frac{f''(\xi)}{2}(x^*-x)^2$$

$$e(f(x))=f'(x)(x-x^*)-\frac{f''(\xi)}{2}(x^*-x)^2$$

$$|e(f(x))|\leqslant\varepsilon(f(x))\leqslant|f'(x)|\varepsilon(x)+\left|\frac{f''(\xi)}{2}\right|\varepsilon^2(x)$$

忽略第二项高阶无穷小之后，可得函数 $f(x)$的误差限估计式

$$\varepsilon(f(x))\approx|f'(x)|\varepsilon(x) \tag{1.13}$$

1.3.2 多元函数计算时误差的传播

若 x_1^*，x_2^*，…，x_n^* 的近似值分别是 x_1，x_2，…，x_n，则多元函数的准确值为

$$A^*=f(x_1^*,\ x_2^*,\ \cdots,\ x_n^*)$$

近似值为

$$A=f(x_1,\ x_2,\ \cdots,\ x_n)$$

误差

$$e(A)=A-A^*=f(x_1,\ x_2,\ \cdots,\ x_n)-f(x_1^*,\ x_2^*,\ \cdots,\ x_n^*)$$

$$\begin{aligned}|A-A^*|&=|f(x_1,\ x_2,\ \cdots,\ x_n)-f(x_1^*,\ x_2^*,\ \cdots,\ x_n^*)|\\&\leqslant\sum_{k=1}^{n}\left|\frac{\partial f(x_1,\ x_2,\ \cdots,\ x_n)}{\partial x_k}\right||x_k-x_k^*|+O((\Delta x)^2)\end{aligned}$$

其中，$\Delta x=\max\limits_{1\leqslant k\leqslant n}|x_k-x_k^*|$. 略去高阶项后有

$$\varepsilon(A)\approx\sum_{k=1}^{n}\left|\frac{\partial f(x_1,\ x_2,\ \cdots,\ x_n)}{\partial x_k}\right|\varepsilon(x_k) \tag{1.14}$$

当函数是二元函数时，公式成为

$$\varepsilon(f(x,\ y))\approx\left|\frac{\partial f(x,\ y)}{\partial x}\right|\varepsilon(x)+\left|\frac{\partial f(x,\ y)}{\partial y}\right|\varepsilon(y) \tag{1.15}$$

1.3.3 四则运算中误差的传播

四则运算可以看成是二元函数运算，按式(1.15)易得近似数作四则运算后的误差限公式

$$\varepsilon(x\pm y)=\varepsilon(x)+\varepsilon(y) \tag{1.16}$$

$$\varepsilon(x\cdot y)\approx|y|\varepsilon(x)+|x|\varepsilon(y) \tag{1.17}$$

$$\varepsilon\left(\frac{x}{y}\right)\approx\frac{|y|\varepsilon(x)+|x|\varepsilon(y)}{y^2},\quad y\neq0 \tag{1.18}$$

其中，式(1.16)取等号，是因为作为多元函数，加减运算是一次函数，Taylor 展开式没有二次余项.

例 1.7 若电压 $V=(220\pm5)\mathrm{V}$，电阻 $R=(300\pm10)\Omega$，求电流 I 并计算其误差限及相对误差限.

解
$$I\approx\frac{220}{300}=0.7333(\mathrm{A})$$

$$\varepsilon(I)=\frac{|V|\varepsilon(R)+|R|\varepsilon(V)}{R^2}=\frac{220\times10+300\times5}{90000}=0.0411$$

所以

$$I=(0.7333\pm0.0411)\mathrm{A}$$

$$\varepsilon_r(I)=\frac{0.0411}{0.7333}=0.056=5.6\%$$

1.3.4 设计算法时应注意的问题

1. 避免相近的数作减法运算

由式(1.16)有 $\varepsilon(x-y)=\varepsilon(x)+\varepsilon(y)$，可推出

$$\varepsilon_r(x-y)=\frac{\varepsilon(x-y)}{|x-y|}=\frac{|x|}{|x-y|}\times\frac{\varepsilon(x)}{|x|}+\frac{|y|}{|x-y|}\times\frac{\varepsilon(y)}{|y|}$$
$$=\frac{|x|}{|x-y|}\times\varepsilon_r(x)+\frac{|y|}{|x-y|}\times\varepsilon_r(y)$$

当 x，y 十分相近时，$|x-y|$ 接近零，$\frac{|x|}{|x-y|}$ 和 $\frac{|y|}{|x-y|}$ 将很大，所以 $\varepsilon_r(x-y)$ 将比 $\varepsilon_r(x)$ 或 $\varepsilon_r(y)$ 大很多，即相对误差将显著扩大.

从直观上看，相近的数作减法运算会造成有效数字的减少，如例 1.6. 有时通过改变算法可以避免相近的数作减法运算.

例 1.8 解方程 $x^2-18x+1$，假定用 4 位浮点计算.

解 用公式解法

$$x_1=\frac{18+\sqrt{18^2-4}}{2}=9+\sqrt{80}=17.94$$

$$x_2=9-\sqrt{80}=9.000-8.944=0.056$$

因为相近数相减，第二个根只有两位有效数字，精度较差. 若第二个根改为用 Viete(韦达)定理计算

$$x_2=\frac{1}{x_1}=\frac{1}{17.94}=0.05574$$

可以得到较好的结果.

又如，$\sqrt{x+1}-\sqrt{x}\ (x\gg1)$ 可改为 $\frac{1}{\sqrt{x+1}+\sqrt{x}}$，$1-\cos x\ (|x|\ll1)$ 可改为 $2\sin^2\left(\frac{x}{2}\right)$ 等，都可以得到比直接计算好的结果.

2. 避免除法中除数的数量级远小于被除数

由式(1.18)

$$\varepsilon\left(\frac{x}{y}\right)=\frac{|y|\varepsilon(x)+|x|\varepsilon(y)}{y^2}\approx\frac{|x|}{y^2}\varepsilon(y)+\frac{1}{|y|}\varepsilon(x)$$

若$|y|\ll|x|$，则$\frac{|x|}{y^2}\gg 1$，这时$\varepsilon\left(\frac{x}{y}\right)$将比$\varepsilon(y)$扩大很多.

3. 防止小数被大数“吃掉”

在大量数据的累加运算中，由于加法必须进行对位，有可能出现小数被大数“吃掉”.

例 1.9 在浮点数字长为 10 位数字的计算机上计算 $10^{10}+1$ 的值.

解 按照规格化浮点数的表示方法有

$$10^{10}=0.100000000\times10^{11};\quad 1=0.100000000\times10^{1}$$

但在计算时，先对“阶”得

$$10^{10}=0.100000000\times10^{11}$$
$$1=0.000000000①\times10^{11}$$

数字①位于尾数第 11 位，计算机中无法存储，因此实际存储并参加计算的是

$$10^{10}=0.100000000\times10^{11}$$
$$1=0.000000000\times10^{11}$$

相加后的结果为 $10^{10}+1=0.100000000\times10^{11}$，1 被“吃”掉了！

4. 注意运算步骤的简化

减少算术运算的次数，除可以减少运算时间，提高运算效率外，还有一个重要作用就是减少误差的积累效应．同时参与运算的数字的精度应尽量保持一致，否则那些较高精度的量的精度没有太大意义.

例 1.10 由 $\ln(1+x)=x-\frac{x^2}{2}+\frac{x^3}{3}-\frac{x^4}{4}+\cdots+\frac{(-1)^{n-1}}{n}x^n+\cdots$，有

$$\ln2=1-\frac{1}{2}+\frac{1}{3}-\frac{1}{4}+\cdots+\frac{(-1)^{n-1}}{n}+\cdots$$

若取精度 $\varepsilon=10^{-5}$，则 $n>10^5$，即需取前十万项．但对

$$\ln\frac{1+x}{1-x}=2x\left(1+\frac{x^2}{3}+\frac{x^4}{5}+\cdots+\frac{x^{2n}}{2n+1}+\cdots\right)$$

取 $x=\frac{1}{3}$ 只需取前五项即可达到精度要求.

1.3.5 病态问题数值算法的稳定性

在某一数学问题的计算过程中，舍入误差是否增长直接影响计算结果的可靠性．这里可能是数学问题本身性态不好，也可能是选择的算法出了问题.

(1) 对某数学问题本身，如果输入数据有微小扰动(即误差)，引起输出数据(即问题的解)的很大扰动，称此数学问题为病态问题．这是由数学问题本身的性

质决定的，与算法无关．例如：

$$y=\tan x,\quad x_1=1.50,\quad x_2=1.51$$

$$y_1=\tan x_1=14.1014,\quad y_2=\tan x_2=16.4281$$

$$\frac{|y_2-y_1|}{|x_2-x_1|}=\frac{2.3267}{0.01}=232.67$$

即 x 有 0.01 的扰动，对结果 y 产生 232.67 倍的误差．这里并没涉及具体的算法，是问题本身的性态造成的．实际上 1.5 接近$\frac{\pi}{2}$，而在$\frac{\pi}{2}$附近，$y=\tan x$ 是一个病态问题．

(2) 如果误差增长并不是数学问题本身引起，而是算法选择不当所致，则称此算法稳定性不好．

例如：

$$y=\sin 1,\quad y'(1)=\cos 1=0.5403$$

选择用差商近似代替微商，取步长 $h=0.01$，用四位有效数字作近似计算

$$y=\sin 1,\quad y'(1)\approx\frac{\sin(1.01)-\sin(1)}{1.01-1}=\frac{0.8468-0.8415}{0.01}=\frac{0.0053}{0.01}=0.53$$

结果明显很差．这里并不是因为 h 取得不够小，如 $h=0.001$，将只能得到 $y'(1)\approx 0.5$，结果更差．这是因为用相近数相减，损失了大量有效数位．

对病态问题，应尽量在建立数学模型时加以避免，实在避免不了时，可试用双精度勉强计算．当选择的算法不稳定时，则应改造或另选算法，今后的课程中两种情况都会遇到．

习 题 1

1.1 填空题．

(1) 为便于算法在计算机上实现，必须将一个数学问题分解为__________的__________运算；

(2) 在数值计算中为避免损失有效数字，尽量避免两个__________数作减法运算；为避免误差的扩大，也尽量避免分母的绝对值__________分子的绝对值；

(3) 误差有四大来源，数值分析主要处理其中的__________和__________；

(4) 有效数字越多，相对误差越__________．

1.2 用例 1.4 的算法计算$\sqrt{10}$，迭代 3 次，计算结果保留 4 位有效数字．

1.3 推导开平方运算的误差限公式，并说明什么情况下结果误差不大于自变量误差．

1.4 以下各数都是对准确值进行四舍五入得到的近似数，指出它们的有效数位、误差限和相对误差限．

$x_1=0.3040$，　$x_2=5.1\times10^9$，　$x_3=400$，　$x_4=0.003346$，　$x_5=0.875\times10^{-5}$

1.5　证明 1.2.3 节之定理 1.1.

1.6　若钢珠的直径 d 的相对误差为 1.0%，则它的体积 V 的相对误差将为多少(假定钢珠为标准的球形)？

1.7　若跑道长的测量有 0.1%的误差，对 400m 成绩为 60s 的运动员的成绩将会带来多大的误差和相对误差？

1.8　为使$\sqrt{20}$的近似数相对误差小于 0.05%，试问该保留几位有效数字？

1.9　一个圆柱体的工件，直径 d 为(10.25±0.25)mm，高 h 为(40.00±1.00)mm，则它的体积 V 的近似值、误差和相对误差为多少？

1.10　证明对一元函数运算有

$$\varepsilon_r(f(x))\approx k\cdot\varepsilon_r(x),\qquad \text{其中 } k=\left|\frac{xf'(x)}{f(x)}\right|$$

并求出 $f(x)=\tan x$，$x=1.57$ 时的 k 值，从而说明 $f(x)=\tan x$ 在 $x\approx\frac{\pi}{2}$时是病态问题.

1.11　定义多元函数运算

$$S=\sum_{i=1}^{n}c_ix_i,\qquad \text{其中}\sum_{i=1}^{n}c_i=1,\ \varepsilon(x_i)\leqslant\varepsilon$$

求出 $\varepsilon(S)$的表达式，并说明 c_i 全为正数时，计算是稳定的，c_i 有正有负时，误差难以控制.

1.12　下列各式应如何改进，使计算更准确：

(1) $y=\dfrac{1}{1+2x}-\dfrac{1-x}{1+x}$，　$|x|\ll1$；

(2) $y=\sqrt{x+\dfrac{1}{x}}-\sqrt{x-\dfrac{1}{x}}$，　$x\gg1$；

(3) $y=\dfrac{1-\cos2x}{x}$，　$|x|\ll1$；

(4) $y=\sqrt{p^2+q^2}-p$，　$p>0$，$q>0$，$p\gg q$.

第 2 章　线性方程组的直接解法

2.1 引　　言

很多数学模型含有线性方程组．有的问题的数学模型中虽不直接表现为线性方程组，但它的数值解法中将问题“离散化”或“线性化”为线性方程组．因此线性方程组的求解是数值分析课程中最基本的内容之一．

设有线性方程组

$$\begin{cases} a_{11}x_1+a_{12}x_2+\cdots+a_{1n}x_n=b_1 \\ a_{21}x_1+a_{22}x_2+\cdots+a_{2n}x_n=b_2 \\ \quad\vdots \\ a_{n1}x_1+a_{n2}x_2+\cdots+a_{nn}x_n=b_n \end{cases} \tag{2.1}$$

常记为矩阵形式

$$\boldsymbol{A}\boldsymbol{x}=\boldsymbol{b} \tag{2.2}$$

此时 $\boldsymbol{A}$ 是一个 $n\times n$ 方阵，$\boldsymbol{x}$ 和 $\boldsymbol{b}$ 是 n 维列向量．根据线性代数知识，若 $|\boldsymbol{A}|\neq 0$，式(2.2)的解存在且唯一．

关于线性方程组的解法一般分为两大类，一类是直接法，即经过有限次的算术运算，可以求得式(2.1)的精确解(假定计算过程没有舍入误差)．如线性代数课程中提到的 Cramer 算法就是一种直接法．但该法对高阶方程组计算量太大，不是一种实用的算法．实用的直接法中具有代表性的算法是 Gauss 消元法，其他算法都是它的变形和应用．

另一类是迭代法，它将式(2.1)变形为某种迭代公式，给出初始解 x_0，用迭代公式得到近似解的序列 $\boldsymbol{x}_k$($k=0$，1，2，…)，在一定的条件下 $\boldsymbol{x}_k\to\boldsymbol{x}^*$(精确解)．迭代法显然有一个收敛条件和收敛速度问题．

这两种解法都有广泛的应用，我们将分别讨论．本章介绍直接法，迭代法将在第 3 章中讨论．

2.2 Gauss 消元法

Gauss 消元法是一种古老的方法．我们在中学学过消元法，Gauss 消元法就是它的标准化的、适合在计算机上自动计算的一种方法．

2.2.1 Gauss 消元法的基本思想

例 2.1 解方程组

$$\begin{cases} x_1+2x_2+3x_3=1 & (2.3) \\ 2x_1+7x_2+5x_3=6 & (2.4) \\ x_1+4x_2+9x_3=-3 & (2.5) \end{cases}$$

解 第一步，将式(2.3)乘－2 加到式(2.4)，式(2.3)乘－1 加到式(2.5)，得到

$$\begin{cases} x_1+2x_2+3x_3=1 & (2.3) \\ 3x_1-x_3=4 & (2.6) \\ 2x_2+6x_3=-4 & (2.7) \end{cases}$$

第二步，将式(2.6)乘$-\frac{2}{3}$加到式(2.7)，得到

$$\begin{cases} x_1+2x_2+3x_3=1 & (2.3) \\ 3x_1-x_3=4 & (2.6) \\ \frac{20}{3}x_3=-\frac{20}{3} & (2.8) \end{cases}$$

回代，解式(2.8)得 x_3，将 x_3 代入式(2.6)得 x_2，将 x_2、x_3 代入式(2.3)得 x_1，得到解

$$\boldsymbol{x}^*=(2,\ 1,\ -1)^{\mathrm{T}}$$

容易看出第一步和第二步相当于增广矩阵[$\boldsymbol{A}$：b]在作行变换，用 $\boldsymbol{r}_i$ 表示增广阵[$\boldsymbol{A}$：b]的第 i 行

$$[\boldsymbol{A}:\boldsymbol{b}]=\begin{pmatrix} 1 & 2 & 3 & 1 \\ 2 & 7 & 5 & 6 \\ 1 & 4 & 9 & -3 \end{pmatrix} \xrightarrow[r_3\leftarrow -r_1+r_3]{r_2\leftarrow -2r_1+r_2} \begin{pmatrix} 1 & 2 & 3 & 1 \\ 0 & 3 & -1 & 4 \\ 0 & 2 & 6 & -4 \end{pmatrix}$$

$$\xrightarrow{r_3\leftarrow -\frac{2}{3}\times r_2+r_3} \begin{pmatrix} 1 & 2 & 3 & 1 \\ 0 & 3 & -1 & 4 \\ 0 & 0 & \frac{20}{3} & -\frac{20}{3} \end{pmatrix}$$

由此看出，上述过程是逐次消去未知量的系数，将 $\boldsymbol{Ax}=\boldsymbol{b}$ 化为等价的三角形方程组，然后回代解之，这就是 Gauss 消元法．

2.2.2 Gauss 消元法公式

综合以上讨论不难看出，Gauss 消元法解线性方程组的公式为：

1. 消元

(1) 令

$$a_{ij}^{(1)}=a_{ij}, \quad i, j=1, 2, \cdots, n$$
$$b_i^{(1)}=b_i, \quad i=1, 2, \cdots, n$$

(2) 对 $k=1$ 到 $n-1$，若 $a_{kk}^{(k)}\neq 0$，进行

$$\begin{cases} l_{ik}=\dfrac{a_{ik}^{(k)}}{a_{kk}^{(k)}}, & i=k+1, k+2, \cdots, n \\ a_{ik}^{(k+1)}=0, & i=k+1, k+2, \cdots, n \\ a_{ij}^{(k+1)}=a_{ij}^{(k)}-l_{ik}\times a_{kj}^{(k)}, & i, j=k+1, k+2, \cdots, n \\ b_i^{(k+1)}=b_i^{(k)}-l_{ik}\times b_k^{(k)}, & i=k+1, k+2, \cdots, n \end{cases} \tag{2.9}$$

2. 回代

若 $a_{nn}^{(n)}\neq 0$，则

$$\begin{cases} x_n=\dfrac{b_n^{(n)}}{a_{nn}^{(n)}} \\ x_i=\dfrac{1}{a_{ii}^{(i)}}\left(b_i^{(i)}-\sum\limits_{j=k+1}^{n}a_{ij}^{(i)}x_j\right), & i=n-1, n-2, \cdots, 1 \end{cases} \tag{2.10}$$

2.2.3 Gauss 消元法的条件

以上过程中，消元过程要求 $a_{ii}^{(i)}\neq 0(i=1, 2, \cdots, n-1)$，回代过程则进一步要求 $a_{nn}^{(n)}\neq 0$，但就方程组 $\boldsymbol{Ax}=\boldsymbol{b}$ 来说，$a_{ii}^{(i)}(i=2, \cdots, n-1)$是否等于 0 是无法事先看出的．

注意 $\boldsymbol{A}$ 的顺序主子式 $\boldsymbol{D}_i(i=1, 2, \cdots, n)$在消元过程中不变．这是因为消元所作的变换是“将某行的若干倍加到另一行”上，据线性代数知识，此类变换不改变行列式的值．若 Gauss 消元过程已进行了 $k-1$ 步(此时当然应有 $a_{ii}^{(i)}\neq 0$，$i\leqslant k-1$)，这时计算 $\boldsymbol{A}^{(k)}$ 的顺序主子式有递推公式

$$\boldsymbol{D}_1=a_{11}^{(1)}$$
$$\boldsymbol{D}_i=\boldsymbol{D}_{i-1}a_{ii}^{(i)}, \quad i=2, 3, \cdots, n$$

显然，$\boldsymbol{D}_i\neq 0\Leftrightarrow a_{ii}^{(i)}\neq 0$，可知，消元过程能进行到底的充要条件是 $\boldsymbol{D}_i\neq 0(i=1, 2, \cdots, n-1)$，若要回代过程也能完成，还应加上 $\boldsymbol{D}_n=|\boldsymbol{A}|\neq 0$，综合上述有：

定理 2.1　Gauss 消元法消元过程能进行到底的充要条件是系数阵 $\boldsymbol{A}$ 的 $1\sim n-1$ 阶顺序主子式不为零；$\boldsymbol{Ax}=\boldsymbol{b}$ 能用 Gauss 消元法求解的充要条件是 $\boldsymbol{A}$ 的各阶顺序主子式不为零．

一般来说，乘除法的运算比加减法占用机时多得多，因此，常只统计乘除法次数来表达一个方法的计算工作量，Gauss 消去法的计算量大约为$\dfrac{n^3}{3}$.

2.3 选主元的 Gauss 消元法

在 2.2 节的算法中，消元时可能出现 $a_{ii}^{(i)}=0$ 的情况，Gauss 消元法将无法继续；即使 $a_{kk}^{(k)}\neq 0$，但 $|a_{kk}^{(k)}|\ll 1$，此时用它作除数，也会导致其他元素数量级严重增加，带来舍入误差的扩散，使解严重失真．

例 2.2 线性方程组

$$\begin{cases}0.00001x_1+x_2=1.00001\\2x_1+x_2=3\end{cases}$$

解 准确解是 $(1,\ 1)^{\mathrm{T}}$．现设我们的计算机为四位浮点数，方程组输入计算机后成为

$$\begin{pmatrix}0.1000\times10^{-4} & 0.1000\times10\\0.2000\times10 & 0.1000\times10\end{pmatrix}\begin{pmatrix}x_1\\x_2\end{pmatrix}=\begin{pmatrix}0.1000\times10\\0.3000\times10\end{pmatrix}\tag{2.11}$$

用 Gauss 消元法 $l_{12}=0.2\times10^6$，$\boldsymbol{r}_2\leftarrow\boldsymbol{r}_2-l_{12}\times\boldsymbol{r}_1$

$$\begin{pmatrix}0.1000\times10^{-4} & 0.1000\times10\\0 & -0.2000\times10^6\end{pmatrix}\begin{pmatrix}x_1\\x_2\end{pmatrix}=\begin{pmatrix}0.1000\times10\\-0.2000\times10^6\end{pmatrix}$$

回代，$x_2=0.1000\times10=1$，$x_1=0$，解严重失真．

若将 $\boldsymbol{r}_1$ 和 $\boldsymbol{r}_2$ 交换

$$\begin{pmatrix}0.2000\times10 & 0.1000\times10\\0.1000\times10^{-4} & 0.1000\times10\end{pmatrix}\begin{pmatrix}x_1\\x_2\end{pmatrix}=\begin{pmatrix}0.3000\times10\\0.1000\times10\end{pmatrix}$$

消元，$l_{12}=0.5\times10^{-5}$，$\boldsymbol{r}_2\leftarrow\boldsymbol{r}_2-\boldsymbol{l}_{12}\times\boldsymbol{r}_1$

$$\begin{pmatrix}0.2000\times10 & 0.1000\times10\\0 & 0.1000\times10\end{pmatrix}\begin{pmatrix}x_1\\x_2\end{pmatrix}=\begin{pmatrix}0.3000\times10\\0.1000\times10\end{pmatrix}$$

回代，$x_1=0.1000\times10$，$x_2=0.1000\times10$，得到准确解．

从例 2.2 中可以看出，对方程组作简单的行交换有时会显著改善解的精度．在实际使用 Gauss 消元法时，常结合使用“选主元”技术以避免零主元或“小主元”出现，从而保证 Gauss 消元法能进行或保证解的数值稳定性．

2.3.1 列主元消元法

设已用列主元消元法完成 $\boldsymbol{Ax}=\boldsymbol{b}$ 的第 $k-1(1\leqslant k\leqslant n-1)$ 次消元，此时方程组

$$\boldsymbol{Ax}=\boldsymbol{b}\to\boldsymbol{A}^{(k)}x=\boldsymbol{b}^{(k)}$$

有如下形式：

$$[\boldsymbol{A}^{(k)} : \boldsymbol{b}^{(k)}]=\begin{pmatrix} a_{11}^{(1)} & a_{12}^{(1)} & \cdots & \cdots & \cdots & b_1^{(1)} \\ & a_{22}^{(2)} & \cdots & \cdots & \cdots & b_2^{(2)} \\ & & \cdots & \cdots & \cdots & \vdots \\ & & a_{kk}^{(k)} & \cdots & a_{kn}^{(k)} & b_k^{(k)} \\ & & \vdots & & \vdots & \vdots \\ & & a_{nk}^{(k)} & \cdots & a_{nn}^{(k)} & b_n^{(k)} \end{pmatrix} \tag{2.12}$$

进行第 k 次消元前，先进行两个步骤：

(1) 从第 k 列对角线元素 $a_{kk}^{(k)}$ 至 $a_{nk}^{(k)}$ 中选出绝对值最大者，设 $|a_{i_k,k}^{(k)}|=\max\limits_{k\leqslant i\leqslant n}|a_{ik}^{(k)}|$，确定 i_k，若 $a_{i_k,k}^{(k)}=0$，则必有 $a_{kk}^{(k)}$ 至 $a_{nk}^{(k)}$ 这些元素全为零，此时 $|\boldsymbol{A}|=0$，即方程组 $\boldsymbol{Ax}=\boldsymbol{b}$ 无确定解，应给出信息退出计算．

(2) 若 $a_{i_k,k}^{(k)}\neq 0$，且 $i_k\neq k$，则交换 i_k 行和 k 行元素，即

$$a_{kj}^{(k)}\leftrightarrow a_{i_k,j}^{(k)},\quad k\leqslant j\leqslant n$$

$$b_k^{(k)}\leftrightarrow b_{i_k}^{(k)}$$

然后用 Gauss 消元法进行消元．这样从 $k=1$ 做到 $n-1$，就完成了消元过程，只要 $|\boldsymbol{A}|\neq 0$，列主元 Gauss 消元法必可进行下去．

2.3.2 全主元消元法

在式(2.12)中，若每次选主元不局限在原始 $a_{kk}^{(k)}$ 至 $a_{nk}^{(k)}$ 这一列中，而是在整个子块矩阵

$$\begin{pmatrix} a_{kk}^{(k)} & \cdots & a_{kn}^{(k)} \\ \vdots & & \vdots \\ a_{nk}^{(k)} & \cdots & a_{nn}^{(k)} \end{pmatrix}$$

中选取，便称为全主元 Gauss 消元法，在第 k 次消元前，增加的步骤为：

(1) 用 $|a_{i_k,j_k}^{(k)}|=\max\limits_{k\leqslant i,j\leqslant n}|a_{ij}^{(k)}|$，确定 i_k，j_k，若 $a_{i_k,j_k}^{(k)}=0$，给出 $|\boldsymbol{A}|=0$ 的信息，退出计算，否则作(2)；

(2) 当 $i_k\neq k$ 时，作行交换

$$a_{kj}^{(k)}\leftrightarrow a_{i_k,j}^{(k)},\quad k\leqslant j\leqslant n$$

$$b_k^{(k)}\leftrightarrow b_{i_k}^{(k)}$$

当 $j_k\neq k$ 时，作列交换

$$a_{ik}^{(k)}\leftrightarrow a_{i,j_k}^{(k)},\quad k\leqslant i\leqslant n$$

值得注意的是，在全主元的消元法中，由于进行了列交换，解向量 $\boldsymbol{x}$ 各分量的顺序已被打乱．因此必须在每次列交换的同时，让机器“记住”交换的信息，在回代解出后将 $\boldsymbol{x}$ 各分量换回原来相应的位置．这样增加了程序设计的复杂性，此外选主元时，全主元消元法将耗用更多的机时．但全主元消元法比列主元消元法

数值稳定性更好一些．实际应用中，这两种选主元技术都在使用．

选主元素 Gauss 消元法是一种实用的算法，原则上它可以应用于任意的方程组 $\boldsymbol{Ax}=\boldsymbol{b}$，只要 $|\boldsymbol{A}|\neq 0$.

2.4 Gauss-Jordan 消元法

2.4.1 Gauss-Jordan 消元法的过程

Gauss-Jordan 消元法是 Gauss 消元法的一种变形．Gauss 消元法是消去对角元下方的元素．若同时消去对角元上方和下方的元素，而且将对角元化为 1，就是 Gauss-Jordan 消元法．

设 Gauss-Jordan 消元法已完成 $k-1$ 步，于是 $\boldsymbol{Ax}=\boldsymbol{b}$ 化为等价方程组 $\boldsymbol{Ax}^{(k)}=\boldsymbol{b}^{(k)}$，增广阵为

$$[\boldsymbol{A}^{(k)}:\boldsymbol{b}^{(k)}]=\begin{pmatrix} 1 & & & a_{1k} & \cdots & a_{1n} & b_1 \\ & \ddots & & \vdots & & \vdots & \vdots \\ & & 1 & a_{k-1,k} & \cdots & a_{k-1,n} & b_{k-1} \\ & & & a_{kk} & \cdots & a_{kn} & b_k \\ & & & \vdots & & \vdots & \vdots \\ & & & a_{nk} & \cdots & a_{nn} & b_n \end{pmatrix}$$

在第 k 步计算时，考虑将第 k 行上下的第 k 列元素都化为零，且 $a_{kk}(k=1,2,\cdots,n)$ 化为 1.

(1) 按列选主元，确定 i_k 使

$$|a_{i_k,k}|=\max_{k\leqslant i\leqslant n}|a_{ik}|$$

(2) 当 $i_k\neq k$ 时，交换增广阵第 k 行和第 i_k 行

$$a_{kj}\leftrightarrow a_{i_k,j},\quad k\leqslant j\leqslant n$$
$$b_k\leftrightarrow b_{i_k}$$

(3) 计算乘数

$$\begin{cases} l_{ik}=\dfrac{a_{ik}}{a_{kk}},\ i=1,2,\cdots,n, & \text{且 } i\neq k \\ l_{kk}=\dfrac{1}{a_{kk}} \end{cases} \tag{2.13}$$

(4) 消元

$$\begin{cases} a_{ij}=a_{ij}-l_{ik}a_{kj}, & i=1,2,\cdots,n,\ \text{且 } i\neq k;\ j=k+1,k+2,\cdots,n \\ a_{ik}=0, & i=1,2,\cdots,n,\ \text{且 } i\neq k \\ b_i=b_i-l_{ik}b_k, & i=1,2,\cdots,n,\ \text{且 } i\neq k \end{cases} \tag{2.14}$$

(5) 主行计算

$$a_{kj}=a_{kj}\times l_{kk}, \quad j=k, k+1, \cdots, n$$
$$b_k=b_k\times l_{kk}$$

当 $k=n$ 时，有

$$[\boldsymbol{A}: \boldsymbol{b}]\rightarrow[\boldsymbol{A}^{(n)}: \boldsymbol{b}^{(n)}]=\begin{pmatrix}1 & & & & b_1\\ & 1 & & & b_2\\ & & \ddots & & \vdots\\ & & & 1 & b_n\end{pmatrix}$$

则 $x_i=b_i(i=1, 2, \cdots, n)$ 就是 $\boldsymbol{Ax}=\boldsymbol{b}$ 的解 .

Gauss-Jordan 消元法的消元过程比 Gauss 消元法略复杂，但省去了回代过程，它的计算量约为 $\frac{n^3}{2}$，大于 Gauss 消元法，也称为无回代的 Gauss 消元法 .

2.4.2　方阵求逆

Gauss-Jordan 消元法解方程组并不比 Gauss 消元法优越，但用于矩阵求逆是适宜的，实际上它就是线性代数中学过的初等变换方法求逆的一种规范化算法.

例 2.3　求

$$\boldsymbol{A}=\begin{pmatrix}1 & -1 & 0\\ 2 & 2 & 3\\ -1 & 2 & 1\end{pmatrix}$$

的逆阵 .

解　写出增广阵，并进行初等变换求逆，可以看到，就是 Gauss-Jordan 消元法

$$\boldsymbol{C}=\begin{pmatrix}1 & -1 & 0 & 1 & 0 & 0\\ 2 & 2 & 3 & 0 & 1 & 0\\ -1 & 2 & 1 & 0 & 0 & 1\end{pmatrix}\xrightarrow{\boldsymbol{r}_1\leftrightarrow\boldsymbol{r}_2}\begin{pmatrix}2 & 2 & 3 & 0 & 1 & 0\\ 1 & -1 & 0 & 1 & 0 & 0\\ -1 & 2 & 1 & 0 & 0 & 1\end{pmatrix}$$

$$\xrightarrow{\text{第一次消元}}\begin{pmatrix}1 & 1 & \frac{3}{2} & 0 & \frac{1}{2} & 0\\ 0 & -2 & -\frac{3}{2} & 1 & -\frac{1}{2} & 0\\ 0 & 3 & \frac{5}{2} & 0 & \frac{1}{2} & 1\end{pmatrix}$$

$$\xrightarrow{\boldsymbol{r}_2\leftrightarrow\boldsymbol{r}_3}\begin{pmatrix}1 & 1 & \frac{3}{2} & 0 & \frac{1}{2} & 0\\ 0 & 3 & \frac{5}{2} & 0 & \frac{1}{2} & 1\\ 0 & -2 & -\frac{3}{2} & 1 & -\frac{1}{2} & 0\end{pmatrix}$$

$$\xrightarrow{\text{第二次消元}}\begin{pmatrix}1 & 0 & \frac{2}{3} & 0 & \frac{1}{3} & -\frac{1}{3}\\ 0 & 1 & \frac{5}{6} & 0 & \frac{1}{6} & \frac{1}{3}\\ 0 & 0 & \frac{1}{6} & 1 & -\frac{1}{6} & \frac{2}{3}\end{pmatrix}$$

$$\xrightarrow{\text{第三次消元}}\begin{pmatrix}1 & 0 & 0 & -4 & 1 & -3\\ 0 & 1 & 0 & -5 & 1 & -3\\ 0 & 0 & 1 & 6 & -1 & 4\end{pmatrix}$$

所以

$$\boldsymbol{A}^{-1}=\begin{pmatrix}-4 & 1 & -3\\ -5 & 1 & -3\\ 6 & -1 & 4\end{pmatrix}$$

2.5 矩阵的 *LU* 分解

下面用矩阵语言描述 Gauss 消元法的消元过程.

2.5.1 矩阵 *LU* 分解

$\boldsymbol{Ax}=\boldsymbol{b}$ 是线性方程组，$\boldsymbol{A}$ 是 $n\times n$ 方阵，并设 $\boldsymbol{A}$ 的各阶顺序主子式不为零. 令 $\boldsymbol{A}^{(1)}=\boldsymbol{A}$，当 Gauss 消元法进行第一步后，相当于用一个初等矩阵 $\boldsymbol{L}_1$ 左乘$\boldsymbol{A}^{(1)}$. 其中

$$\boldsymbol{L}_1=\begin{pmatrix}1 & & & & \\ -l_{21} & 1 & & & \\ -l_{31} & 0 & 1 & & \\ \vdots & \vdots & \vdots & \ddots & \\ -l_{n1} & 0 & 0 & \cdots & 1\end{pmatrix}$$

且 $l_{i1}(i=2,3,\cdots,n)$由式(2.9)确定，即 $\boldsymbol{A}^{(2)}=\boldsymbol{L}_1\boldsymbol{A}^{(1)}$，$\boldsymbol{b}^{(2)}=\boldsymbol{L}_1\boldsymbol{b}^{(1)}$，同样第 k 步消元有

$$\boldsymbol{A}^{(k+1)}=\boldsymbol{L}_k\boldsymbol{A}^{(k)},\qquad \boldsymbol{b}^{(k+1)}=\boldsymbol{L}_k\boldsymbol{b}^{(k)}$$

$$\boldsymbol{L}_k=\begin{pmatrix}1 & & & & \\ & \ddots & & & \\ & & 1 & & \\ & & -l_{k+1,k} & 1 & \\ & & \vdots & & \ddots \\ & & -l_{nk} & & & 1\end{pmatrix}$$

进行 $n-1$ 步后，得到 $\boldsymbol{A}^{(n)}$，记 $\boldsymbol{U}=\boldsymbol{A}^{(n)}$，$\boldsymbol{U}$ 的下三角部分全化为零元素，它是一个上三角阵．整个消元过程可表达如下：

$$\boldsymbol{L}_{n-1}\boldsymbol{L}_{n-2}\cdots\boldsymbol{L}_1\boldsymbol{A}=\boldsymbol{U} \tag{2.15}$$

$$\boldsymbol{L}_{n-1}\boldsymbol{L}_{n-2}\cdots\boldsymbol{L}_1\boldsymbol{b}=\boldsymbol{b}^{(n)}$$

则

$$\boldsymbol{A}=\boldsymbol{L}_1^{-1}\boldsymbol{L}_2^{-1}\cdots\boldsymbol{L}_{n-1}^{-1}\boldsymbol{U}$$

记

$$\boldsymbol{L}=\boldsymbol{L}_1^{-1}\boldsymbol{L}_2^{-1}\cdots\boldsymbol{L}_{n-1}^{-1} \tag{2.16}$$

有

$$\boldsymbol{A}=\boldsymbol{L}\boldsymbol{U}$$

已知 $\boldsymbol{U}$ 是上三角矩阵，我们有

$$\boldsymbol{L}_k^{-1}=\begin{pmatrix} 1 & & & & & \\ & \ddots & & & & \\ & & 1 & & & \\ & & l_{k+1,k} & 1 & & \\ & & \vdots & & \ddots & \\ & & l_{nk} & & & 1 \end{pmatrix} \tag{2.17}$$

$$\boldsymbol{L}=\begin{pmatrix} 1 & & & & & \\ l_{21} & 1 & & & & \\ l_{31} & l_{32} & 1 & & & \\ \vdots & \vdots & \vdots & \ddots & & \\ \vdots & \vdots & \vdots & & 1 & \\ l_{n1} & l_{n2} & l_{n3} & \cdots & l_{n,n-1} & 1 \end{pmatrix} \tag{2.18}$$

其中，$l_{ij}\,(i=2,\ 3,\ \cdots,\ n;\ j=1,\ 2,\ \cdots,\ n-1)$ 由式(2.9)确定．$\boldsymbol{L}$ 是下三角矩阵，且所有的对角元为1，称为单位下三角阵．这样有 $\boldsymbol{A}=\boldsymbol{L}\boldsymbol{U}$，称为 $\boldsymbol{A}$ 的 $\boldsymbol{LU}$ 分解.

定理 2.2　矩阵 $\boldsymbol{A}_{n\times n}$，只要 $\boldsymbol{A}$ 的各阶顺序主子式非零，则 $\boldsymbol{A}$ 可以分解为一个单位下三角阵 $\boldsymbol{L}$ 和一个上三角阵 $\boldsymbol{U}$ 的乘积，即 $\boldsymbol{A}=\boldsymbol{L}\boldsymbol{U}$，且这种分解是唯一的.

证明　只需证明分解的唯一性．

设 $\boldsymbol{A}=\boldsymbol{L}\boldsymbol{U}$ 和 $\boldsymbol{A}=\bar{\boldsymbol{L}}\bar{\boldsymbol{U}}$ 都是 $\boldsymbol{A}$ 的 $\boldsymbol{LU}$ 分解，则 $\boldsymbol{L}\boldsymbol{U}=\bar{\boldsymbol{L}}\bar{\boldsymbol{U}}$.

因为 $\boldsymbol{A}$ 非奇异，所以 $\bar{\boldsymbol{L}}$，$\bar{\boldsymbol{U}}$ 都非奇异，所以 $\bar{\boldsymbol{L}}^{-1}\boldsymbol{L}=\bar{\boldsymbol{U}}\boldsymbol{U}^{-1}$.

因为单位下三角阵的逆仍是单位下三角阵，它们的乘积仍是单位下三角阵，上三角阵的逆及它们的乘积仍是上三角阵(证明留作习题)．则等式两边既要是单位下三角阵，又要是上三角阵，只能是单位阵 $\boldsymbol{I}$. 所以 $\bar{\boldsymbol{L}}^{-1}=\boldsymbol{L}^{-1}$，$\boldsymbol{L}=\bar{\boldsymbol{L}}$.

同理有 $\boldsymbol{U}^{-1}=\bar{\boldsymbol{U}}^{-1}$，$\boldsymbol{U}=\bar{\boldsymbol{U}}$，唯一性得证．

当 $\boldsymbol{A}$ 进行 $\boldsymbol{LU}$ 分解后，方程组 $\boldsymbol{Ax}=\boldsymbol{b}$ 可转化为 $\boldsymbol{LUx}=\boldsymbol{b}$，令 $\boldsymbol{Ux}=\boldsymbol{y}$，有 $\boldsymbol{Ly}=\boldsymbol{b}$. 即 $\boldsymbol{Ax}=\boldsymbol{b}$ 等价于

$$\begin{cases}\boldsymbol{Ly}=\boldsymbol{b}\\ \boldsymbol{Ux}=\boldsymbol{y}\end{cases}$$

将 $\boldsymbol{Ax}=\boldsymbol{b}$ 分解为解两个极易求解的三角形方程组 .

2.5.2 直接 LU 分解

$\boldsymbol{A}$ 的 $\boldsymbol{LU}$ 分解可以用 Gauss 消元法完成，但也可以用矩阵乘法原理推出计算公式 . 设

$$\begin{pmatrix}a_{11} & a_{12} & \cdots & a_{1n}\\ a_{21} & a_{22} & \cdots & a_{2n}\\ \vdots & \vdots & & \vdots\\ a_{n1} & a_{n2} & \cdots & a_{nn}\end{pmatrix}=\begin{pmatrix}1 & & & \\ l_{21} & 1 & & \\ \vdots & \vdots & \ddots & \\ l_{n1} & l_{n2} & \cdots & 1\end{pmatrix}\begin{pmatrix}u_{11} & u_{12} & \cdots & u_{1n}\\ & u_{22} & \cdots & u_{2n}\\ & & \ddots & \vdots\\ & & & u_{nn}\end{pmatrix}$$

由矩阵乘法公式

$$a_{1j}=u_{1j},\quad j=1,2,\cdots,n$$
$$a_{i1}=l_{i1}u_{11},\quad i=2,3,\cdots,n$$

推出

$$u_{1j}=a_{1j},\quad j=1,2,\cdots,n$$
$$l_{i1}=\frac{a_{i1}}{u_{11}},\quad i=2,3,\cdots,n$$

这样就定出 $\boldsymbol{U}$ 的第一行元素和 $\boldsymbol{L}$ 的第一列元素(除对角线元 1 外).

设已定出 $\boldsymbol{U}$ 的前 $k-1$ 行和 $\boldsymbol{L}$ 的前 $k-1$ 列，由矩阵乘法

$$a_{kj}=\sum_{r=1}^{n}l_{kr}u_{rj}$$

当 $r>k$ 时，$l_{kr}=0$，且 $l_{kk}=1$，得

$$a_{kj}=u_{kj}+\sum_{r=1}^{k-1}l_{kr}u_{rj}$$

所以

$$u_{kj}=a_{kj}-\sum_{r=1}^{k-1}l_{kr}u_{rj},\quad j=k,k+1,\cdots,n \tag{2.19}$$

这是计算 $\boldsymbol{U}$ 的第 k 行的公式 .

同理可推出计算 $\boldsymbol{L}$ 的第 k 列的公式

$$l_{ik}=\frac{1}{u_{kk}}\left(a_{ik}-\sum_{r=1}^{k-1}l_{ir}u_{rk}\right),\quad i=k,k+1,\cdots,n \tag{2.20}$$

按以下算法进行 n 次可全部算出 $\boldsymbol{L}$ 和 $\boldsymbol{U}$ 的元素，与之对应的算法称为 Doolittle 算法：

（1）矩阵分解 $\boldsymbol{A}=\boldsymbol{LU}$，对 $k=1, 2, \cdots, n$，有

$$u_{kj}=a_{kj}-\sum_{r=1}^{k-1} l_{kr} u_{rj}, \quad j=k, k+1, \cdots, n \tag{2.21}$$

$$l_{ik}=\frac{1}{u_{kk}}\left(a_{ik}-\sum_{r=1}^{k-1} l_{ir} u_{rk}\right), \quad i=k, k+1, \cdots, n \tag{2.22}$$

$$l_{kk}=1 \tag{2.23}$$

（2）顺代解 $\boldsymbol{Ly}=\boldsymbol{b}$，得

$$y_k=b_k-\sum_{r=1}^{k-1} l_{kr} y_r, \quad k=1, 2, \cdots, n \tag{2.24}$$

（3）回代解 $\boldsymbol{Ux}=\boldsymbol{y}$，得

$$x_k=\frac{1}{u_{kk}}\left(y_k-\sum_{r=k+1}^{n} u_{kr} x_r\right), \quad k=n, n-1, \cdots, 1 \tag{2.25}$$

Doolittle 算法实际上就是 Gauss 消元法的另一种形式．它的计算量与 Gauss 消元法一样．但它不是逐次对 $\boldsymbol{A}$ 进行变换，而是一次性地算出 $\boldsymbol{L}$ 和 $\boldsymbol{U}$ 的元素．$\boldsymbol{L}$ 和 $\boldsymbol{U}$ 的元素算出后，不必另辟存储单元存放，可直接存放在 $\boldsymbol{A}$ 的对应元素的位置，以节省存储单元，因此也称为紧凑格式法．

例 2.4　求解方程组

$$\begin{pmatrix} 2 & 4 & 2 & 6 \\ 4 & 9 & 6 & 15 \\ 2 & 6 & 9 & 18 \\ 6 & 15 & 18 & 40 \end{pmatrix}\begin{pmatrix} x_1 \\ x_2 \\ x_3 \\ x_4 \end{pmatrix}=\begin{pmatrix} 9 \\ 23 \\ 22 \\ 47 \end{pmatrix}$$

解　由式(2.21)～式(2.23)，有

$$\boldsymbol{A}=\boldsymbol{LU}=\begin{pmatrix} 1 & & & \\ 2 & 1 & & \\ 1 & 2 & 1 & \\ 3 & 3 & 2 & 1 \end{pmatrix}\begin{pmatrix} 2 & 4 & 2 & 6 \\ & 1 & 2 & 3 \\ & & 3 & 6 \\ & & & 1 \end{pmatrix}$$

于是化为两个方程组

$$\begin{pmatrix} 1 & & & \\ 2 & 1 & & \\ 1 & 2 & 1 & \\ 3 & 3 & 2 & 1 \end{pmatrix}\begin{pmatrix} y_1 \\ y_2 \\ y_3 \\ y_4 \end{pmatrix}=\begin{pmatrix} 9 \\ 23 \\ 22 \\ 47 \end{pmatrix}$$

$$\begin{pmatrix} 2 & 4 & 2 & 6 \\ & 1 & 2 & 3 \\ & & 3 & 6 \\ & & & 1 \end{pmatrix}\begin{pmatrix} x_1 \\ x_2 \\ x_3 \\ x_4 \end{pmatrix}=\begin{pmatrix} y_1 \\ y_2 \\ y_3 \\ y_4 \end{pmatrix}$$

用式(2.24)解第一个方程组，$\boldsymbol{y}=(9, 5, 3, -1)^{\mathrm{T}}$，代入第二个方程组，用式(2.25)解之，得 $\boldsymbol{x}=(0.5, 2, 3, -1)^{\mathrm{T}}$.

紧凑格式法计算和存储方式为

$$\begin{pmatrix} 2 & 4 & 2 & 6 & 9 \\ 4 & 9 & 6 & 15 & 23 \\ 2 & 6 & 9 & 18 & 22 \\ 6 & 15 & 18 & 40 & 47 \end{pmatrix} \Rightarrow \begin{pmatrix} \mathbf{2} & \mathbf{4} & \mathbf{2} & \mathbf{6} & \mathbf{9} \\ \mathbf{2} & 9 & 6 & 15 & 23 \\ \mathbf{1} & 6 & 9 & 18 & 22 \\ \mathbf{3} & 15 & 18 & 40 & 47 \end{pmatrix} \Rightarrow \begin{pmatrix} \mathbf{2} & \mathbf{4} & \mathbf{2} & \mathbf{6} & \mathbf{9} \\ \mathbf{2} & \mathbf{1} & \mathbf{2} & \mathbf{3} & \mathbf{5} \\ \mathbf{1} & \mathbf{2} & 9 & 18 & 22 \\ \mathbf{3} & \mathbf{3} & 18 & 40 & 47 \end{pmatrix}$$

$$\Rightarrow \begin{pmatrix} \mathbf{2} & \mathbf{4} & \mathbf{2} & \mathbf{6} & \mathbf{9} \\ \mathbf{2} & \mathbf{1} & \mathbf{2} & \mathbf{3} & \mathbf{5} \\ \mathbf{1} & \mathbf{2} & \mathbf{3} & \mathbf{6} & \mathbf{3} \\ \mathbf{3} & \mathbf{3} & \mathbf{2} & 40 & 47 \end{pmatrix} \Rightarrow \begin{pmatrix} \mathbf{2} & \mathbf{4} & \mathbf{2} & \mathbf{6} & \mathbf{9} \\ \mathbf{2} & \mathbf{1} & \mathbf{2} & \mathbf{3} & \mathbf{5} \\ \mathbf{1} & \mathbf{2} & \mathbf{3} & \mathbf{6} & \mathbf{3} \\ \mathbf{3} & \mathbf{3} & \mathbf{2} & \mathbf{1} & \mathbf{-1} \end{pmatrix}$$

所以

$$\boldsymbol{L}=\begin{pmatrix} 1 & & & \\ 2 & 1 & & \\ 1 & 2 & 1 & \\ 3 & 3 & 2 & 1 \end{pmatrix}, \quad \boldsymbol{U}=\begin{pmatrix} 2 & 4 & 2 & 6 \\ & 1 & 2 & 3 \\ & & 3 & 6 \\ & & & 1 \end{pmatrix}, \quad \boldsymbol{y}=\begin{pmatrix} 9 \\ 5 \\ 3 \\ -1 \end{pmatrix}$$

解 $\boldsymbol{Ux}=\boldsymbol{y}$，得 $\boldsymbol{x}=(0.5, 2, 3, -1)^{\mathrm{T}}$.

2.5.3 行列式求法

在实际问题中，有时会遇到求方阵的行列式．在线性代数中讲到的行列式定义算法和展开算法均不适用于阶数较高的行列式．而 $\boldsymbol{LU}$ 分解是计算行列式的十分方便和适用的算法．

$$\boldsymbol{A}=\boldsymbol{LU}$$

$$\det\boldsymbol{A}=\det\boldsymbol{L}\times\det\boldsymbol{U}=\det\boldsymbol{U}=\prod_{i=1}^{n}u_{ii} \tag{2.26}$$

即只要将 $\boldsymbol{U}$ 阵的对角元相乘就可得 $\boldsymbol{A}$ 的行列式．

为避免计算中断，还应加上选主元素过程，此时每作一次行交换(或列交换)，行列式要改变一次符号，有

$$\det\boldsymbol{A}=(-1)^{p}\prod_{i=1}^{n}a_{ii}^{(i)} \tag{2.27}$$

其中，$a_{ii}^{(i)}(i=1, 2, \cdots, n)$是 $\boldsymbol{A}^{(n)}$ 的对角线元素；p 是进行的行交换次数(对列主元消元法而言)，或是行交换和列交换次数的总和(对全主元消元法而言)．若选不出非零的主元素，则必有 $\det\boldsymbol{A}=0$.

如例 2.4 中的矩阵 $\boldsymbol{A}$，用 $\boldsymbol{LU}$ 分解的方法，显然有 $\det\boldsymbol{A}=2\times1\times3\times1=6$.

算法(Gauss 全主元法求行列式)：

(1) det←1.

(2) 对 $k=1，2，\cdots，n-1$，做到第(8)步.

(3) 选主元

$$|a_{i_k,j_k}|=\max_{k\leqslant i,j\leqslant n}|a_{ij}|$$

(4) 若 $a_{i_k,j_k}=0$，输出 $\det(\boldsymbol{A})=0$，停机.

(5) 若 $i_k=k$，转(6)，否则换行

$$a_{kj}\leftrightarrow a_{i_kj}，\quad j=k，k+1，\cdots，n；\quad \det\leftarrow-\det$$

(6) 若 $j_k=k$，转(7)，否则换列

$$a_{ik}\leftrightarrow a_{i,j_k}，\quad i=k，k+1，\cdots，n；\quad \det\leftarrow-\det$$

(7) 消元运算

$$a_{ik}\leftarrow\frac{a_{ik}}{a_{kk}}，\quad i=k+1，k+2，\cdots，n$$

$$a_{ij}\leftarrow a_{ij}-a_{ik}a_{kj}，\quad i，j=k+1，k+2，\cdots，n$$

(8) $$\det\leftarrow a_{kk}\det$$

(9) 若 $a_{nn}=0$，输出 det=0，停机.

(10) $$\det=a_{nn}\det$$

(11) 输出 det.

2.5.4 Crout 分解

将 $\boldsymbol{LU}$ 分解换一个提法：要求 $\boldsymbol{L}$ 为一般下三角阵，$\boldsymbol{U}$ 为单位上三角阵，只要将 $\boldsymbol{A}=\boldsymbol{LDU}=(\boldsymbol{LD})\boldsymbol{U}=\bar{\boldsymbol{L}}\boldsymbol{U}$，简记为 $\boldsymbol{A}=\boldsymbol{LU}$，这样的分解称为 Crout 分解.

显然当 $\boldsymbol{A}$ 的各阶顺序主子式非零时，它是存在且唯一的. Crout 分解对应的解法称为 Crout 算法，也可用于解线性方程组. 它的特点是在回代时不做除法. 它在下文的追赶法中有应用. 限于篇幅，公式从略. 如例 2.4 中矩阵 $\boldsymbol{A}$ 的 $\boldsymbol{LU}$ 分解为

$$\boldsymbol{L}=\begin{pmatrix}1&&&\\2&1&&\\1&2&1&\\3&3&2&1\end{pmatrix},\quad \boldsymbol{U}=\begin{pmatrix}2&4&2&6\\&1&2&3\\&&3&6\\&&&1\end{pmatrix}$$

则 $\boldsymbol{A}$ 的 Crout 分解为

$$\bar{\boldsymbol{L}}=\begin{pmatrix}1&&&\\2&1&&\\1&2&1&\\3&3&2&1\end{pmatrix}\begin{pmatrix}2&&&\\&1&&\\&&3&\\&&&1\end{pmatrix}=\begin{pmatrix}2&&&\\4&1&&\\2&2&3&\\6&3&6&1\end{pmatrix}$$

$$\bar{U}=\begin{pmatrix}1/2 & & & \\ & 1 & & \\ & & 1/3 & \\ & & & 1\end{pmatrix}\begin{pmatrix}2 & 4 & 2 & 6\\ & 1 & 2 & 3\\ & & 3 & 6\\ & & & 1\end{pmatrix}=\begin{pmatrix}1 & 2 & 1 & 3\\ & 1 & 2 & 3\\ & & 1 & 2\\ & & & 1\end{pmatrix}$$

2.6 平方根法

在方程组 $\boldsymbol{Ax}=\boldsymbol{b}$ 中，若系数矩阵 $\boldsymbol{A}$ 是对称正定矩阵，则 Gauss 消元法简化为平方根法或改进的平方根法．

2.6.1 矩阵的 *LDU* 分解

将 $\boldsymbol{LU}$ 分解中的 $\boldsymbol{U}$ 矩阵再分解为 $\boldsymbol{U}=\boldsymbol{D}\bar{\boldsymbol{U}}$，其中 $\boldsymbol{D}$ 是由 $\boldsymbol{U}$ 的对角元构成的对角阵，$\bar{\boldsymbol{U}}$ 是 $\boldsymbol{U}$ 的每行除以该行的对角元素而得．这时 $\boldsymbol{A}=\boldsymbol{LD}\bar{\boldsymbol{U}}$，为使记号简单，就记为 $\boldsymbol{A}=\boldsymbol{LDU}$，其中 $\boldsymbol{L}$ 是单位下三角阵，$\boldsymbol{U}$ 是单位上三角阵，$\boldsymbol{D}$ 是非奇异的对角阵．称之为 $\boldsymbol{LDU}$ 分解，显然当 $\boldsymbol{A}=\boldsymbol{LU}$ 确定时，$\boldsymbol{LDU}$ 分解也是唯一的．

例 2.4 中的 $\boldsymbol{A}$ 的 $\boldsymbol{LDU}$ 分解为

$$\boldsymbol{A}=\boldsymbol{LDU}=\begin{pmatrix}1 & & & \\ 2 & 1 & & \\ 1 & 2 & 1 & \\ 3 & 3 & 2 & 1\end{pmatrix}\begin{pmatrix}2 & & & \\ & 1 & & \\ & & 3 & \\ & & & 1\end{pmatrix}\begin{pmatrix}1 & 2 & 1 & 3\\ & 1 & 2 & 3\\ & & 1 & 2\\ & & & 1\end{pmatrix}$$

2.6.2 对称正定矩阵的 Cholesky 分解

定理 2.3 设 $\boldsymbol{A}$ 对称正定，则存在三角分解 $\boldsymbol{A}=\boldsymbol{LL}^{\mathrm{T}}$，$\boldsymbol{L}$ 是非奇异下三角矩阵，且当限定 $\boldsymbol{L}$ 的对角元为正时，分解唯一．

证明 因为 $\boldsymbol{A}$ 对称正定，所以 $\boldsymbol{A}$ 的各阶顺序主子式为正，所以有 $\boldsymbol{A}=\boldsymbol{LDU}$，且

$$\boldsymbol{A}^{\mathrm{T}}=\boldsymbol{U}^{\mathrm{T}}\boldsymbol{D}\boldsymbol{L}^{\mathrm{T}}=\boldsymbol{A}=\boldsymbol{LDU}$$

由 $\boldsymbol{LDU}$ 分解的唯一性知

$$\boldsymbol{U}^{\mathrm{T}}=\boldsymbol{L},\ \boldsymbol{U}=\boldsymbol{L}^{\mathrm{T}}$$

所以

$$\boldsymbol{A}=\boldsymbol{LDL}^{\mathrm{T}}$$

$\boldsymbol{D}$ 的对角元为正数，因为 $\det\boldsymbol{L}=1\neq0$，所以 $\boldsymbol{L}^{\mathrm{T}}\boldsymbol{y}_i=\boldsymbol{e}_i$ 必有非零解 $\boldsymbol{y}_i\neq0$，其中 e_i 是 n 阶单位阵的第 i 列

$$\boldsymbol{y}_i^{\mathrm{T}}\boldsymbol{A}\boldsymbol{y}_i=\boldsymbol{y}_i^{\mathrm{T}}\boldsymbol{LDL}^{\mathrm{T}}\boldsymbol{y}_i=(\boldsymbol{L}^{\mathrm{T}}\boldsymbol{y}_i)^{\mathrm{T}}\boldsymbol{D}(\boldsymbol{L}^{\mathrm{T}}\boldsymbol{y}_i)=\boldsymbol{e}_i^{\mathrm{T}}\boldsymbol{D}\boldsymbol{e}_i=\boldsymbol{d}_i$$

由 $\boldsymbol{A}$ 对称正定知 $d_i>0(i=1,\ 2,\ \cdots,\ n)$．记

$$D^{\frac{1}{2}}=\mathrm{diag}(\sqrt{d_1},\ \sqrt{d_2},\ \cdots,\ \sqrt{d_n})$$

则

$$A=LDL=LD^{\frac{1}{2}}D^{\frac{1}{2}}L^{\mathrm{T}}=(LD^{\frac{1}{2}})(LD^{\frac{1}{2}})^{\mathrm{T}}=\widetilde{L}\widetilde{L}^{\mathrm{T}}$$

由证明过程看出分解 $A=\widetilde{L}\widetilde{L}^{\mathrm{T}}$ 是唯一的．

形如 $A=LL^{\mathrm{T}}$ 的分解称为对称正定矩阵的 Cholesky 分解．

例 2.4 中的 A 的 LL^{T} 分解为

$$A=LL^{\mathrm{T}}=\begin{pmatrix}1&&&\\2&1&&\\1&2&1&\\3&3&2&1\end{pmatrix}\begin{pmatrix}\sqrt{2}&&&\\&1&&\\&&\sqrt{3}&\\&&&1\end{pmatrix}\begin{pmatrix}\sqrt{2}&&&\\&1&&\\&&\sqrt{3}&\\&&&1\end{pmatrix}\begin{pmatrix}1&2&1&3\\&1&2&3\\&&1&2\\&&&1\end{pmatrix}$$

$$L=\begin{pmatrix}\sqrt{2}&&&\\2\sqrt{2}&1&&\\\sqrt{2}&2&\sqrt{3}&\\3\sqrt{2}&3&2\sqrt{3}&1\end{pmatrix}$$

2.6.3　平方根法和改进的平方根法

对称正定矩阵的 $A=LL^{\mathrm{T}}$ 分解对应于解对称正定方程组 $Ax=b$ 的平方根法．由矩阵乘法原理容易推出 L 的元素 l_{ij} 的算法．对 $j=1,\ 2,\ \cdots,\ n$，计算

$$\begin{cases}l_{jj}=\left(a_{jj}-\sum\limits_{k=1}^{j-1}l_{jk}^2\right)^{\frac{1}{2}}\\ l_{ij}=\dfrac{1}{l_{jj}}\left(a_{ij}-\sum\limits_{k=1}^{j-1}l_{ik}l_{jk}\right),\quad i=j+1,\ \cdots,\ n\end{cases}\tag{2.28}$$

$Ax=b$ 可化为

$$\begin{cases}Ly=b\\ L^{\mathrm{T}}x=y\end{cases}$$

解法是

$$\begin{cases}y_i=\dfrac{1}{l_{ii}}\left(b_i-\sum\limits_{k=1}^{j-1}l_{ik}y_k\right),\quad i=1,\ 2,\ \cdots,\ n\\ x_i=\dfrac{1}{l_{ii}}\left(y_i-\sum\limits_{k=i+1}^{n}l_{ki}x_k\right),\quad i=n,\ n-1,\ \cdots,\ 1\end{cases}\tag{2.29}$$

这就是平方根法，它适用于系数阵是对称正定矩阵的方程组．它的运算量以乘除法计是 $\dfrac{n^3}{6}$ 左右，只是 Gauss 消元法的一半，这是因为只计算 L 不算 U．

平方根法不用考虑选主元，这也是它的优点．它的缺点是要计算 n 次开平

方，为避免开平方运算，发展了平方根法的改进形式，它对应于 $\boldsymbol{A}=\boldsymbol{L}\boldsymbol{D}\boldsymbol{L}^{\mathrm{T}}$ 分解．把 $\boldsymbol{A}\boldsymbol{x}=\boldsymbol{b}$ 改写为 $\boldsymbol{L}\boldsymbol{D}\boldsymbol{L}^{\mathrm{T}}\boldsymbol{x}=\boldsymbol{b}$，它等价于

$$\begin{cases}\boldsymbol{L}\boldsymbol{y}=\boldsymbol{b}\\ \boldsymbol{D}\boldsymbol{L}^{\mathrm{T}}\boldsymbol{x}=\boldsymbol{y}\end{cases}$$

算法描述为：

(1) 对 $i=1, 2, \cdots, n$，计算

$$t_{ij}=a_{ij}-\sum_{k=1}^{j-1}t_{ik}l_{jk}, \quad j=1, 2, \cdots, i-1$$

$$d_i=a_{ii}-\sum_{k=1}^{i-1}t_{ik}l_{ik}$$

$$l_{ij}=\frac{t_{ij}}{d_j}, \quad j=1, 2, \cdots, i-1$$

(2) 解 $\boldsymbol{L}\boldsymbol{y}=\boldsymbol{b}$

$$y_i=b_i-\sum_{k=1}^{i-1}l_{ik}y_k, \quad i=1, 2, \cdots, n$$

(3) 解 $\boldsymbol{D}\boldsymbol{L}^{\mathrm{T}}\boldsymbol{x}=\boldsymbol{y}$

$$x_i=\frac{y_i}{d_i}-\sum_{k=i+1}^{n}l_{ki}x_k, \quad i=n, n-1, \cdots, 1$$

改进的平方根法计算量仍约为 $n^3/6$，但回避了开平方运算．

2.7 追 赶 法

在很多情况下，如三次样条插值，常微分方程的边值问题等都归结为求解系数矩阵为对角占优的三对角方程组 $\boldsymbol{A}\boldsymbol{x}=\boldsymbol{f}$，即

$$\begin{pmatrix} b_1 & c_1 & & & \\ a_2 & b_2 & c_2 & & \\ & \ddots & \ddots & \ddots & \\ & & a_{n-1} & b_{n-1} & c_{n-1} \\ & & & a_n & b_n \end{pmatrix}\begin{pmatrix} x_1 \\ x_2 \\ \vdots \\ x_{n-1} \\ x_n \end{pmatrix}=\begin{pmatrix} f_1 \\ f_2 \\ \vdots \\ f_{n-1} \\ f_n \end{pmatrix}$$

其中，$|i-j|>1$ 时，$a_{ij}=0$，且满足如下的对角占优条件：

(1) $|b_1|>|c_1|>0$，$|b_n|>|a_n|>0$；

(2) $|b_i|\geqslant|a_i|+|c_i|$，$a_ic_i\neq0$，$i=2, 3, \cdots, n-1$.

对 $\boldsymbol{A}$ 作 Crout 分解

$$A=LU=\begin{pmatrix}\alpha_1 & & & & \\ \gamma_2 & \alpha_2 & & & \\ & \ddots & \ddots & & \\ & & \ddots & \ddots & \\ & & & \gamma_n & \alpha_n\end{pmatrix}\begin{pmatrix}1 & \beta_1 & & & \\ & 1 & \beta_2 & & \\ & & \ddots & \ddots & \\ & & & 1 & \beta_{n-1} \\ & & & & 1\end{pmatrix}$$

用矩阵乘法比较得

$$b_1=\alpha_1,\quad c_1=\alpha_1\beta_1,$$
$$a_i=\gamma_i,\quad b_i=\gamma_i\beta_{i-1}+\alpha_i,\quad i=2,3,\cdots,n$$
$$c_i=\alpha_i\beta_i,\quad i=2,3,\cdots,n-1$$

解得

$$\begin{cases}\gamma_i=a_i, & i=2,3,\cdots,n\\ \alpha_1=b_1,\ \alpha_i=b_i-a_i\beta_{i-1}, & i=2,3,\cdots,n\\ \beta_i=\dfrac{c_i}{\alpha_i}, & i=1,2,\cdots,n-1\end{cases}\tag{2.30}$$

当 $\boldsymbol{A}$ 满足对角占优条件时，以上分解能够进行到底(证明略). 这样 $\boldsymbol{Ax}=\boldsymbol{f}$ 改写为 $\boldsymbol{LUx}=\boldsymbol{f}$，等价于

$$\begin{cases}\boldsymbol{Ly}=\boldsymbol{f}\\ \boldsymbol{Ux}=\boldsymbol{y}\end{cases}$$

计算步骤：

(1) 计算 α_i，β_i

$$\begin{cases}\beta_1=\dfrac{c_1}{b_1},\ \alpha_1=b_1\\ \alpha_i=b_i-a_i\beta_{i-1}, & i=2,3,\cdots,n\\ \beta_i=\dfrac{c_i}{\alpha_i}, & i=2,3,\cdots,n-1\end{cases}\tag{2.31}$$

(2) 解 $\boldsymbol{Ly}=\boldsymbol{f}$

$$\begin{cases}y_1=\dfrac{f_1}{b_1}\\ y_i=\dfrac{f_i-a_ic_{i-1}}{\alpha_i}, & i=2,3,\cdots,n\end{cases}\tag{2.32}$$

(3) 解 $\boldsymbol{Ux}=\boldsymbol{y}$

$$\begin{cases}x_n=y_n\\ x_i=y_i-\beta_ix_{i+1}, & i=n-1,n-2,\cdots,1\end{cases}\tag{2.33}$$

实际计算中 $\boldsymbol{Ax}=\boldsymbol{f}$ 的阶数往往很高，应注意 $\boldsymbol{A}$ 的存储技术. 已知数据只用 4 个一维数组就可存完. 即 $\{a_i\}$、$\{b_i\}$、$\{c_i\}$、$\{f_i\}$ 各占一个一维数组，$\{\alpha_i\}$、$\{\beta_i\}$ 可存放在 $\{b_i\}$、$\{c_i\}$ 的位置，$\{y_i\}$ 和 $\{x_i\}$ 则可放在 $\{f_i\}$ 的位置，整个运算可在 4

个一维数组中运行．追赶法的计算量为$5n-3$，追赶法的计算也不需要选主元素.

例 2.5 解方程组

$$\begin{pmatrix}6&1&0\\1&4&1\\0&1&14\end{pmatrix}\begin{pmatrix}x_1\\x_2\\x_3\end{pmatrix}\begin{pmatrix}6\\24\\322\end{pmatrix}$$

试用平方根法，改进的平方根法和追赶法分别解之.

解 (1) 平方根法.

$$\boldsymbol{A}=\boldsymbol{L}\boldsymbol{L}^{\mathrm{T}}$$

$$l_{11}=\sqrt{a_{11}}=\sqrt{6}=2.4495$$

$$l_{21}=\frac{a_{12}}{\sqrt{6}}=\frac{\sqrt{6}}{6}=0.40825$$

$$l_{31}=\frac{a_{13}}{\sqrt{6}}=0$$

$$l_{22}=\sqrt{a_{22}-l_{21}^2}=\sqrt{\frac{23}{6}}=1.9579$$

$$l_{32}=\frac{a_{32}-l_{31}\times l_{21}}{l_{22}}=\sqrt{\frac{6}{23}}=0.51075$$

$$l_{33}=\sqrt{a_{33}-l_{31}^2-l_{32}^2}=\sqrt{14-\frac{6}{23}}=3.7066$$

所以

$$\boldsymbol{A}=\boldsymbol{L}\boldsymbol{U}=\begin{pmatrix}2.4495&0&0\\0.40825&1.9579&0\\0&0.51075&3.7066\end{pmatrix}\begin{pmatrix}2.4495&0.40825&0\\0&1.9579&0.51075\\0&0&3.7066\end{pmatrix}$$

由

$$\begin{pmatrix}2.4495&0&0\\0.40825&1.9579&0\\0&0.51075&3.7066\end{pmatrix}\begin{pmatrix}y_1\\y_2\\y_3\end{pmatrix}=\begin{pmatrix}6\\24\\322\end{pmatrix}$$

解得

$$y=\begin{pmatrix}2.4495\\11.747\\85.254\end{pmatrix}$$

由

$$\begin{pmatrix}2.4495&0.40825&0\\0&1.9579&0.51075\\0&0&3.7066\end{pmatrix}\begin{pmatrix}x_1\\x_2\\x_3\end{pmatrix}=\begin{pmatrix}2.4495\\11.747\\85.254\end{pmatrix}$$

解得

$$x=\begin{pmatrix}1\\0\\23\end{pmatrix}$$

（2）改进的平方根法.

$$\boldsymbol{A}=\boldsymbol{LDL}^{\mathrm{T}}$$

$$d_1=a_{11}=6$$

$$t_{21}=a_{21}=1,\quad l_{21}=\frac{t_{21}}{d_1}=\frac{1}{6}=0.16667$$

$$d_2=a_{21}-t_{21}\times l_{21}=3.8333$$

$$t_{31}=a_{31}=0,\quad l_{32}=a_{32}-t_{31}\times l_{21}=1$$

$$l_{31}=\frac{t_{31}}{d_2}=0,\quad l_{32}=\frac{t_{32}}{d_2}=0.26087$$

$$d_3=a_{33}-t_{31}l_{31}-t_{32}l_{32}=14-0.26087=13.739$$

$$\boldsymbol{A}=\begin{pmatrix}1 & 0 & 0\\0.1667 & 1 & 0\\0 & 0.26087 & 1\end{pmatrix}\begin{pmatrix}6 & 0 & 0\\0 & 3.8333 & 0\\0 & 0 & 13.739\end{pmatrix}\begin{pmatrix}1 & 0.1667 & 0\\0 & 1 & 0.26087\\0 & 0 & 1\end{pmatrix}$$

解 $\boldsymbol{Ly}=\boldsymbol{b}$

$$y_1=b_1=6$$

$$y_2=b_2-l_{21}y_1=23$$

$$y_3=b_3-l_{31}y_1-l_{32}y_2=316$$

解 $\boldsymbol{DL}^{\mathrm{T}}\boldsymbol{x}=\boldsymbol{y}$

$$x_3=\frac{y_3}{d_3}=23$$

$$x_2=\frac{y_2}{d_2}-l_{32}x_3=0$$

$$x_1=\frac{y_1}{d_1}-l_{21}x_2-l_{31}x_3=1$$

（3）追赶法．此方程组系数阵是三对角阵，且满足对角占优条件．

$$\alpha_1=b_1=6,\quad \beta_1=\frac{c_1}{\alpha_1}=0.16667$$

$$\alpha_2=b_2-a_2\beta_1=\frac{23}{6}=3.8333,\quad \beta_2=\frac{c_2}{\alpha_2}=\frac{1}{3.8333}=0.26087$$

$$\alpha_3=b_3-a_3\beta_2=13.739$$

所以

$$A=LU=\begin{pmatrix}6 & 0 & 0\\ 1 & 3.8333 & 0\\ 0 & 1 & 13.739\end{pmatrix}\begin{pmatrix}1 & 0.1667 & 0\\ 0 & 1 & 0.26087\\ 0 & 0 & 1\end{pmatrix}$$

解 $\boldsymbol{Ly}=\boldsymbol{b}$，即

$$\begin{pmatrix}6 & 0 & 0\\ 1 & 3.8333 & 0\\ 0 & 1 & 13.739\end{pmatrix}\begin{pmatrix}y_1\\ y_2\\ y_3\end{pmatrix}=\begin{pmatrix}6\\ 24\\ 322\end{pmatrix}$$

得

$$y=\begin{pmatrix}1\\ 6\\ 23\end{pmatrix}$$

解 $\boldsymbol{Ux}=\boldsymbol{y}$，即

$$\begin{pmatrix}1 & 0.1667 & 0\\ 0 & 1 & 0.26087\\ 0 & 0 & 1\end{pmatrix}\begin{pmatrix}x_1\\ x_2\\ x_3\end{pmatrix}=\begin{pmatrix}1\\ 6\\ 23\end{pmatrix}$$

得

$$x=\begin{pmatrix}1\\ 0\\ 23\end{pmatrix}$$

2.8 向量和矩阵的范数

在分析方程组解的误差及第 3 章中迭代法的收敛性时，需要考虑如何判断向量 $\boldsymbol{x}$ 的“大小”的问题，对矩阵也有类似的问题．这就是本节将介绍的向量和矩阵的范数．

2.8.1 向量范数

定义 2.1 $\boldsymbol{x}$ 和 $\boldsymbol{y}$ 是 $\mathbf{R}^n$ 中的任意向量，向量范数 $\|\cdot\|$ 是定义在 $\mathbf{R}^n$ 上的实值函数，满足：

(1) 非负性：$\|\boldsymbol{x}\|\geqslant 0$，$\forall \boldsymbol{x}\in\mathbf{R}^n$，且 $\|\boldsymbol{x}\|=0\Leftrightarrow\boldsymbol{x}=0$；

(2) 齐次性：$\|k\boldsymbol{x}\|=|k|\cdot\|\boldsymbol{x}\|$，$\forall \boldsymbol{x}\in\mathbf{R}^n$，$\forall k\in\mathbf{R}$；

(3) 三角不等式：$\|\boldsymbol{x}+\boldsymbol{y}\|\leqslant\|\boldsymbol{x}\|+\|\boldsymbol{y}\|$，$\forall \boldsymbol{x}, \boldsymbol{y}\in\mathbf{R}^n$.

容易看出，实数的绝对值、复数的模、三维向量的模都满足以上三条，n 维向量的范数概念就是它们的自然推广．设 $\boldsymbol{x}=(x_1, x_2, \cdots, x_n)^{\mathrm{T}}$，常使用的向量范数有

$$\| \boldsymbol{x} \|_1 = \sum_{i=1}^{n} |x_i| \tag{2.34}$$

$$\| \boldsymbol{x} \|_2 = \left(\sum_{i=1}^{n} x_i^2\right)^{\frac{1}{2}} \tag{2.35}$$

$$\| \boldsymbol{x} \|_\infty = \max_{1\leqslant i\leqslant n} |x_i| \tag{2.36}$$

容易验证，它们都满足三个条件 .

例 2.6　$\boldsymbol{x}=(1, 0.5, 0, -0.3)^T$，求 $\| \boldsymbol{x} \|_1$，$\| \boldsymbol{x} \|_2$，$\| \boldsymbol{x} \|_\infty$.

解

$$\| \boldsymbol{x} \|_1 = 1+0.5+0+0.3=1.8$$

$$\| \boldsymbol{x} \|_2 = \sqrt{1^2+0.5^2+0.3^2}=1.1576$$

$$\| \boldsymbol{x} \|_\infty = 1$$

2.8.2　矩阵范数

从向量范数出发，可以定义 $n\times n$ 矩阵的范数 .

定义 2.2　设 $\boldsymbol{A}$ 是 $n\times n$ 矩阵，$\boldsymbol{x}\in\mathbf{R}^n$，定义

$$\| \boldsymbol{A} \| = \max_{x\neq 0}\frac{\| \boldsymbol{Ax} \|}{\| \boldsymbol{x} \|} = \max_{\| x \|=1} \| \boldsymbol{Ax} \| \tag{2.37}$$

为矩阵 $\boldsymbol{A}$ 的范数 .

它可以理解为 $\boldsymbol{A}$ 作为线性变换，作用于不同的 $\boldsymbol{x}$ 后，能将 $\boldsymbol{x}$ 的范数放大的最大倍数 .

这样定义的范数有如下性质：

(1) $\| \boldsymbol{A} \| \geqslant 0$，并且当且仅当 $\boldsymbol{A}$ 是零矩阵时，$\| \boldsymbol{A} \| =0$；

(2) $\| k\boldsymbol{A} \| = |k| \times \| \boldsymbol{A} \|$，$k$ 是一个实数；

(3) 两个同阶方阵 $\boldsymbol{A}$，$\boldsymbol{B}$，有

$$\| \boldsymbol{A}+\boldsymbol{B} \| \leqslant \| \boldsymbol{A} \| + \| \boldsymbol{B} \|$$

(4) $\boldsymbol{A}$ 是 $n\times n$ 矩阵，$\boldsymbol{x}$ 是 n 维向量，有

$$\| \boldsymbol{Ax} \| \leqslant \| \boldsymbol{A} \| \times \| \boldsymbol{x} \|$$

(5) $\boldsymbol{A}$，$\boldsymbol{B}$ 都是 $n\times n$ 矩阵，有

$$\| \boldsymbol{AB} \| \leqslant \| \boldsymbol{A} \| \times \| \boldsymbol{B} \|$$

矩阵范数最常用的有以下三种：

$$\| \boldsymbol{A} \|_1 = \max_{1\leqslant j\leqslant n}\sum_{i=1}^{n} |a_{ij}| \tag{2.38}$$

$$\| \boldsymbol{A} \|_2 = \sqrt{\lambda_1}\ (\lambda_1 \text{ 是 } \boldsymbol{A}^{\mathrm{T}}\boldsymbol{A} \text{ 的最大特征值}) \tag{2.39}$$

$$\| \boldsymbol{A} \|_\infty = \max_{1\leqslant i\leqslant n}\sum_{j=1}^{n} |a_{ij}| \tag{2.40}$$

它们分别与向量的三种范数对应，即用一种向量范数可定义相应的矩阵范数.

定理 2.4 $\mathbf{R}^n$ 空间上的范数等价. 即对任意给定的两种范数 $\|\cdot\|_\alpha$，$\|\cdot\|_\beta$ 有下列关系

$$m\times\|\cdot\|_\alpha\leqslant\|\cdot\|_\beta\leqslant M\times\|\cdot\|_\alpha$$

其中，m，M 是正的常数；$\|\cdot\|_\alpha$ 表示向量(或矩阵)的 α 范数.

证明略.

从以上定理看出，当向量或矩阵的任一种范数趋于零时，其他各种范数也趋于零. 因此讨论向量和矩阵序列的收敛性时，可不指明使用的何种范数；证明时，也只要就某一种我们认为方便的范数证明就行了.

有了向量和矩阵范数的概念，就可以定义向量和矩阵序列的收敛.

定义 2.3 如果向量 $\boldsymbol{x}$ 是准确值，$\boldsymbol{x}^{(k)}$ 是它的一个近似值，$\|\boldsymbol{x}^{(k)}-\boldsymbol{x}\|$ 是 $\boldsymbol{x}^{(k)}$ 对 $\boldsymbol{x}$ 的绝对误差，$\dfrac{\|\boldsymbol{x}^{(k)}-\boldsymbol{x}\|}{\|\boldsymbol{x}\|}$ 是 $\boldsymbol{x}^{(k)}$ 对 $\boldsymbol{x}$ 的相对误差.

定义 2.4 如果 $\lim\limits_{k\to\infty}\|\boldsymbol{x}^{(k)}-\boldsymbol{x}\|=0$，称向量序列 $\{\boldsymbol{x}^{(k)}\}$ 收敛于 $\mathbf{R}^n$ 中的向量 $\boldsymbol{x}$.

定义 2.5 如果 $\lim\limits_{k\to\infty}\|\mathbf{A}^{(k)}-\mathbf{A}\|=0$，称 $n\times n$ 矩阵序列 $\{\mathbf{A}^{(k)}\}$ 收敛于 $n\times n$ 矩阵 $\mathbf{A}$.

定理 2.5 $\mathbf{R}^n$ 中的向量序列 $\{\boldsymbol{x}^{(k)}\}$ 收敛于 $\mathbf{R}^n$ 中的向量 $\boldsymbol{x}$ 的充要条件是

$$\lim_{k\to\infty}\boldsymbol{x}_j^{(k)}=\boldsymbol{x}_j,\quad j=1,2,\cdots,n$$

其中，$\boldsymbol{x}_j^{(k)}$ 和 $\boldsymbol{x}_j$ 是 $\boldsymbol{x}^{(k)}$ 和 $\boldsymbol{x}$ 中的第 j 个分量.

证明 选用 $\|\boldsymbol{x}\|_\infty$ 考查上述定理，显然成立.

定理 2.6 $n\times n$ 矩阵序列 $\{\mathbf{A}^{(k)}\}$ 收敛于 $n\times n$ 矩阵 $\mathbf{A}$ 的充要条件是

$$\lim_{k\to\infty}a_{ij}^{(k)}=a_{ij},\quad i,j=1,2,\cdots,n$$

其中，$a_{ij}^{(k)}$ 和 a_{ij} 分别是 $\mathbf{A}^{(k)}$ 和 $\mathbf{A}$ 在(i, j)位置上的元素.

证明略.

2.8.3 谱半径

定义 2.6 设 $n\times n$ 矩阵 $\mathbf{A}$ 的特征值为 $\lambda_i(i=1,2,\cdots,n)$，则称

$$\rho(\mathbf{A})=\max_{1\leqslant i\leqslant n}|\lambda_i| \tag{2.41}$$

为 $\mathbf{A}$ 的谱半径.

定理 2.7 矩阵谱半径和矩阵范数有如下关系：

$$\rho(\mathbf{A})\leqslant\|\mathbf{A}\| \tag{2.42}$$

证明 设 λ_i 是 $\mathbf{A}$ 的任一特征值，$\boldsymbol{x}_i$ 为对应的特征向量

$$\mathbf{A}\boldsymbol{x}_i=\lambda_i\boldsymbol{x}_i$$

两边取范数，由矩阵范数性质(4)有

$$|\lambda_i| \times \|\boldsymbol{x}_i\| \leqslant \|A\| \times \|\boldsymbol{x}_i\|$$

因为 $\boldsymbol{x}_i \neq 0$，所以 $\|\boldsymbol{x}_i\| > 0$；$|\lambda_i| \leqslant \|A\|$，$i=1, 2, \cdots, n$；

$$\rho(A) = \max_{1\leqslant i\leqslant n} |\lambda_i| \leqslant \|A\|$$

定理 2.8　设 $\boldsymbol{A}$ 是 $n\times n$ 阶矩阵，$\boldsymbol{A}$ 的各次幂组成的矩阵序列 $\boldsymbol{I}$，$\boldsymbol{A}$，$\boldsymbol{A}^2$，…，$\boldsymbol{A}^k$，…收敛于零，即 $\lim\limits_{k\to\infty} \boldsymbol{A}^k = 0$ 的充要条件是 $\rho(\boldsymbol{A}) < 1$.

证明略.

例 2.7

$$\boldsymbol{A} = \begin{pmatrix} -2 & 1 & 0 \\ 1 & -2 & 1 \\ 0 & 1 & -2 \end{pmatrix}，求 \|\boldsymbol{A}\|_1，\|\boldsymbol{A}\|_\infty，\|\boldsymbol{A}\|_2，\rho(\boldsymbol{A}).$$

解　显然 $\|\boldsymbol{A}\|_1 = 4$，$\|\boldsymbol{A}\|_\infty = 4$

$$\boldsymbol{A}^{\mathrm{T}}\boldsymbol{A} = \begin{pmatrix} 5 & -4 & 1 \\ -4 & 6 & -4 \\ 1 & -4 & 5 \end{pmatrix}$$

$$|\lambda \boldsymbol{I} - \boldsymbol{A}^{\mathrm{T}}\boldsymbol{A}| = \begin{vmatrix} \lambda-5 & 4 & -1 \\ 4 & \lambda-6 & 4 \\ -1 & 4 & \lambda-5 \end{vmatrix} = \lambda^3 - 16\lambda^2 + 52\lambda - 16$$

$$= (\lambda-4)(\lambda^2 - 12\lambda + 4) = 0$$

$$\lambda_1 = 4, \quad \lambda_{2,3} = 6 \pm 4\sqrt{2}$$

显然 $\lambda_2 = 6 + 4\sqrt{2}$ 之模最大. 所以

$$\|\boldsymbol{A}\|_2 = \sqrt{\lambda_2} = \sqrt{6+4\sqrt{2}} = 3.4142$$

$$|\lambda \boldsymbol{I} - \boldsymbol{A}| = \begin{vmatrix} \lambda+2 & -1 & 0 \\ -1 & \lambda+2 & -1 \\ 0 & -1 & \lambda+2 \end{vmatrix} = (\lambda+2)\left[(\lambda+2)^2 - 2\right]$$

$$= (\lambda+2)(\lambda^2 + 4\lambda + 2)$$

所以 $\lambda_1 = -2$，$\lambda_{2,3} = -2 \pm \sqrt{2}$，显然 $\lambda_3 = -2 - \sqrt{2}$ 之模最大，所以

$$\rho(\boldsymbol{A}) = |\lambda_3| = 2 + \sqrt{2} = 3.4142$$

对于实对称矩阵 $\boldsymbol{A}$，有

$$\rho(\boldsymbol{A}) = \|\boldsymbol{A}\|_2 \tag{2.43}$$

2.8.4　条件数及病态方程组

线性方程组 $\boldsymbol{Ax} = \boldsymbol{b}$ 的解是由系数阵 $\boldsymbol{A}$ 及右端向量 $\boldsymbol{b}$ 决定的. 由实际问题中得到的方程组中，$\boldsymbol{A}$ 的元素和 $\boldsymbol{b}$ 的分量不可避免地带有误差，因此也必然对解向量 $\boldsymbol{x}$ 产生影响.

我们需要考察当 $\boldsymbol{A}$ 有误差 $\Delta\boldsymbol{A}$，$\boldsymbol{b}$ 有误差 $\Delta\boldsymbol{b}$ 时，解向量 $\boldsymbol{x}$ 有多大误差. 即当 $\boldsymbol{A}$ 和 $\boldsymbol{b}$ 有微小变化时，$\boldsymbol{x}$ 的变化有多大. 若 $\boldsymbol{A}$ 和 $\boldsymbol{b}$ 的微小变化只导致 $\boldsymbol{x}$ 的微小变化，则称此问题是“良态”的；反之，若 $\boldsymbol{A}$ 和 $\boldsymbol{b}$ 的微小变化会导致 $\boldsymbol{x}$ 的很大变化，则称此问题为“病态”问题. 在以下的讨论中，设 $\boldsymbol{A}$ 非奇异，$\boldsymbol{b}\neq 0$，所以 $\|\boldsymbol{x}\|\neq 0$.

(1) 设 $\boldsymbol{Ax}=\boldsymbol{b}$ 中仅 $\boldsymbol{b}$ 向量有误差 $\Delta\boldsymbol{b}$，对应的解 $\boldsymbol{x}$ 发生误差 $\Delta\boldsymbol{x}$，即

$$\boldsymbol{A}(\boldsymbol{x}+\Delta\boldsymbol{x})=\boldsymbol{b}+\Delta\boldsymbol{b},\quad \boldsymbol{Ax}+\boldsymbol{A}\Delta\boldsymbol{x}=\boldsymbol{b}+\Delta\boldsymbol{b}$$

由 $\boldsymbol{Ax}=\boldsymbol{b}$，有 $\boldsymbol{A}\Delta\boldsymbol{x}=\Delta\boldsymbol{b}$. 若 $\boldsymbol{A}$ 非奇异，就有 $\Delta\boldsymbol{x}=\boldsymbol{A}^{-1}\Delta\boldsymbol{b}$，所以

$$\|\Delta\boldsymbol{x}\|\leqslant\|\boldsymbol{A}^{-1}\|\times\|\Delta\boldsymbol{x}\| \tag{2.44}$$

又因为 $\|\boldsymbol{b}\|=\|\boldsymbol{Ax}\|\leqslant\|\boldsymbol{A}\|\times\|\boldsymbol{x}\|$，所以

$$\|\boldsymbol{x}\|\geqslant\frac{\|\boldsymbol{b}\|}{\|\boldsymbol{A}\|} \tag{2.45}$$

式(2.44)和式(2.45)相除，有

$$\frac{\|\Delta\boldsymbol{x}\|}{\|\boldsymbol{x}\|}\leqslant\|\boldsymbol{A}\|\times\|\boldsymbol{A}^{-1}\|\times\frac{\|\Delta\boldsymbol{b}\|}{\|\boldsymbol{b}\|} \tag{2.46}$$

即 $\boldsymbol{x}$ 的相对误差小于等于 $\boldsymbol{b}$ 的相对误差的 $\|\boldsymbol{A}\|\times\|\boldsymbol{A}^{-1}\|$ 倍.

(2) $\boldsymbol{A}$ 有误差 $\Delta\boldsymbol{A}$，$\boldsymbol{b}$ 无误差，此时解为 $\boldsymbol{x}+\Delta\boldsymbol{x}$，即 $(\boldsymbol{A}+\Delta\boldsymbol{A})(\boldsymbol{x}+\Delta\boldsymbol{x})=\boldsymbol{b}$，当 $1-\|\boldsymbol{A}^{-1}\|\ \|\Delta\boldsymbol{A}\|\geqslant 0$ 时，有

$$\frac{\|\Delta\boldsymbol{x}\|}{\|\boldsymbol{x}\|}\leqslant\frac{\|\boldsymbol{A}^{-1}\|\times\|\Delta\boldsymbol{A}\|}{1-\|\boldsymbol{A}^{-1}\|\times\|\Delta\boldsymbol{A}\|}=\frac{\|\boldsymbol{A}^{-1}\|\times\|\boldsymbol{A}\|\times\dfrac{\|\Delta\boldsymbol{A}\|}{\|\boldsymbol{A}\|}}{1-\|\boldsymbol{A}^{-1}\|\times\|\boldsymbol{A}\|\times\dfrac{\|\Delta\boldsymbol{A}\|}{\|\boldsymbol{A}\|}} \tag{2.47}$$

它反映了 $\boldsymbol{x}$ 的相对误差和 $\boldsymbol{A}$ 的相对误差的关系.

由式(2.46)和式(2.47)看出，当 $\Delta\boldsymbol{b}$ 和 $\Delta\boldsymbol{A}$ 一定时，$\|\boldsymbol{A}^{-1}\|\times\|\boldsymbol{A}\|$ 的大小决定了 $\boldsymbol{x}$ 的相对误差限. $\|\boldsymbol{A}^{-1}\|\times\|\boldsymbol{A}\|$ 越大时，$\boldsymbol{x}$ 可能产生的相对误差越大，即问题的“病态”程度越严重. 而且 $\boldsymbol{Ax}=\boldsymbol{b}$ 的“病态”程度与 $\boldsymbol{A}$ 的元素有关，而与 $\boldsymbol{b}$ 的分量是无关的. 为此，我们有：

定义 2.7　若 $n\times n$ 方阵 $\boldsymbol{A}$ 非奇异，则称 $\|\boldsymbol{A}^{-1}\|\times\|\boldsymbol{A}\|$ 为 $\boldsymbol{A}$ 的条件数，记为

$$\mathrm{cond}(\boldsymbol{A})=\|\boldsymbol{A}^{-1}\|\times\|\boldsymbol{A}\| \tag{2.48}$$

由此，式(2.46)和式(2.47)可改写为

$$\frac{\|\Delta\boldsymbol{x}\|}{\|\boldsymbol{x}\|}\leqslant\mathrm{cond}(\boldsymbol{A})\frac{\|\Delta\boldsymbol{b}\|}{\|\boldsymbol{b}\|} \tag{2.49}$$

$$\frac{\|\Delta\boldsymbol{x}\|}{\|\boldsymbol{x}\|}\leqslant\frac{\mathrm{cond}(\boldsymbol{A})\dfrac{\|\Delta\boldsymbol{A}\|}{\|\boldsymbol{A}\|}}{1-\mathrm{cond}(\boldsymbol{A})\dfrac{\|\Delta\boldsymbol{A}\|}{\|\boldsymbol{A}\|}} \tag{2.50}$$

由于选用的范数不同，条件数也不同，在有必要时，可记为

$$\mathrm{cond}_p(\boldsymbol{A}) = \|\boldsymbol{A}\|_p \times \|\boldsymbol{A}^{-1}\|_p, \quad p=1,\ 2,\ \infty$$

由于

$$1 = \|\boldsymbol{I}\| = \|\boldsymbol{A}\boldsymbol{A}^{-1}\| \leqslant \|\boldsymbol{A}\| \times \|\boldsymbol{A}^{-1}\| = \mathrm{cond}(\boldsymbol{A})$$

可知 $\mathrm{cond}(\boldsymbol{A})$ 总是大于等于 1 的数．

条件数反映了方程组的“病态”程度．条件数越小，方程组的状态越好，条件数很大时，称方程组为病态方程组．但多大的条件数才算病态则要视具体问题而定，病态的说法只是相对而言．

条件数的计算是困难的，这首先在于要计算 $\boldsymbol{A}^{-1}$，而求 $\boldsymbol{A}^{-1}$ 比解 $\boldsymbol{A}\boldsymbol{x}=\boldsymbol{b}$ 的工作量还大，当 $\boldsymbol{A}$ 确实病态时，$\boldsymbol{A}^{-1}$ 也求不准确；其次要求范数，特别是求 $\|\boldsymbol{A}\|_2$，$\|\boldsymbol{A}^{-1}\|_2$ 又十分困难，因此实际工作中一般不先去判断方程组的病态．但是必须明白，在解决实际问题的全过程中，发现结果有问题，同时数学模型中有线性方程组出现，则方程组的病态可能是出问题的环节之一．

对病态方程组无论选用什么方法去求解，都不能根本解决原始误差的扩大，可以试用加大计算机字长，比如用双精度字长计算，或可使问题相对得到解决．如仍不行，则最好考虑修改数学模型，避开病态方程组．

如第 7 章中提到的用多项式进行逼近或拟合问题中出现的正规方程组，就往往呈现病态，此时解决问题的方法之一是避开正规方程组，采用正交多项式拟合的方法，尽管后者比前者在理论上和实际计算中都复杂得多．

例 2.8　n 阶 Hilbert 矩阵

$$\boldsymbol{H}_n = \begin{pmatrix} 1 & \frac{1}{2} & \frac{1}{3} & \cdots & \frac{1}{n} \\ \frac{1}{2} & \frac{1}{3} & \frac{1}{4} & \cdots & \frac{1}{n+1} \\ \frac{1}{3} & \frac{1}{4} & \frac{1}{5} & \cdots & \frac{1}{n+2} \\ \vdots & \vdots & \vdots & & \vdots \\ \frac{1}{n} & \frac{1}{n+1} & \frac{1}{n+2} & \cdots & \frac{1}{2n-1} \end{pmatrix}$$

当 n 较高时，是有名的病态矩阵．在函数逼近时，有时得到方程组 $\boldsymbol{H}_n\boldsymbol{x}=\boldsymbol{b}$，当 n 稍高，用任何方法都难以解出理想的结果．考查它的条件数如表 2.1 所示。可见 $\boldsymbol{H}_n$ 在 n 稍高时即呈严重病态．

表 2.1　Hilbert 矩阵条件数表

n	$\mathrm{Cond}_2(\boldsymbol{H}_n)$	n	$\mathrm{Cond}_2(\boldsymbol{H}_n)$	n	$\mathrm{Cond}_2(\boldsymbol{H}_n)$	n	$\mathrm{Cond}_2(\boldsymbol{H}_n)$
3	5.24×10^{2}	5	4.77×10^{5}	7	4.75×10^{8}	9	4.93×10^{11}
4	1.55×10^{4}	6	1.50×10^{7}	8	1.53×10^{10}	10	1.60×10^{13}

例 2.9　求

$$H_2=\begin{pmatrix}1 & \frac{1}{2}\\ \frac{1}{2} & \frac{1}{3}\end{pmatrix}$$

的条件数$\text{cond}_2(\boldsymbol{H}_2)$，$\text{cond}_1(\boldsymbol{H}_2)$，$\text{cond}_\infty(\boldsymbol{H}_2)$.

解

$$\boldsymbol{H}_2^{-1}=\begin{pmatrix}4 & -6\\ -6 & 12\end{pmatrix}$$

$$\begin{vmatrix}1-\lambda & \frac{1}{2}\\ \frac{1}{2} & \frac{1}{3}-\lambda\end{vmatrix}=\lambda^2-\frac{4}{3}\lambda+\frac{1}{12}=0$$

$$\lambda=\frac{4\pm\sqrt{13}}{6}$$

因为 $\boldsymbol{H}_2$ 对称，所以

$$\|\boldsymbol{H}_2\|_2=\rho(\boldsymbol{H}_2)=\frac{4+\sqrt{13}}{6}$$

$$\begin{vmatrix}4-\lambda & -6\\ -6 & 12-\lambda\end{vmatrix}=\lambda^2-16\lambda+12=0$$

$$\lambda=8\pm2\sqrt{13}$$

因为 $\boldsymbol{H}_2^{-1}$ 对称，所以

$$\|\boldsymbol{H}_2^{-1}\|_2=\rho(\boldsymbol{H}_2^{-1})=8+2\sqrt{13}$$

所以

$$\text{cond}_2(\boldsymbol{H}_2)=\|\boldsymbol{H}_2^{-1}\|_2\times\|\boldsymbol{H}_2\|_2=19.28$$

又

$$\|\boldsymbol{H}_2\|_1=\frac{3}{2},\quad \|\boldsymbol{H}_2^{-1}\|_1=18$$

所以

$$\text{cond}_1(\boldsymbol{H}_2)=27$$

同理

$$\text{cond}_\infty(\boldsymbol{H}_2)=27$$

习　题　2

2.1　填空题.

(1) Gauss 消元法求解线性方程组的过程中若主元素为零会发生__________，主元素的绝对值太小会发生__________；

(2) Gauss 消元法求解线性方程组的计算工作量以乘除法次数计大约为__________，平方根法求解对称正定线性方程组的计算工作量以乘除法次数计大约为__________；

(3) 直接 $\boldsymbol{LU}$ 分解法解线性方程组时的计算量以乘除法计为__________，追赶法解对角占优的三对角方程组时的计算量以乘除法计为__________；

(4) $\boldsymbol{A}=\begin{pmatrix}1&1\\0&2\end{pmatrix}$，$\|\boldsymbol{A}\|_1=$________，$\|\boldsymbol{A}\|_2=$________，$\boldsymbol{\rho}(\boldsymbol{A})=$________；

(5) $\boldsymbol{A}=\begin{pmatrix}t&0\\0&1/t\end{pmatrix}$，$t>1$，$\rho(\boldsymbol{A})$__________，$\mathrm{cond}_2(\boldsymbol{A})=$__________；

(6) $\boldsymbol{A}=\begin{pmatrix}a&&\\&b&\\&&c\end{pmatrix}$，$c>b>a>0$，$\rho(\boldsymbol{A})$________，$\mathrm{cond}_2(\boldsymbol{A})=$________.

2.2　用 Gauss 消元法求解下列方程组 $\boldsymbol{Ax}=\boldsymbol{b}$.

(1) $\boldsymbol{A}=\begin{pmatrix}1&1&-1\\1&2&-2\\-2&1&1\end{pmatrix}$，　$\boldsymbol{b}=\begin{pmatrix}1\\0\\1\end{pmatrix}$；

(2) $\boldsymbol{A}=\begin{pmatrix}4&3&2&1\\3&4&3&2\\2&3&4&3\\1&2&3&4\end{pmatrix}$，　$\boldsymbol{b}=\begin{pmatrix}1\\1\\-1\\-1\end{pmatrix}$.

2.3　用列主元消元法解下列方程组 $\boldsymbol{Ax}=\boldsymbol{b}$.

(1) $\boldsymbol{A}=\begin{pmatrix}-3&2&6\\10&-7&0\\5&-1&5\end{pmatrix}$，　$\boldsymbol{b}=\begin{pmatrix}4\\7\\6\end{pmatrix}$；

(2) $\boldsymbol{A}=\begin{pmatrix}0&2&0&1\\2&2&3&2\\4&-3&0&1\\6&1&-6&-5\end{pmatrix}$，　$\boldsymbol{b}=\begin{pmatrix}0\\-2\\-7\\6\end{pmatrix}$.

2.4 用 Gauss-Jordan 消元法求

$$\begin{pmatrix} 1 & 1 & -1 \\ 2 & 1 & 0 \\ 1 & -1 & 0 \end{pmatrix}^{-1}$$

2.5 用直接 $\boldsymbol{LU}$ 分解方法求习题 2.2 中两个矩阵的 $\boldsymbol{LU}$ 分解，并求解此二方程组.

2.6 用平方根法解方程组 $\boldsymbol{Ax}=\boldsymbol{b}$.

$$\boldsymbol{A}=\begin{pmatrix} 3 & 2 & 1 \\ 2 & 2 & 1 \\ 1 & 1 & 1 \end{pmatrix}, \quad \boldsymbol{b}=\begin{pmatrix} 4 \\ 3 \\ 6 \end{pmatrix}$$

2.7 用追赶法解三对角方程组 $\boldsymbol{Ax}=\boldsymbol{b}$.

$$\boldsymbol{A}=\begin{pmatrix} 2 & -1 & 0 & 0 & 0 \\ -1 & 2 & -1 & 0 & 0 \\ 0 & -1 & 2 & -1 & 0 \\ 0 & 0 & -1 & 2 & -1 \\ 0 & 0 & 0 & -1 & 2 \end{pmatrix}, \quad \boldsymbol{b}=\begin{pmatrix} 1 \\ 0 \\ 0 \\ 0 \\ 0 \end{pmatrix}$$

2.8 证明：

(1) 单位下三角阵的逆仍是单位下三角阵；

(2) 两个单位下三角阵的乘积仍是单位下三角阵.

2.9 由 $\boldsymbol{L}=\boldsymbol{L}_1^{-1}\boldsymbol{L}_2^{-1}\cdots\boldsymbol{L}_{n-1}^{-1}$（见式(2.18)），证明：

$$\boldsymbol{L}=\begin{pmatrix} 1 & & & & & \\ l_{21} & 1 & & & & \\ l_{31} & l_{32} & 1 & & & \\ \vdots & \vdots & \vdots & \ddots & & \\ \vdots & \vdots & \vdots & & 1 & \\ l_{n1} & l_{n2} & l_{n3} & \cdots & l_{n,n-1} & 1 \end{pmatrix}$$

2.10 证明向量范数有下列等价性质：

(1) $\|\boldsymbol{x}\|_2 \leqslant \|\boldsymbol{x}\|_1 \leqslant \sqrt{n}\,\|\boldsymbol{x}\|_2$；

(2) $\|\boldsymbol{x}\|_\infty \leqslant \|\boldsymbol{x}\|_1 \leqslant n\,\|\boldsymbol{x}\|_\infty$；

(3) $\|\boldsymbol{x}\|_\infty \leqslant \|\boldsymbol{x}\|_2 \leqslant \sqrt{n}\,\|\boldsymbol{x}\|_\infty$.

2.11 求下列矩阵的 $\|\boldsymbol{A}\|_1$，$\|\boldsymbol{A}\|_2$，$\|\boldsymbol{A}\|_\infty$，$\rho(\boldsymbol{A})$.

(1) $\boldsymbol{A}=\begin{pmatrix} 1 & 3 \\ -1 & 2 \end{pmatrix}$；

(2) $\boldsymbol{A}=\begin{bmatrix}5 & 1 & 3\\1 & 10 & 2\\3 & 2 & 6\end{bmatrix}$.

2.12　求$\mathrm{cond}_2(\boldsymbol{A})$：

(1) $\boldsymbol{A}=\begin{pmatrix}100 & 99\\99 & 98\end{pmatrix}$；

(2) $\boldsymbol{A}=\begin{pmatrix}\cos\theta & -\sin\theta\\\sin\theta & \cos\theta\end{pmatrix}$.

2.13　证明：

(1) 若 $\boldsymbol{A}$ 是正交矩阵，即 $\boldsymbol{A}^{\mathrm{T}}\boldsymbol{A}=\boldsymbol{I}$，则$\mathrm{cond}_2(\boldsymbol{A})=1$；

(2) 若 $\boldsymbol{A}$ 是对称正定阵，λ_1 是 $\boldsymbol{A}$ 的最大特征值，λ_n 是最小特征值，则

$$\mathrm{cond}_2(\boldsymbol{A})=\frac{\lambda_1}{\lambda_n}$$

第 3 章　线性方程组的迭代解法

线性方程组的直接法，用于阶数不太高的线性方程组效果较好．实际工作中有的线性方程组阶数很高，但其中的大多数系数为 0，这一类的线性方程组的系数阵称为稀疏矩阵．用直接法计算时，因一次消元就可以使系数阵丧失其稀疏性，不能有效利用其稀疏的特点．本章介绍的迭代法就能充分利用系数阵稀疏的优点，此外，迭代法也常用来提高已知近似解的精度．

3.1　迭代法的一般形式

线性方程组

$$\boldsymbol{A}\boldsymbol{x}=\boldsymbol{b} \tag{3.1}$$

其中，$\boldsymbol{A}$ 非奇异，$\boldsymbol{b}\neq 0$，因而它有唯一非零解，构造与式(3.1)等价的方程组

$$\boldsymbol{x}=\boldsymbol{B}\boldsymbol{x}+\boldsymbol{f} \tag{3.2}$$

即使得式(3.2)与式(3.1)同解，其中，$\boldsymbol{B}$ 是 $n\times n$ 矩阵，$\boldsymbol{f}$ 是 n 维向量．

任取一个向量 $\boldsymbol{x}^{(0)}$ 作为 $\boldsymbol{x}$ 的近似解，用迭代公式

$$\boldsymbol{x}^{(k+1)}=\boldsymbol{B}\boldsymbol{x}^{(k)}+\boldsymbol{f},\quad k=0，1，2，\cdots \tag{3.3}$$

产生一个向量序列 $\{\boldsymbol{x}^{(k)}\}$，若 $\lim\limits_{k\to\infty}\boldsymbol{x}^{(k)}=\boldsymbol{x}^*$，则有 $\boldsymbol{x}^*=\boldsymbol{B}\boldsymbol{x}^*+\boldsymbol{f}$，即 $\boldsymbol{x}^*$ 是式(3.2)的解，当然 $\boldsymbol{x}^*$ 也就是 $\boldsymbol{A}\boldsymbol{x}=\boldsymbol{b}$ 的解．称 $\boldsymbol{B}$ 为迭代矩阵．

从以上的讨论中可以看出，迭代法的关键有：

(1) 如何构造迭代公式 $\boldsymbol{x}^{(k+1)}=\boldsymbol{B}\boldsymbol{x}^{(k)}+\boldsymbol{f}$，构造形式不唯一；

(2) 迭代公式产生的向量序列 $\{\boldsymbol{x}^{(k)}\}$ 的收敛条件是什么，收敛速度如何．

本章下面将会讨论这两个问题．

3.2　几种常用的迭代法公式

3.2.1　Jacobi 迭代法

例 3.1　构造迭代公式求解方程组

$$\begin{cases}10x_1-2x_2-x_3=3\\-2x_1+10x_2-x_3=15\\-x_1-2x_2+5x_3=10\end{cases}$$

从以上三个方程中分别解出 x_1，x_2，x_3

$$\begin{cases} x_1 = 0.2x_2 + 0.1x_3 + 0.3 \\ x_2 = 0.2x_1 + 0.1x_3 + 1.5 \\ x_3 = 0.2x_1 + 0.4x_2 + 2 \end{cases}$$

构造迭代公式

$$\begin{cases} x_1^{(k+1)} = 0.2x_2^{(k)} + 0.1x_3^{(k)} + 0.3 \\ x_2^{(k+1)} = 0.2x_1^{(k)} + 0.1x_3^{(k)} + 1.5, \quad k=0,1,2,\cdots \\ x_3^{(k+1)} = 0.2x_1^{(k)} + 0.4x_2^{(k)} + 2 \end{cases}$$

取初始向量 $\boldsymbol{x}^{(0)}=(0, 0, 0)^{\mathrm{T}}$，得到迭代序列 $\{\boldsymbol{x}^{(k)}\}(k=0, 1, 2, \cdots)$，如表 3.1 所示.

表 3.1

k	0	1	2	3	4	5	6	7	8
$x_1^{(k)}$	0	0.3000	0.8000	0.9180	0.9716	0.9804	0.9962	0.9985	0.9998
$x_2^{(k)}$	0	1.5000	1.7600	1.9260	1.9700	1.9897	1.9961	1.9986	1.9998
$x_3^{(k)}$	0	2.0000	2.6600	2.8640	2.9540	2.9823	2.9938	2.9977	2.9997

原方程组的精确解为 $\boldsymbol{x}=(1, 2, 3)^{\mathrm{T}}$，从表 3.1 的计算结果可看出 $\{\boldsymbol{x}^{(k)}\}$ 收敛于精确解.

设 $a_{ii}\neq 0(i=1, 2, \cdots, n)$，对方程组

$$\sum_{j=1}^{n} a_{ij}x_j = b_i, \quad i=1, 2, \cdots, n \tag{3.4}$$

从第 i 个方程解出 x_i，得等价的方程组

$$x_i = \frac{b_i}{a_{ii}} - \frac{1}{a_{ii}}\sum_{\substack{j=1\\ j\neq i}}^{n} a_{ij}x_j, \quad i=1, 2, \cdots, n \tag{3.5}$$

迭代公式为

$$x_i^{(k+1)} = \frac{b_i}{a_{ii}} - \frac{1}{a_{ii}}\left(\sum_{j=1}^{i-1} a_{ij}x_j^{(k)} + \sum_{j=i+1}^{n} a_{ij}x_j^{(k)}\right), \quad i=1, 2, \cdots, n;\ k=0, 1, 2, \cdots \tag{3.6}$$

这种迭代形式称为 Jacobi 迭代法，也称为简单迭代法. 记

$$\boldsymbol{L} = \begin{pmatrix} 0 & & & & \\ a_{21} & 0 & & & 0 \\ a_{31} & a_{32} & 0 & & \\ \vdots & \vdots & \ddots & \ddots & \\ a_{n1} & a_{n2} & \cdots & a_{n,n-1} & 0 \end{pmatrix}, \quad \boldsymbol{D} = \begin{pmatrix} a_{11} & & & \\ & a_{22} & & 0 \\ 0 & & \ddots & \\ & & & a_{nn} \end{pmatrix}$$

$$U=\begin{pmatrix} 0 & a_{12} & a_{13} & \cdots & a_{1n} \\ & 0 & a_{23} & \cdots & a_{2n} \\ & & \ddots & \ddots & \vdots \\ & & & 0 & a_{n-1,n} \\ & & & & 0 \end{pmatrix}$$

由 $\boldsymbol{A}=\boldsymbol{L}+\boldsymbol{D}+\boldsymbol{U}$ 和 $(\boldsymbol{L}+\boldsymbol{D}+\boldsymbol{U})\boldsymbol{x}=\boldsymbol{b}$ 得

$$\boldsymbol{D}\boldsymbol{x}=-(\boldsymbol{L}+\boldsymbol{U})\boldsymbol{x}+\boldsymbol{b}$$

因为 $a_{ii}\neq 0$，所以 $\boldsymbol{D}$ 非奇异，从而有

$$\boldsymbol{x}=-\boldsymbol{D}^{-1}(\boldsymbol{L}+\boldsymbol{U})\boldsymbol{x}+\boldsymbol{D}^{-1}\boldsymbol{b}$$

$$\boldsymbol{x}^{(k+1)}=-\boldsymbol{D}^{-1}(\boldsymbol{L}+\boldsymbol{U})\boldsymbol{x}^{(k)}+\boldsymbol{D}^{-1}b, \quad k=0,1,2,\cdots$$

是 Jacobi 迭代法的矩阵迭代形式．简记为

$$\boldsymbol{x}^{(k+1)}=\boldsymbol{B}_{\mathrm{J}}\boldsymbol{x}^{(k)}+\boldsymbol{f}_{\mathrm{J}} \tag{3.7}$$

其中

$$\boldsymbol{B}_{\mathrm{J}}=-\boldsymbol{D}^{-1}(\boldsymbol{L}+\boldsymbol{U});\ \boldsymbol{f}_{\mathrm{J}}=\boldsymbol{D}^{-1}\boldsymbol{b} \tag{3.8}$$

3.2.2 Gauss-Seidel 迭代法

在 Jacobi 迭代法的迭代形式(3.6)中，计算 $x_2^{(k+1)}$ 时要使用 $x_1^{(k)}$．但此时 $x_1^{(k+1)}$ 已计算出来，可用 $x_1^{(k+1)}$ 代替 $x_1^{(k)}$．一般的，计算 $\boldsymbol{x}_i^{(k+1)}$ $(n\geqslant i\geqslant 2)$时，使用 $x_p^{(k+1)}$ 代替 $x_p^{(k)}$ $(i>p\geqslant 1)$，可能收敛会快一些，这就形成一种新的迭代法——Gauss-Seidel 迭代法．

例 3.2 用 Gauss-Seidel 迭代法计算例 3.1 并作比较．

解 迭代公式为

$$\begin{cases} x_1^{(k+1)}=0.2x_2^{(k)}+0.1x_3^{(k)}+0.3 \\ x_2^{(k+1)}=0.2x_1^{(k+1)}+0.1x_3^{(k)}+1.5, \quad k=0,1,2,\cdots \\ x_3^{(k+1)}=0.2x_1^{(k+1)}+0.4x_2^{(k+1)}+2 \end{cases}$$

用它计算得到序列 $\{\boldsymbol{x}^{(k)}\}$，如表 3.2 所示．该方程组的 Gauss-Seidel 迭代法比 Jacobi 迭代法收敛要快一些．

表 3.2

k	0	1	2	3	4	5	6
$x_1^{(k)}$	0	0.3000	0.8804	0.9843	0.9978	0.9997	1.0000
$x_2^{(k)}$	0	1.5600	1.9448	1.9922	1.9989	1.9998	2.0000
$x_3^{(k)}$	0	2.6840	2.9539	2.9938	2.9991	2.9999	3.0000

Gauss-Seidel 迭代法的公式如下：

$$x_i^{(k+1)}=\frac{b_i}{a_{ii}}-\frac{1}{a_{ii}}\left(\sum_{j=1}^{i-1}a_{ij}x_j^{(k+1)}+\sum_{j=i+1}^{n}a_{ij}x_j^{(k)}\right) \tag{3.9}$$

$$i=1,\ 2,\ \cdots,\ n;\quad k=0,\ 1,\ 2,\ \cdots$$

改写成向量形式为 $\boldsymbol{D}\boldsymbol{x}^{(k+1)}=-\boldsymbol{L}\boldsymbol{x}^{(k+1)}-\boldsymbol{U}\boldsymbol{x}^{(k)}+\boldsymbol{b}$，得 Gauss-Seidel 法矩阵形式迭代公式

$$\boldsymbol{x}^{(k+1)}=-(\boldsymbol{D}+\boldsymbol{L})^{-1}\boldsymbol{U}\boldsymbol{x}^{(k)}+(\boldsymbol{D}+\boldsymbol{L})^{-1}\boldsymbol{b} \tag{3.10}$$

写成一般迭代形式为

$$\boldsymbol{x}^{(k+1)}=\boldsymbol{B}_{\mathrm{S}}\boldsymbol{x}^{(k)}+\boldsymbol{f}_{\mathrm{S}}$$

其中

$$\boldsymbol{B}_{\mathrm{S}}=-(\boldsymbol{D}+\boldsymbol{L})^{-1}\boldsymbol{U},\quad \boldsymbol{f}_{\mathrm{S}}=(\boldsymbol{D}+\boldsymbol{L})^{-1}\boldsymbol{b} \tag{3.11}$$

3.2.3 SOR 迭代法

SOR 法可看成 Gauss-Seidel 迭代法的加速，Gauss-Seidel 迭代法是 SOR 法的特例．将 Gauss-Seidel 迭代法的式(3.9)改写为

$$x_i^{(k+1)}=x_i^{(k)}+\frac{1}{a_{ii}}\left(b_i-\sum_{j=1}^{i-1}a_{ij}x_j^{(k+1)}-\sum_{j=i}^{n}a_{ij}x_j^{(k)}\right)$$

记

$$r_i^{(k)}=x_i^{(k+1)}-x_i^{(k)}=\frac{1}{a_{ii}}\left(b_i-\sum_{j=1}^{i-1}a_{ij}x_j^{(k+1)}-\sum_{j=i}^{n}a_{ij}x_j^{(k)}\right)$$

则迭代为 $x_i^{(k+1)}=x_i^{(k)}+r_i^{(k)}$，为加快收敛，在增量 $r_i^{(k)}$ 前加一个因子 ω $(0<\omega<2)$，得

$$x_i^{(k+1)}=x_i^{(k)}+\omega r_i^{(k)}=x_i^{(k)}+\frac{\omega}{a_{ii}}\left(b_i-\sum_{j=1}^{i-1}a_{ij}x_j^{(k+1)}-\sum_{j=i}^{n}a_{ij}x_j^{(k)}\right)$$

$$i=1,\ 2,\ \cdots,\ n;\quad k=0,\ 1,\ 2,\ \cdots \tag{3.12}$$

改写为

$$x_i^{(k+1)}=(1-\omega)x_i^{(k)}+\frac{\omega}{a_{ii}}\left(b_i-\sum_{j=1}^{i-1}a_{ij}x_j^{(k+1)}-\sum_{j=i+1}^{n}a_{ij}x_j^{(k)}\right)$$

$$i=1,\ 2,\ \cdots,\ n;\quad k=0,\ 1,\ 2,\ \cdots \tag{3.13}$$

称此公式为 SOR 法(逐次超松弛法)．

从式(3.13)可推出 SOR 方法的矩阵迭代形式

$$\boldsymbol{x}^{(k+1)}=(1-\omega)\boldsymbol{x}^{(k)}+\omega\boldsymbol{D}^{-1}(\boldsymbol{b}-\boldsymbol{L}\boldsymbol{x}^{(k+1)}-\boldsymbol{U}\boldsymbol{x}^{(k)})$$

解得

$$\boldsymbol{x}^{(k+1)}=(\boldsymbol{D}+\omega\boldsymbol{L})^{-1}[(1-\omega)\boldsymbol{D}-\omega\boldsymbol{U}]\boldsymbol{x}^{(k)}+\omega(\boldsymbol{D}+\omega\boldsymbol{L})^{-1}\boldsymbol{b}$$

记

$$\boldsymbol{B}_{\omega}=(\boldsymbol{D}+\omega\boldsymbol{L})^{-1}[(1-\omega)\boldsymbol{D}-\omega\boldsymbol{U}],\qquad \boldsymbol{f}_{\omega}=\omega(\boldsymbol{D}+\omega\boldsymbol{L})^{-1}\boldsymbol{b} \tag{3.14}$$

有

$$x^{(k+1)}=B_\omega x^{(k)}+f_\omega \tag{3.15}$$

当 $\omega=1$ 时，就是 Gauss-Seidel 迭代法．适当选取 ω 对 Gauss-Seidel 迭代法有加速效果．

例 3.3　用 Gauss-Seidel 迭代法和 SOR 法（取 $\omega=1.45$）计算下列方程组的解：

$$\begin{cases}4x_1-2x_2-x_3=0\\-2x_1+4x_2-2x_3=-2\\-x_1-2x_2+3x_3=3\end{cases}$$

当 $\max\limits_{i=1,2,3}|x_i^{(k+1)}-x_i^{(k)}|<10^{-6}$ 时退出迭代．初值取 $x^{(0)}=(1,\ 1,\ 1)^{\mathrm{T}}$．

解　计算结果如表 3.3 和表 3.4 所示．

表 3.3　Gauss-Seidel 迭代法

k	$x_1^{(k)}$	$x_2^{(k)}$	$x_3^{(k)}$
0	1	1	1
1	0.7500000	0.3750000	1.5
2	0.5625000	0.5312500	1.541667
3	0.6510416	0.5963541	1.614583
⋮	⋮	⋮	⋮
69	0.9999921	0.9999909	1.999991
70	0.9999933	0.9999923	1.999993
71	0.9999943	0.9999936	1.999994
72	0.9999952	0.9999945	1.999995

表 3.4　SOR 法（$\omega=1.45$）

k	$x_1^{(k)}$	$x_2^{(k)}$	$x_3^{(k)}$
0	1	1	1
1	0.6375000	0.0121875	1.319906
2	0.2004269	0.3717572	1.692285
3	0.6550336	0.5340121	1.777193
⋮	⋮	⋮	⋮
22	0.9999988	0.9999975	1.999999
23	0.9999984	0.9999984	1.999999
24	0.9999987	0.9999992	2.000000
25	0.9999994	0.9999998	2.000000

从计算结果可知，SOR 法有明显加速收敛作用．

3.3　迭代法的收敛条件

3.3.1　从迭代矩阵 B 判断收敛

设有迭代公式

$$\boldsymbol{x}^{(k+1)}=\boldsymbol{B}\boldsymbol{x}^{(k)}+\boldsymbol{f} \tag{3.16}$$

定理 3.1　对任意初始向量 $\boldsymbol{x}^{(0)}$ 和 $\boldsymbol{f}$，由式(3.16)产生的迭代序列 $\{\boldsymbol{x}^{(k)}\}$ 收敛的充要条件是 $\rho(\boldsymbol{B})<1$.

证明　必要性：设 $\{\boldsymbol{x}^{(k)}\}$ 收敛于 $\boldsymbol{x}^*$，有 $\boldsymbol{x}^*=\boldsymbol{B}\boldsymbol{x}^*+\boldsymbol{f}$，记

$$\boldsymbol{\varepsilon}_k=\boldsymbol{x}^{(k)}-\boldsymbol{x}^*$$

所以

$$\boldsymbol{\varepsilon}_{k+1}=\boldsymbol{x}^{(k+1)}-\boldsymbol{x}^*=\boldsymbol{B}(\boldsymbol{x}^{(k)}-\boldsymbol{x}^*)=\boldsymbol{B}\boldsymbol{\varepsilon}_k=\boldsymbol{B}\boldsymbol{\varepsilon}_{k-1}=\cdots=\boldsymbol{B}^k\boldsymbol{\varepsilon}_0$$

由 $\boldsymbol{x}^{(0)}$ 的任意性知 $\boldsymbol{\varepsilon}_0=\boldsymbol{x}^{(0)}-\boldsymbol{x}^*$ 是任意的，要有 $\boldsymbol{B}^{k+1}\boldsymbol{\varepsilon}_0\to 0\,(k\to\infty)$，必有 $\lim\limits_{k\to\infty}\boldsymbol{B}^k=0$，再由定理 2.8 得 $\rho(\boldsymbol{B})<1$.

充分性：设 $\rho(\boldsymbol{B})<1$，则 1 不是 $\boldsymbol{B}$ 的特征值，有 $|\boldsymbol{I}-\boldsymbol{B}|\neq 0$，于是 $(\boldsymbol{I}-\boldsymbol{B})\boldsymbol{x}=\boldsymbol{f}$ 有唯一解，记为 $\boldsymbol{x}^*$，即 $\boldsymbol{x}^*=\boldsymbol{B}\boldsymbol{x}^*+\boldsymbol{f}$ 成立，于是 $\boldsymbol{x}^{(k+1)}-\boldsymbol{x}^*=\boldsymbol{B}(\boldsymbol{x}^{(k)}-\boldsymbol{x}^*)$，即 $\boldsymbol{\varepsilon}_{k+1}=\boldsymbol{B}^{k+1}\boldsymbol{\varepsilon}_0$ 仍成立.

由定理 2.8，有 $\lim\limits_{k\to\infty}\boldsymbol{B}^k=0$，所以 $\lim\limits_{k\to\infty}\boldsymbol{\varepsilon}^k=0$，即 $\lim\limits_{k\to\infty}\boldsymbol{x}^{(k)}=\boldsymbol{x}^*$.

定理 3.1 是迭代法收敛的基本定理，它不仅能判别收敛，也能判别不收敛的情况. 但 $\rho(\boldsymbol{B})$ 的计算往往比解方程组本身更困难，所以本定理在理论上的意义大于在实用上的意义. 从定理 3.1 可知，迭代法的收敛与否与迭代矩阵 $\boldsymbol{B}$ 的性态有关，与初始向量 $\boldsymbol{x}^{(0)}$ 和右端向量 $\boldsymbol{f}$ 无关. 由定理 2.7 有 $\rho(\boldsymbol{B})\leqslant\|\boldsymbol{B}\|$，所以有，当 $\|\boldsymbol{B}\|<1$ 时，必有 $\rho(\boldsymbol{B})<1$，于是得到：

定理 3.2　若 $\|\boldsymbol{B}\|<1$，则由迭代格式 $\boldsymbol{x}^{(k+1)}=\boldsymbol{B}\boldsymbol{x}^{(k)}+\boldsymbol{f}$ 和任意初始向量 $\boldsymbol{x}^{(0)}$ 产生的迭代序列 $\boldsymbol{x}^{(k)}$ 收敛于精确解 $\boldsymbol{x}^*$.

本定理是迭代法收敛的充分条件，它只能判别收敛的情况，当 $\|\boldsymbol{B}\|\geqslant 1$ 时，不能断定迭代不收敛.

定理 3.3　若 $\|\boldsymbol{B}\|<1$，则迭代格式 $\boldsymbol{x}^{(k+1)}=\boldsymbol{B}\boldsymbol{x}^{(k)}+\boldsymbol{f}$ 产生的向量序列 $\{\boldsymbol{x}^{(k)}\}$ 中

$$\|\boldsymbol{x}^{(k)}-\boldsymbol{x}^*\|\leqslant\frac{\|\boldsymbol{B}\|^k}{1-\|\boldsymbol{B}\|}\|\boldsymbol{x}^{(1)}-\boldsymbol{x}^{(0)}\| \tag{3.17}$$

证明略. 利用此定理可以在只计算出 $\boldsymbol{x}^{(1)}$ 时，就估计迭代次数 k，但估计偏保守，次数偏大.

定理 3.4　若 $\|\boldsymbol{B}\|<1$，则 $\{\boldsymbol{x}^{(k)}\}$ 的第 k 次近似值的近似程度有如下估计式：

$$\| \boldsymbol{x}^{(k+1)} - \boldsymbol{x}^* \| \leqslant \frac{\| \boldsymbol{B} \|}{1 - \| \boldsymbol{B} \|} \| \boldsymbol{x}^{(k+1)} - \boldsymbol{x}^{(k)} \| \tag{3.18}$$

证明略．本定理常用作迭代终止判别条件，即只要相邻两次的迭代结果之差足够小时，就停止迭代．

例 3.4 就例 3.1 中的系数阵 $\boldsymbol{A}_1$ 和例 3.3 中的系数阵 $\boldsymbol{A}_2$

$$\boldsymbol{A}_1 = \begin{pmatrix} 10 & -2 & -1 \\ -2 & 10 & -1 \\ -1 & -2 & 5 \end{pmatrix}, \quad \boldsymbol{A}_2 = \begin{pmatrix} 4 & -2 & -1 \\ -2 & 4 & -2 \\ -1 & -2 & 3 \end{pmatrix}$$

讨论 Jacobi 迭代法和 Gauss-Seidel 迭代法的收敛性．

解 （1）就 $\boldsymbol{A}_1$ 讨论.

$$\boldsymbol{B}_{\mathrm{J}} = -\boldsymbol{D}^{-1}(\boldsymbol{L}+\boldsymbol{U}) = \begin{pmatrix} 0 & 0.2 & 0.1 \\ 0.2 & 0 & 0.1 \\ 0.2 & 0.4 & 0 \end{pmatrix}$$

因为 $\| \boldsymbol{B}_{\mathrm{J}} \|_\infty = 0.6 < 1$，由定理 3.2 知 Jacobi 迭代法收敛．

$$\boldsymbol{B}_{\mathrm{S}} = -(D+L)^{-1}U = \begin{pmatrix} 10 & 0 & 0 \\ -2 & 10 & 0 \\ -1 & -2 & 5 \end{pmatrix}^{-1} \begin{pmatrix} 0 & 2 & 1 \\ 0 & 0 & 1 \\ 0 & 0 & 0 \end{pmatrix} = \begin{pmatrix} 0 & 0.2 & 0.1 \\ 0 & 0.04 & 0.12 \\ 0 & 0.056 & 0.068 \end{pmatrix}$$

$$\| \boldsymbol{B}_{\mathrm{S}} \|_\infty = 0.3 < 1$$

由定理 3.2 知 Gauss-Seidel 迭代法收敛．

（2）就 $\boldsymbol{A}_2$ 讨论.

$$\boldsymbol{B}_{\mathrm{J}} = -\boldsymbol{D}^{-1}(\boldsymbol{L}+\boldsymbol{U}) = \begin{pmatrix} 0 & \frac{1}{2} & \frac{1}{4} \\ \frac{1}{2} & 0 & \frac{1}{2} \\ \frac{1}{3} & \frac{2}{3} & 0 \end{pmatrix}$$

用定理 3.2 无法判断，现计算 $\rho(\boldsymbol{B}_{\mathrm{J}})$

$$|\boldsymbol{B}_{\mathrm{J}} - \lambda \boldsymbol{I}| = \begin{vmatrix} -\lambda & \frac{1}{2} & \frac{1}{4} \\ \frac{1}{2} & -\lambda & \frac{1}{2} \\ \frac{1}{3} & \frac{2}{3} & -\lambda \end{vmatrix} = -\lambda^3 + \frac{2}{3}\lambda + \frac{1}{6} = 0$$

解之有三实根：$\lambda_1 = 0.9207$，$\lambda_2 = -0.2846$，$\lambda_3 = -0.6361$. 所以

$$\rho(\boldsymbol{B}_{\mathrm{J}}) = 0.9207 < 1$$

故 Jacobi 迭代法收敛．

$$\boldsymbol{B}_S=-(\boldsymbol{D}+\boldsymbol{L})^{-1}\boldsymbol{U}=\begin{pmatrix}4&0&0\\-2&4&0\\-1&-2&3\end{pmatrix}^{-1}\begin{pmatrix}0&2&1\\0&0&2\\0&0&0\end{pmatrix}=\begin{pmatrix}0&\frac{1}{2}&\frac{1}{4}\\0&\frac{1}{4}&\frac{5}{8}\\0&\frac{1}{3}&\frac{1}{2}\end{pmatrix}$$

得 $\|\boldsymbol{B}_S\|_\infty=0.875$，故 Gauss-Seidel 迭代法收敛 .

3.3.2　从系数矩阵 A 判断收敛

定义 3.1　若 $\mathbf{A}=(a_{ij})_{n\times n}$ 满足

$$|a_{ii}|\geqslant\sum_{\substack{j=1\\j\neq i}}^{n}|a_{ij}|,\quad i=1,2,\cdots,n \tag{3.19}$$

且至少有一个 i 值，使 $|a_{ii}|>\sum\limits_{\substack{j=1\\j\neq i}}^{n}|a_{ij}|$ 成立，称 **A** 具有对角优势；若 $|a_{ii}|>\sum\limits_{\substack{j=1\\j\neq i}}^{n}|a_{ij}|$，$(i=1,2,\cdots,n)$，称 **A** 具有严格对角优势 .

定理 3.5　若 **A** 具有严格对角优势，则 **A** 非奇异 .

证明略 .

定义 3.2　如果矩阵 **A** 能通过行对换和相应的列对换，变成

$$\begin{pmatrix}\mathbf{A}_{11}&\mathbf{A}_{12}\\0&\mathbf{A}_{22}\end{pmatrix}$$

的形式，其中，$\mathbf{A}_{11}$ 和 $\mathbf{A}_{22}$ 为方阵，则称 **A** 可约，反之称 **A** 不可约 .

矩阵 **A** 是否可约是不容易判别的，但有以下两条准则可以使用：

(1) 矩阵没有零元素或零元素太少(少于 $n-1$ 个)时不可约；

(2) 三对角阵如果三条对角线都没有零元素，则不可约 .

定理 3.6　**A** 不可约，且具有对角优势，则 **A** 非奇异 .

证明略 .

定理 3.7　**A** 具有严格对角优势或 **A** 不可约且具有对角优势，则 Jacobi 迭代法和 Gauss-Seidel 迭代法都收敛 .

证明略 .

例 3.5　就例 3.1 中系数阵 **A** 判断迭代法的收敛性

$$\mathbf{A}=\begin{pmatrix}10&-2&-1\\-2&10&-1\\-1&-2&5\end{pmatrix}$$

解　由于 **A** 具有严格对角优势，据定理 3.7 知该方程组对 Jacobi 迭代法和

Gauss-Seidel 迭代法都收敛.

定理 3.8 SOR 法收敛的必要条件是 $0<\omega<2$.

证明 因为 SOR 法收敛，所以 $\rho(\boldsymbol{B}_\omega)<1$，设 $\boldsymbol{B}_\omega$ 的特征值为 $\lambda_1,\lambda_2,\cdots,\lambda_n$，则

$$|\det(\boldsymbol{B}_\omega)|=|\lambda_1\lambda_2\cdots\lambda_n|\leqslant[\rho(\boldsymbol{B}_\omega)]^n<1$$

又

$$\begin{aligned}\det(\boldsymbol{B}_\omega)&=\det[(\boldsymbol{D}+\omega\boldsymbol{L})^{-1}]\det[(1-\omega)\boldsymbol{D}-\omega\boldsymbol{U}]\\&=[\det(\boldsymbol{D})]^{-1}\times\det(\boldsymbol{D})\times\det[(1-\omega)\boldsymbol{I}-\omega\boldsymbol{D}^{-1}\boldsymbol{U}]\\&=(1-\omega)^n\end{aligned}$$

所以 $|(1-\omega)^n|<1$，即 $|(1-\omega)|^n<1$，从而 $|(1-\omega)|<1$，故得 $0<\omega<2$.

定理 3.9 如果 $\boldsymbol{A}$ 实对称正定，且 $0<\omega<2$，则 SOR 法收敛.

证明略.

由定理 3.9 的结论，当 $\boldsymbol{A}$ 实对称正定时，解方程组 $\boldsymbol{Ax}=\boldsymbol{b}$ 的 Gauss-Seidel 迭代法收敛，但 Jacobi 迭代法不一定收敛.

定理 3.10 如果 $\boldsymbol{A}$ 对称，且对角元全为正，且 $\boldsymbol{A}$ 和 $2\boldsymbol{D}-\boldsymbol{A}$ 均正定，则 Jacobi 迭代法收敛.

松弛因子 ω 的选取将影响 $\rho(\boldsymbol{B}_\omega)$ 的大小. 使 $\rho(\boldsymbol{B}_\omega)$ 最小的 ω 值称为最佳松弛因子，记为 ω_{opt}. ω_{opt} 的选取是一个复杂问题，尚无完善的理论结果，只有针对一些特殊矩阵的结果，如：

定理 3.11 如 $\boldsymbol{A}$ 对称正定，且是三对角阵，则

$$\omega_{\text{opt}}=\frac{2}{1+\sqrt{1-[\rho(\boldsymbol{B}_{\text{J}})]^2}}$$

其中，$\boldsymbol{B}_{\text{J}}$ 是 Jacobi 迭代法的迭代矩阵.

常采取经验或试算方法确定近似的最佳松弛因子，加速收敛的效果也随问题而异，对有的问题，可加速好几十倍，甚至更多，对有的问题则加速不明显.

例 3.6 若方程组的系数阵为

$$\boldsymbol{A}=\begin{pmatrix}4&2&1\\2&2&1\\1&1&1\end{pmatrix}$$

试判断它对各种迭代法的收敛性.

解 $\boldsymbol{A}$ 对称，且

$$4>0,\qquad\begin{vmatrix}4&2\\2&2\end{vmatrix}=4>0,\qquad\begin{vmatrix}4&2&1\\2&2&1\\1&1&1\end{vmatrix}=2>0$$

所以 $\boldsymbol{Ax}=\boldsymbol{b}$ 对 Gauss-Seidel 迭代法及 SOR 法 $0<\omega<2$ 都收敛(定理 3.9 及推论)，

$\boldsymbol{A}$ 不是对角占优阵，无法判断 Jacobi 迭代法收敛性，改求 $\rho(\boldsymbol{B}_{\mathrm{J}})$.

$$\boldsymbol{B}_{\mathrm{J}}=\begin{pmatrix} 0 & -0.5 & -0.25 \\ -1 & 0 & -0.5 \\ -1 & -1 & 0 \end{pmatrix}$$

$$|\lambda \boldsymbol{I}-\boldsymbol{B}_{\mathrm{J}}|=\begin{vmatrix} \lambda & 0.5 & 0.25 \\ 1 & \lambda & 0.5 \\ 1 & 1 & \lambda \end{vmatrix}=\lambda^3-1.25\lambda+0.5=0$$

$$\lambda_1=0.5, \quad \lambda_{2,3}=\frac{-1\pm\sqrt{17}}{4}$$

$$\rho(\boldsymbol{B}_J)=\left|\frac{-1-\sqrt{17}}{4}\right|=1.2808>1$$

所以对 Jacobi 迭代法不收敛 .

*3.4　极小化方法

SOR 方法常用来解高阶大型方程组，但松弛因子不易确定是其缺点 . 人们转而寻求其他途径 . 用变分原理将线性方程组化为等价的极小化问题就是一种有效的选择 .

*3.4.1　与线性方程组等价的极值问题

设方程组为

$$\boldsymbol{Ax}=\boldsymbol{b} \tag{3.20}$$

其中，$\boldsymbol{A}$ 对称正定 . 若 $\boldsymbol{x}^{(k)}$ 是式(3.20)的一个近似解，$\boldsymbol{r}^{(k)}=\boldsymbol{b}-\boldsymbol{Ax}^{(k)}$ 就是对于 $\boldsymbol{x}^{(k)}$ 的剩余向量，简称余量 . 定义关于 $\boldsymbol{x}=(x_1, x_2, \cdots, x_n)^{\mathrm{T}}$ 的一个二次函数

$$\varphi(\boldsymbol{x})=\boldsymbol{x}^{\mathrm{T}}\boldsymbol{Ax}-2\boldsymbol{b}^{\mathrm{T}}x \tag{3.21}$$

有如下等价性定理：

定理 3.12　设 $\boldsymbol{A}$ 实对称正定，线性方程组(3.20)的解 $\boldsymbol{x}=\boldsymbol{\alpha}$ 必使二次函数(3.21)取极小值；反之设 $\boldsymbol{x}=\boldsymbol{\alpha}$ 使式(3.21)取极小值，则它必是线性方程组(3.20)的解 .

证明　定义另一个二次函数

$$F(\boldsymbol{x})=\boldsymbol{r}^{\mathrm{T}}\boldsymbol{A}^{-1}\boldsymbol{r} \tag{3.22}$$

其中，$\boldsymbol{r}=\boldsymbol{b}-\boldsymbol{Ax}$. 将 $\boldsymbol{r}$ 代入式(3.22)，得

$$\begin{aligned} F(\boldsymbol{x}) &= (\boldsymbol{b}-\boldsymbol{Ax})^{\mathrm{T}}\boldsymbol{A}^{-1}(\boldsymbol{b}-\boldsymbol{Ax}) \\ &= \boldsymbol{b}^{\mathrm{T}}\boldsymbol{A}^{-1}\boldsymbol{b}-(\boldsymbol{Ax})^{\mathrm{T}}\boldsymbol{A}^{-1}\boldsymbol{b}-\boldsymbol{b}^{\mathrm{T}}\boldsymbol{A}^{-1}\boldsymbol{Ax}+(\boldsymbol{Ax})^{\mathrm{T}}\boldsymbol{A}^{-1}\boldsymbol{Ax} \\ &= \boldsymbol{b}^{\mathrm{T}}\boldsymbol{A}^{-1}\boldsymbol{b}-\boldsymbol{x}^{\mathrm{T}}\boldsymbol{A}^{\mathrm{T}}\boldsymbol{A}^{-1}\boldsymbol{b}-\boldsymbol{b}^{\mathrm{T}}\mathrm{A}^{-1}\boldsymbol{Ax}+\boldsymbol{x}^{\mathrm{T}}\boldsymbol{A}^{\mathrm{T}}\boldsymbol{A}^{-1}\boldsymbol{Ax} \end{aligned}$$

$$=\boldsymbol{b}^{\mathrm{T}}\boldsymbol{A}^{-1}\boldsymbol{b}-2\boldsymbol{b}^{\mathrm{T}}\boldsymbol{x}+\boldsymbol{x}^{\mathrm{T}}\boldsymbol{A}\boldsymbol{x}$$
$$=\varphi(\boldsymbol{x})+\boldsymbol{b}^{\mathrm{T}}\boldsymbol{A}^{-1}\boldsymbol{b}$$

因 $\boldsymbol{b}^{\mathrm{T}}\boldsymbol{A}^{-1}\boldsymbol{b}$ 是常数，故 $F(\boldsymbol{x})$ 与 $\varphi(\boldsymbol{x})$ 只相差一个常数，同时取最小值．因为 $\boldsymbol{A}$ 正定，所以 $\boldsymbol{A}^{-1}$ 也正定，所以 $F(\boldsymbol{x})\geqslant 0$，当且仅当 $\boldsymbol{r}=\boldsymbol{0}$ 时，即 $\boldsymbol{A}\boldsymbol{x}=\boldsymbol{b}$ 时，$F(\boldsymbol{x})$ 取极小值 0. 这时，$\varphi(\boldsymbol{x})$ 也取得最小值．

这样解线性方程组(3.20)的问题化为等价的求二次函数 $\varphi(\boldsymbol{x})$ 的极小值问题．

*3.4.2 沿已知方向求函数的极小值

设 $\boldsymbol{x}^{(k)}$，$\boldsymbol{y}$ 为已知近似解和某一方向向量，求实数 α，使得对任意的实数 $c\neq\alpha$，有

$$F(\boldsymbol{x}^{(k)}+\alpha\boldsymbol{y})\leqslant F(\boldsymbol{x}^{(k)}+c\boldsymbol{y})$$

称沿已知方向求函数 $\varphi(\boldsymbol{x})$ 的极小值的一维搜索问题．

定理 3.13 设

$$\boldsymbol{r}^{(k)}=\boldsymbol{b}-\boldsymbol{A}\boldsymbol{x}^{(k)},\quad \alpha=\frac{\boldsymbol{y}^{\mathrm{T}}\boldsymbol{r}^{(k)}}{\boldsymbol{y}^{\mathrm{T}}\boldsymbol{A}\boldsymbol{y}} \tag{3.23}$$

则当任意的 $c\neq\alpha$ 时，$\varphi(\boldsymbol{x}^{(k)}+\alpha\boldsymbol{y})\leqslant\varphi(\boldsymbol{x}^{(k)}+c\boldsymbol{y})$.

证明

$$\begin{aligned}\varphi(\boldsymbol{x}^{(k)}+\alpha\boldsymbol{y})&=(\boldsymbol{x}^{(k)}+\alpha\boldsymbol{y})^{\mathrm{T}}\boldsymbol{A}(\boldsymbol{x}^{(k)}+\alpha\boldsymbol{y})-2\boldsymbol{b}^{\mathrm{T}}(\boldsymbol{x}^{(k)}+\alpha\boldsymbol{y})\\&=\boldsymbol{x}^{(k)\mathrm{T}}\boldsymbol{A}\boldsymbol{x}^{(k)}+\alpha\boldsymbol{y}^{\mathrm{T}}\boldsymbol{A}\boldsymbol{x}^{(k)}+\alpha\boldsymbol{x}^{(k)\mathrm{T}}\boldsymbol{A}\boldsymbol{y}+\alpha^2\boldsymbol{y}^{\mathrm{T}}\boldsymbol{A}\boldsymbol{y}-2\boldsymbol{b}^{\mathrm{T}}\boldsymbol{x}^{(k)}-2\alpha\boldsymbol{b}^{\mathrm{T}}\boldsymbol{y}\\&=\alpha^2\boldsymbol{y}^{\mathrm{T}}\boldsymbol{A}\boldsymbol{y}+[2\alpha\boldsymbol{y}^{\mathrm{T}}\boldsymbol{A}\boldsymbol{x}^{(k)}-2\alpha\boldsymbol{y}^{\mathrm{T}}\boldsymbol{b}]+[\boldsymbol{x}^{(k)\mathrm{T}}\boldsymbol{A}\boldsymbol{x}^{(k)}-2\boldsymbol{b}^{\mathrm{T}}\boldsymbol{x}^{(k)}]\\&=\alpha^2\boldsymbol{y}^{\mathrm{T}}\boldsymbol{A}\boldsymbol{y}-2\alpha\boldsymbol{y}^{\mathrm{T}}\boldsymbol{r}^{(k)}+\varphi(\boldsymbol{x}^{(k)})\end{aligned}$$

这是关于 α 的二次三项式，其极小值点为

$$\alpha=\frac{\boldsymbol{y}^{\mathrm{T}}\boldsymbol{r}^{(k)}}{\boldsymbol{y}^{\mathrm{T}}\boldsymbol{A}\boldsymbol{y}}$$

问题得证．

当用迭代法求 $\varphi(\boldsymbol{x})$ 的极小值时，如果给出 k 次近似值 $\boldsymbol{x}^{(k)}$ 和搜索方向 $\boldsymbol{y}$ 时，第 $k+1$ 次近似值应为

$$\boldsymbol{x}^{(k+1)}=\boldsymbol{x}^{(k)}+\alpha\boldsymbol{y} \tag{3.24}$$

其中，α 由式(3.23)给出．

*3.4.3 最速下降法

确定每步的搜索方向．一个简单而自然的选择方案是最速下降法，即选择函数 $\varphi(\boldsymbol{x})$ 在点 $\boldsymbol{x}^{(k)}$ 下降最快的方向．由微积分学知，这个方向是 $\varphi(\boldsymbol{x})$ 在点 $\boldsymbol{x}^{(k)}$ 的负梯度方向 $-\nabla\varphi(\boldsymbol{x}^{(k)})$. 由多元函数的微分知

$$-\nabla\varphi(\boldsymbol{x}^{(k)})=\begin{pmatrix}\dfrac{\partial\varphi(\boldsymbol{x}^{(k)})}{\partial x_1}\\ \dfrac{\partial\varphi(\boldsymbol{x}^{(k)})}{\partial x_2}\\ \vdots\\ \dfrac{\partial\varphi(\boldsymbol{x}^{(k)})}{\partial x_n}\end{pmatrix}=\begin{pmatrix}2\sum\limits_{i=1}^{n}a_{1j}x_j^{(k)}-2b_1\\ 2\sum\limits_{i=1}^{n}a_{2j}x_j^{(k)}-2b_2\\ \vdots\\ 2\sum\limits_{i=1}^{n}a_{nj}x_j^{(k)}-2b_n\end{pmatrix}=-2(\boldsymbol{b}-\boldsymbol{A}\boldsymbol{x}^{(k)})=-2\boldsymbol{r}^{(k)}$$

可见，负梯度方向$-\nabla\varphi(\boldsymbol{x}^{(k)})$就是$\boldsymbol{r}^{(k)}=\boldsymbol{b}-\boldsymbol{A}\boldsymbol{x}^{(k)}$的方向．于是根据定理 3.13，取搜索方向$\boldsymbol{r}^{(k)}=\boldsymbol{b}-\boldsymbol{A}\boldsymbol{x}^{(k)}$，这时

$$\alpha_k=\frac{\boldsymbol{r}^{(k)\mathrm{T}}\boldsymbol{r}^{(k)}}{\boldsymbol{r}^{(k)\mathrm{T}}\boldsymbol{A}\boldsymbol{r}^{(k)}}\tag{3.25}$$

算法：

(1) 给定误差限 $\varepsilon>0$，初值 $\boldsymbol{x}\in R^n$，计算 $\boldsymbol{r}\leftarrow\boldsymbol{b}-\boldsymbol{A}\boldsymbol{x}$.

(2) 对 $k=1, 2, \cdots, N$，做到第 7 步.

(3) $\alpha=\dfrac{\boldsymbol{r}^{\mathrm{T}}\boldsymbol{r}}{\boldsymbol{r}^{\mathrm{T}}\boldsymbol{A}\boldsymbol{r}}$.

(4) $\boldsymbol{y}\leftarrow\boldsymbol{x}+\alpha\boldsymbol{r}$.

(5) $\boldsymbol{r}\leftarrow\boldsymbol{b}-\boldsymbol{A}\boldsymbol{y}$.

(6) 当 $\|\boldsymbol{r}\|<\varepsilon$ 或 $\|\boldsymbol{y}-\boldsymbol{x}\|<\varepsilon$ 时，输出 $\boldsymbol{y}$，停机；否则转(7).

(7) $\boldsymbol{x}\leftarrow\boldsymbol{y}$ 转(3).

(8) 输出超过最大迭代次数的信息，停机．

最速下降法得到的序列能收敛于 $\boldsymbol{A}\boldsymbol{x}=\boldsymbol{b}$ 的解，但并不是收敛很快的方法，有估计式

$$|\varphi(\boldsymbol{x}^{(k+1)})|\leqslant\left(1-\frac{1}{\|\boldsymbol{A}\|_2\ \|\boldsymbol{A}^{-1}\|_2}\right)|\varphi(\boldsymbol{x}^{(k)})|\tag{3.26}$$

可见当条件数 $\|\boldsymbol{A}\|_2\ \|\boldsymbol{A}^{-1}\|_2=\dfrac{\lambda_1}{\lambda_n}$较大时，即正定矩阵 $\boldsymbol{A}$ 的最大特征值 λ_1 比最小特征值 λ_n 大很多时，最速下降法收敛很慢．因此现在最速下降法已不常用．

*3.4.4　共轭斜向法

如果在用迭代法求解 $\varphi(\boldsymbol{x})$的极小值的过程中，选取每一步的搜索方向为 $\boldsymbol{A}$-共轭向量，则可望得到更快的收敛速度．这就是共轭斜向法．

1. $\boldsymbol{A}$-共轭向量系

定义 3.3　设 $\boldsymbol{A}$ 是实对称正定矩阵，$\boldsymbol{x}$、$\boldsymbol{y}$ 是非零实向量，如果

$$\boldsymbol{x}^{\mathrm{T}}\boldsymbol{A}\boldsymbol{y}=\boldsymbol{y}^{\mathrm{T}}\boldsymbol{A}\boldsymbol{x}=0$$

则称向量 $\boldsymbol{x}$，$\boldsymbol{y}\boldsymbol{A}$ -共轭或 $\boldsymbol{A}$ -正交．

如果 n 维实向量组

$$\{\boldsymbol{p}^{(0)},\ \boldsymbol{p}^{(1)},\ \cdots,\ \boldsymbol{p}^{(n-1)}\} \tag{3.27}$$

中的每一个向量都不是零向量，并且当 $i\neq j$ 时有

$$\boldsymbol{p}^{(i)\mathrm{T}}\boldsymbol{A}\boldsymbol{p}^{(j)}=0 \tag{3.28}$$

就说向量组(3.27)是 $\boldsymbol{A}$-共轭系或 $\boldsymbol{A}$-正交系．

显然当 $\boldsymbol{A}$ 是单位阵时，$\boldsymbol{A}$-正交就是通常所说的正交，所以 $\boldsymbol{A}$-正交是正交的推广，$\boldsymbol{A}$-正交系是正交系的推广．$\boldsymbol{A}$-共轭向量系有如下性质：

定理 3.14 $\boldsymbol{A}$-共轭系必然线性无关．

证明 实向量组 $\{\boldsymbol{p}^{(0)},\ \boldsymbol{p}^{(1)},\ \cdots,\ \boldsymbol{p}^{(n-1)}\}$ $\boldsymbol{A}$-共轭，设有常数 $c_i\ (i=0,\ 1,\ \cdots,n-1)$，使

$$c_0\boldsymbol{p}^{(0)}+c_1\boldsymbol{p}^{(1)}+\cdots+c_{n-1}\boldsymbol{p}^{(n-1)}=0 \tag{3.29}$$

以 $\boldsymbol{p}^{(i)\mathrm{T}}\boldsymbol{A}$ 左乘式(3.29)，得

$$c_i\boldsymbol{p}^{(i)\mathrm{T}}\boldsymbol{A}\boldsymbol{p}^{(i)}=0,\ i=0,\ 1,\ \cdots,\ n-1$$

因为 $\boldsymbol{A}$ 对称正定，$\boldsymbol{p}^{(i)}$ 是非零向量，所以 $\boldsymbol{p}^{(i)\mathrm{T}}\boldsymbol{A}\boldsymbol{p}^{(i)}>0$. 因此只能有 $c_i=0(i=0,\ 1,\ \cdots,\ n-1)$，所以 $\{\boldsymbol{p}^{(0)},\ \boldsymbol{p}^{(1)},\ \cdots,\ \boldsymbol{p}^{(n-1)}\}$ 线性无关．

于是 $\{\boldsymbol{p}^{(0)},\ \boldsymbol{p}^{(1)},\ \cdots,\ \boldsymbol{p}^{(n-1)}\}$ 可以作为 n 维空间的一组基，即 n 维空间的任意向量 $\boldsymbol{p}$ 可以用它们线性表示为

$$\boldsymbol{p}=c_0\boldsymbol{p}^{(0)}+c_1\boldsymbol{p}^{(1)}+\cdots+c_{n-1}\boldsymbol{p}^{(n-1)}$$

2. 共轭斜向法

下面给出共轭斜向法的计算步骤：

(1) 首先任取一向量 $\boldsymbol{x}^{(0)}$ 作为初始向量，计算

$$\boldsymbol{r}^{(0)}=\boldsymbol{b}-\boldsymbol{A}\boldsymbol{x}^{(0)} \tag{3.30}$$

$$\boldsymbol{p}^{(0)}=\boldsymbol{r}^{(0)} \tag{3.31}$$

(2) 对 $k=0,\ 1,\ 2,\ \cdots$，有

$$\alpha_k=\frac{\boldsymbol{p}^{(k)\mathrm{T}}\boldsymbol{r}^{(k)}}{\boldsymbol{p}^{(k)\mathrm{T}}\boldsymbol{A}\boldsymbol{p}^{(k)}} \tag{3.32}$$

$$\boldsymbol{x}^{(k+1)}=\boldsymbol{x}^{(k)}+\alpha_k\boldsymbol{p}^{(k)} \tag{3.33}$$

$$\boldsymbol{r}^{(k+1)}=\boldsymbol{r}^{(k)}-\alpha_k\boldsymbol{A}\boldsymbol{p}^{(k)} \tag{3.34}$$

$$\beta_k=-\frac{\boldsymbol{p}^{(k)\mathrm{T}}\boldsymbol{A}\boldsymbol{r}^{(k+1)}}{\boldsymbol{p}^{(k)\mathrm{T}}\boldsymbol{A}\boldsymbol{p}^{(k)}} \tag{3.35}$$

$$\boldsymbol{p}^{(k+1)}=\boldsymbol{r}^{(k+1)}+\boldsymbol{\beta}_k\boldsymbol{p}^{(k)} \tag{3.36}$$

这样我们就逐步求出了向量组 $\{\boldsymbol{r}^{(i)}\}$，$\{\boldsymbol{x}^{(i)}\}$，$\{\boldsymbol{p}^{(i)}\}$ $(i=1,\ 2,\ \cdots)$，当 $\|\boldsymbol{r}^{(i)}\|_\infty<\varepsilon$（$\varepsilon$ 是给定的误差界）时，退出上述运算．输出最后一次的 $\boldsymbol{x}^{(i)}$.

下面不加证明引入：

定理 3.15 上述式子中求出的 $\{\boldsymbol{r}^{(k)}\}$ 是正交系，$\{\boldsymbol{p}^{(k)}\}$ 是 $\boldsymbol{A}$-共轭系．

由定理 3.15 知 $\{\boldsymbol{r}^{(k)}\}$ 是正交系，当进行到得出 n 个不为零的余向量 $\{\boldsymbol{r}^{(0)},\ \boldsymbol{r}^{(1)},\ \cdots,\ \boldsymbol{r}^{(n-1)}\}$，它们已经是 n 维空间的一组正交基，如果再迭代一次得

出余向量 $\boldsymbol{r}^{(n)}$，因为它和上述正交基中每一个向量都正交，只能是 $\boldsymbol{r}^{(n)}=0$. 所以有定理 3.16.

定理 3.16　使用共轭斜向法解 $\boldsymbol{Ax}=\boldsymbol{b}$，最多迭代 n 次可以得到方程组的解 .

上述定理说明共轭斜向法实质上是一种直接法，不计舍入误差，在有限步内可以得到精确解 . 但由于舍入误差，余向量 $\{\boldsymbol{r}^{(k)}\}$ 常不能精确满足正交关系 . 一般情况下 $\boldsymbol{r}^{(n)}\neq 0$. 所以共轭斜向法常作为迭代法使用 . 如果计算 n 步后 $\boldsymbol{r}^{(n)}$ 不能满足精度要求，又把 $\boldsymbol{x}^{(n)}$ 作为新的初始向量重新迭代，直到得出满足精度的解 .

算法：

(1) 给定误差限 $\varepsilon>0$，初值 $\boldsymbol{x}^{(0)}\in\mathbf{R}^n$，计算 $\boldsymbol{r}^{(0)}\leftarrow\boldsymbol{b}-\boldsymbol{Ax}^{(0)}$，$\boldsymbol{p}^{(0)}\leftarrow\boldsymbol{r}^{(0)}$.

(2) 对 $k=0,1,2,\cdots,n$，做到第 7 步.

(3) $\alpha_k=\dfrac{\boldsymbol{r}^{(k)\mathrm{T}}\boldsymbol{r}^{(k)}}{\boldsymbol{p}^{(k)\mathrm{T}}\boldsymbol{A}\boldsymbol{p}^{(k)}}$.

(4) $\boldsymbol{x}^{(k+1)}\leftarrow\boldsymbol{x}^{(k)}+\alpha_k\boldsymbol{p}^{(k)}$.

(5) $\boldsymbol{r}^{(k+1)}\leftarrow\boldsymbol{r}^{(k)}-\alpha_k\boldsymbol{A}\boldsymbol{p}^{(k)}$.

(6) $\beta_k=-\dfrac{\boldsymbol{p}^{(k)\mathrm{T}}\boldsymbol{A}\boldsymbol{r}^{(k+1)}}{\boldsymbol{p}^{(k)\mathrm{T}}\boldsymbol{A}\boldsymbol{p}^{(k)}}$.

(7) $\boldsymbol{p}^{(k+1)}\leftarrow\boldsymbol{r}^{(k+1)}+\beta_k\boldsymbol{p}^{(k)}$.

(8) 当 $\|\boldsymbol{r}^{(k)}\|<\varepsilon$ 或 $\boldsymbol{p}^{(k)\mathrm{T}}\boldsymbol{A}\boldsymbol{p}^{(k)}<\varepsilon$ 时，输出 $\boldsymbol{x}^{(k)}$，停机；否则 $\boldsymbol{x}^{(0)}\leftarrow\boldsymbol{x}^{(n)}$ 转(1).

(9) 输出超过最大迭代次数的信息，停机 .

习　题　3

3.1　填空题 .

(1) 当 $\boldsymbol{A}$ 具有严格对角线优势或具有对角优势且__________时，线性方程组 $\boldsymbol{Ax}=\boldsymbol{b}$ 用 Jacobi 迭代法和 Gauss-Seidel 迭代法均收敛；

(2) 当线性方程组的系数矩阵 $\boldsymbol{A}$ 对称正定时，__________迭代法收敛；

(3) 线性方程组迭代法收敛的充分必要条件是迭代矩阵的__________小于 1；SOR 法收敛的必要条件是__________；

(4) 用迭代法求解线性方程组，若 $q=\rho(\boldsymbol{B})$，q __________时不收敛，q 接近__________时收敛较快，q 接近__________时收敛较慢；

(5) $\boldsymbol{A}=\begin{pmatrix}1 & 1\\ 1 & 2\end{pmatrix}$，$\boldsymbol{B}_{\mathrm{J}}=$__________；$\boldsymbol{B}_{\mathrm{S}}=$__________；$\rho(\boldsymbol{B}_{\mathrm{J}})=$__________；$\rho(\boldsymbol{B}_{\mathrm{S}})=$__________ .

3.2　用 Jacobi 迭代法和 Gauss-Seidel 迭代法求解方程组 .

(1) $\begin{pmatrix}2 & 1 & 0\\ 1 & 2 & 1\\ 0 & 1 & 2\end{pmatrix}\begin{pmatrix}x_1\\ x_2\\ x_3\end{pmatrix}=\begin{pmatrix}3\\ -5\\ 4\end{pmatrix}$；

(2) $\begin{pmatrix} -8 & 1 & 1 \\ 1 & -5 & 1 \\ 1 & 1 & -4 \end{pmatrix}\begin{pmatrix} x_1 \\ x_2 \\ x_3 \end{pmatrix}=\begin{pmatrix} 1 \\ 16 \\ 7 \end{pmatrix}$.

各分量第三位稳定即可停止.

3.3 用SOR法解方程组，取 $\omega=0.9$，与取 $\omega=1$ (即Gauss-Seidel法)作比较.

$$\begin{pmatrix} 3 & 2 & 1 \\ -5 & 7 & 3 \\ 2 & -5 & 7 \end{pmatrix}\begin{pmatrix} x_1 \\ x_2 \\ x_3 \end{pmatrix}=\begin{pmatrix} -5 \\ 13 \\ 3 \end{pmatrix}$$

3.4 下面是一些方程组的系数阵，试判断它们对Jacobi迭代法，Gauss-Seidel迭代法的收敛性.

(1) $\begin{pmatrix} 5 & 2 & 1 \\ 1 & 3 & 2 \\ 1 & 1 & 2 \end{pmatrix}$； (2) $\begin{pmatrix} 1 & 2 \\ 3 & 2 \end{pmatrix}$；

(3) $\begin{pmatrix} 2 & 1 & 2 \\ 1 & 2 & 1 \\ -2 & 1 & 2 \end{pmatrix}$； (4) $\begin{pmatrix} -2 & 1 & 0 & 0 \\ 1 & -2 & 1 & 0 \\ 0 & 1 & -2 & 1 \\ 0 & 0 & 1 & -2 \end{pmatrix}$；

(5) $\begin{pmatrix} 5 & -1 & -1 & -1 \\ -1 & 10 & -1 & -1 \\ -1 & -1 & 5 & -1 \\ -1 & -1 & -1 & 10 \end{pmatrix}$； (6) $\begin{pmatrix} 1 & \frac{1}{2} & \frac{1}{2} \\ \frac{1}{2} & 1 & \frac{1}{2} \\ \frac{1}{2} & \frac{1}{2} & 1 \end{pmatrix}$.

3.5 方程组

$$\begin{pmatrix} a_{11} & a_{12} \\ a_{21} & a_{22} \end{pmatrix}\begin{pmatrix} x_1 \\ x_2 \end{pmatrix}=\begin{pmatrix} b_1 \\ b_2 \end{pmatrix}, \quad a_{11}\neq 0,\ a_{22}\neq 0$$

证明用Jacobi迭代法收敛的充要条件是

$$r=\left|\frac{a_{12}a_{21}}{a_{11}a_{22}}\right|<1$$

3.6 设

$$\boldsymbol{A}=\begin{pmatrix} 1 & a & a \\ a & 1 & a \\ a & a & 1 \end{pmatrix}, \quad a\ \text{为实数}$$

(1) 若 $\boldsymbol{A}$ 正定，a 的取值范围；

(2) 若Jacobi迭代法收敛，a 的取值范围.

第 4 章　方阵特征值和特征向量计算

设 $\boldsymbol{A}$ 是 $n\times n$ 矩阵，如果数 λ 和 n 维非零向量 $\boldsymbol{x}$ 满足 $\boldsymbol{Ax}=\lambda\boldsymbol{x}$，则称 λ 为矩阵 $\boldsymbol{A}$ 的一个特征值，$\boldsymbol{x}$ 称为与 λ 相对应的特征向量．

本章将讨论几种常用的计算矩阵特征值及特征向量的数值方法，并只限实矩阵的实特征值和特征向量的求解．

4.1　乘幂法和反幂法

4.1.1　乘幂法

乘幂法主要用于求矩阵按模最大的特征值和对应的特征向量．

设 $\boldsymbol{A}$ 具有 n 个线性无关的特征向量 $\boldsymbol{x}_1$，$\boldsymbol{x}_2$，…，$\boldsymbol{x}_n$，其相应的特征值 λ_1，λ_2，…，λ_n 满足

$$|\lambda_1|>|\lambda_2|\geqslant|\lambda_3|\geqslant\cdots\geqslant|\lambda_n| \tag{4.1}$$

现任取一非零向量 $\boldsymbol{u}_0$，作迭代

$$\boldsymbol{u}_k=\boldsymbol{A}\boldsymbol{u}_{k-1},\quad k=1,2,\cdots \tag{4.2}$$

得向量序列 $\{\boldsymbol{u}_k\}$，$k=0$，1，2，….

因 $\boldsymbol{x}_1$，$\boldsymbol{x}_2$，…，$\boldsymbol{x}_n$ 线性无关，故 n 维向量 $\boldsymbol{u}_0$ 必可由它们线性表示

$$\boldsymbol{u}_0=\alpha_1\boldsymbol{x}_1+\alpha_2\boldsymbol{x}_2+\cdots+\alpha_n\boldsymbol{x}_n$$

则有

$$\begin{aligned}\boldsymbol{u}_k&=\boldsymbol{A}\boldsymbol{u}_{k-1}=\boldsymbol{A}^2\boldsymbol{u}_{k-2}=\cdots=\boldsymbol{A}^k\boldsymbol{u}_0\\&=\alpha_1\boldsymbol{A}^k\boldsymbol{x}_1+\alpha_2\boldsymbol{A}^k\boldsymbol{x}_2+\cdots+\alpha_n\boldsymbol{A}^k\boldsymbol{x}_n\\&=\alpha_1\lambda_1^k\boldsymbol{x}_1+\alpha_2\lambda_2^k\boldsymbol{x}_2+\cdots+\alpha_n\lambda_n^k\boldsymbol{x}_n\\&=\lambda_1^k\left[\alpha_1\boldsymbol{x}_1+\alpha_2\left(\frac{\lambda_2}{\lambda_1}\right)^k\boldsymbol{x}_2+\cdots+\alpha_n\left(\frac{\lambda_n}{\lambda_1}\right)^k\boldsymbol{x}_n\right]\end{aligned} \tag{4.3}$$

又设 $\alpha_1\neq0$，$\boldsymbol{u}_k\approx\lambda_1^k\alpha_1\boldsymbol{x}_1$ 不是零向量，由 $\left|\frac{\lambda_2}{\lambda_1}\right|<1$，…，$\left|\frac{\lambda_n}{\lambda_1}\right|<1$，当 k 充分大时，式(4.3)中除第一项 $\lambda_1^k\alpha_1\boldsymbol{x}_1$ 外全都接近于零，所以 $\boldsymbol{u}_k$ 可近似地作为 λ_1 对应的特征向量．

实际计算时，为防止 $\boldsymbol{u}_k$ 的模过大或过小，以致产生计算机运算的上下溢出，通常每次迭代都对 $\boldsymbol{u}_k$ 进行归一化，使 $\|\boldsymbol{u}_k\|_\infty=1$，因此以上乘幂法公式改进为

$$\begin{cases} \boldsymbol{y}_{k-1}=\dfrac{\boldsymbol{u}_{k-1}}{\max(\boldsymbol{u}_{k-1})}, & k=1, 2, \cdots \\ \boldsymbol{u}_k=\boldsymbol{A}\boldsymbol{y}_{k-1} \end{cases} \tag{4.4}$$

其中，$\max(\boldsymbol{u}_{k-1})$表示向量$\boldsymbol{u}_{k-1}$的绝对值(或模)为最大的分量，由迭代公式知

$$\boldsymbol{u}_1=\boldsymbol{A}\boldsymbol{y}_0=\frac{\boldsymbol{A}\boldsymbol{u}_0}{\max(\boldsymbol{u}_0)}, \qquad \boldsymbol{y}_1=\frac{\boldsymbol{u}_1}{\max(\boldsymbol{u}_1)}=\frac{\boldsymbol{A}\boldsymbol{u}_0}{\max(\boldsymbol{A}\boldsymbol{u}_0)}$$

$$\boldsymbol{u}_2=\boldsymbol{A}\boldsymbol{y}_1=\frac{\boldsymbol{A}^2\boldsymbol{u}_0}{\max(\boldsymbol{A}\boldsymbol{u}_0)}, \qquad \boldsymbol{y}_2=\frac{\boldsymbol{u}_2}{\max(\boldsymbol{u}_2)}=\frac{\boldsymbol{A}^2\boldsymbol{u}_0}{\max(\boldsymbol{A}^2\boldsymbol{u}_0)}$$

$$\vdots$$

$$\boldsymbol{u}_k=\frac{\boldsymbol{A}^k\boldsymbol{u}_0}{\max(\boldsymbol{A}^{k-1}\boldsymbol{u}_0)} \tag{4.5}$$

对比式(4.3)和式(4.5)，可知式(4.5)中的$\boldsymbol{u}_k$仍收敛于$\boldsymbol{A}$的对应于λ_1的特征向量.

当k相当大时，$\boldsymbol{u}_k$和$\boldsymbol{u}_{k-1}$，$\boldsymbol{y}_{k-1}$都可视为λ_1对应的特征向量. 由

$$\boldsymbol{u}_k=\boldsymbol{A}\boldsymbol{y}_{k-1}=\lambda_1\boldsymbol{y}_{k-1} \tag{4.6}$$

有

$$\lambda_1=\frac{\max(\boldsymbol{u}_k)}{\max(\boldsymbol{u}_{k-1})} \tag{4.7}$$

编制程序可采用如下算法.

对$\boldsymbol{A}_{n\times n}$任取非零向量$\boldsymbol{u}_0$，对$k=1, 2, \cdots$执行以下各步骤：

(1) 计算$\max(\boldsymbol{u}_{k-1})$.

(2) $\boldsymbol{y}_{k-1}\leftarrow\dfrac{\boldsymbol{u}_{k-1}}{\max(\boldsymbol{u}_{k-1})}$.

(3) $\boldsymbol{u}_k\leftarrow\boldsymbol{A}\boldsymbol{y}_{k-1}$.

(4) $t_k\leftarrow\dfrac{\max(\boldsymbol{u}_k)}{\max(\boldsymbol{u}_{k-1})}$.

(5) $|t_k-t_{k-1}|<\varepsilon$，令$\lambda_1\leftarrow t_k$，$\boldsymbol{x}_1\leftarrow\boldsymbol{y}_{k-1}$，退出运算；否则返回(1)重做以上步骤.

例 4.1 求矩阵

$$\boldsymbol{A}=\begin{pmatrix} 1 & -1 & 2 \\ -2 & 0 & 5 \\ 6 & -3 & 6 \end{pmatrix}$$

按模最大的特征值λ_1和相应的特征向量.

解 计算结果见表 4.1.

表 4.1

k	u_k^{T}	y_k^{T}	t_k
0	1.000　1.000　1.000	1.0000　1.0000　1.0000	
1	2.000　3.000　9.000	0.2222　0.3333　1.0000	9
2	1.889　4.556　6.333	0.2982　0.7193　1.0000	6.333
3	1.579　4.404　5.632	0.2804　0.7819　1.0000	5.632
4	1.498　4.439　5.336	0.2808　0.8319　1.0000	5.336
⋮	⋮　⋮　⋮	⋮　⋮　⋮	⋮
10	1.393　4.444　5.013	0.2779　0.886 5　1.0000	5.013
11	1.391　4.444　5.008		5.008

所以 $\lambda_1 \approx 5.008$，$\boldsymbol{x}_1 \approx (0.2779, 0.8865, 1)^{\mathrm{T}}$，而精确解为 $\lambda_1 = 5$，$\boldsymbol{x}_1 = (0.2778, 0.8889, 1)^{\mathrm{T}}$.

*4.1.2　乘幂法的其他复杂情况

以上推导过程中作了一些假设，当这些假设不成立时，乘幂法会出现一些复杂情况．

(1) 当 $\boldsymbol{A}$ 不具有 n 个线性无关的特征向量时，乘幂法不适用，但事前往往无法判断这一点．因此在运用乘幂法时，发现不收敛或收敛很慢情况，要考虑有此种可能．

(2) 在式(4.3)中若 $\alpha_1=0$，不影响乘幂法的成功使用．因为舍入误差的影响，在迭代某一步会产生 $\boldsymbol{u}_k$，它在 $\boldsymbol{x}_1$ 方向上的分量不为零，以后的迭代仍会收敛.

(3) 模最大特征值不是单根时，可能出现的情况有：

① $\lambda_1=\lambda_2=\cdots=\lambda_r$，$|\lambda_1|>|\lambda_{r+1}|\geqslant|\lambda_{r+2}|\geqslant\cdots\geqslant|\lambda_n|$；

② $\lambda_1=-\lambda_2$；

③ λ_1 和 λ_2 为一对共轭复数，$\lambda_1=\bar{\lambda}_2$．

对情况(1)，归一化乘幂法式(4.4)仍适用，但选择不同的 $\boldsymbol{u}_0$ 得到的特征向量 $\boldsymbol{u}_k$ 是不同的．对情况(2)和(3)比较复杂，式(4.4)得到的序列不收敛，但可从序列中看出规律，推算出 λ_1、λ_2，详见有关参考文献．

在正常情况下，乘幂法编程很简单，但由于以上例外情况的存在，一个完善的乘幂法程序就很难实现了．

4.1.3　反幂法

由 $\boldsymbol{A}\boldsymbol{x}_i=\lambda_i\boldsymbol{x}_i$，易推得 $\boldsymbol{A}^{-1}\boldsymbol{x}_i=\dfrac{1}{\lambda_i}\boldsymbol{x}_i$. 若有 $|\lambda_1|\geqslant|\lambda_2|\geqslant\cdots\geqslant|\lambda_{n-1}|>|\lambda_n|$，

则$\frac{1}{\lambda_n}$是$\boldsymbol{A}^{-1}$的按模最大的特征值，只要求出$\boldsymbol{A}^{-1}$的按模最大的特征值，也就求出了$\boldsymbol{A}$的按模最小的特征值．为了避免求逆阵，可用解方程组的方法构造如下算法：

对任意初始向量$\boldsymbol{u}_0\neq\boldsymbol{0}$和$k=1, 2, \cdots$，作

$$\begin{cases}\boldsymbol{y}_{k-1}=\dfrac{\boldsymbol{u}_{k-1}}{\max(\boldsymbol{u}_{k-1})}\\ \text{从 } \boldsymbol{A}\boldsymbol{u}_k=\boldsymbol{y}_{k-1}\text{解出 } \boldsymbol{u}_k\end{cases}\tag{4.8}$$

或写出如下实用算法：

(1) 对$\boldsymbol{A}$进行$\boldsymbol{LU}$分解，求出$\boldsymbol{L}$，$\boldsymbol{U}$.

(2) 对任意非零向量$\boldsymbol{u}_0$和$k=1, 2, \cdots$，执行

① 计算$\max(\boldsymbol{u}_{k-1})$.

② $\boldsymbol{y}_{k-1}\leftarrow\dfrac{\boldsymbol{u}_{k-1}}{\max(\boldsymbol{u}_{k-1})}$.

③ 解$\begin{cases}\boldsymbol{L}\boldsymbol{x}_{k-1}=\boldsymbol{y}_{k-1}\\ \boldsymbol{U}\boldsymbol{u}_k=\boldsymbol{x}_{k-1}\end{cases}$ 得到$\boldsymbol{u}_k$.

④ $t_k\leftarrow\dfrac{\max(\boldsymbol{u}_{k-1})}{\max(\boldsymbol{u}_k)}$.

⑤ 当$|t_k-t_{k-1}|<\varepsilon$时，令$\lambda_n\leftarrow t_k$，$\boldsymbol{x}_n\leftarrow\boldsymbol{y}_{k-1}$，退出运算；否则返回①重做以上步骤．

例 4.2 求例 4.1 中矩阵$\boldsymbol{A}$的按模最小特征值及相应特征向量．

解 (1) 作$\boldsymbol{A}$的$\boldsymbol{LU}$分解，得

$$\boldsymbol{L}=\begin{pmatrix}1 & 0 & 0\\ -2 & 1 & 0\\ 6 & -1.5 & 1\end{pmatrix},\quad \boldsymbol{U}=\begin{pmatrix}1 & -1 & 2\\ 0 & -2 & 9\\ 0 & 0 & 7.5\end{pmatrix}$$

(2) 计算结果如表 4.2 所示．其中算法第 2 步计算公式为

$$y_{k-1}\leftarrow\frac{u_{k-1}}{|\max(u_{k-1})|}$$

表 4.2

k	y_{k-1}^{T}			t_k
1	1.000	1.000	1.000	−0.555 6
2	−0.3704	−1.000	−0.037006	−1.626
3	0.5822	1.000	−0.09234	−0.7776
⋮	⋮	⋮	⋮	⋮
8	−0.4992	−1.000	−0.001283	−1.003
9	0.5003	1.000	−0.0004924	−0.999 0
10	−0.5000	−1.000	0.0001854	−1.000

取

$$\lambda_3 \approx t_{10} = -1.000, \ \boldsymbol{x}_3 \approx \boldsymbol{y}_9 = (-0.5, \ -1, \ -0.000154)^{\mathrm{T}}$$

精确解为

$$\lambda_3 = -1, \ \boldsymbol{x}_3 = (-0.5, \ -1, \ 0)^{\mathrm{T}}$$

*4.1.4　原点平移加速技术

乘幂法的收敛速度主要由比值$\left|\frac{\lambda_2}{\lambda_1}\right|$确定．当这个比值接近于 1，即$|\lambda_1|$和$|\lambda_2|$很接近时，收敛将极慢，一个改进的方法是原点平移加速．

设矩阵 $\boldsymbol{B}=\boldsymbol{A}-t\boldsymbol{I}$，$t$ 为选择的平移量．设 $\boldsymbol{A}$ 的特征值为λ_1，λ_2，…，λ_n，则 $\boldsymbol{B}$ 的特征值应为λ_1-t，λ_2-t，…，λ_n-t，且 $\boldsymbol{A}$、$\boldsymbol{B}$ 的特征向量相同．适当选择 t，使λ_1-t 仍是 $\boldsymbol{B}$ 的按模最大特征值，且由于

$$\left|\frac{\lambda_2-t}{\lambda_1-t}\right| < \left|\frac{\lambda_2}{\lambda_1}\right| \tag{4.9}$$

这时对 $\boldsymbol{B}$ 用乘幂法求λ_1-t 比直接对 $\boldsymbol{A}$ 求λ_1 要快．

问题的关键在如何选择合适的 t，既能较明显提高收敛速度，又不至于求出的是另一个特征值．不妨设 $\boldsymbol{A}$ 的特征值都是实数，且 $\lambda_1>\lambda_2\geqslant\cdots\geqslant\lambda_{n-1}>\lambda_n$. 显然不论如何选 t，$\boldsymbol{B}$ 的按模最大特征值要么是λ_1-t，要么是 λ_n-t. 这时选择 t 应满足

$$|\lambda_1-t| \geqslant |\lambda_n-t|$$

$$\max\left\{\frac{|\lambda_2-t|}{|\lambda_1-t|}, \ \frac{|\lambda_n-t|}{|\lambda_1-t|}\right\}=\min$$

显然，当 $\lambda_2-t=-(\lambda_n-t)$，即

$$t=\frac{\lambda_2+\lambda_n}{2} \tag{4.10}$$

收敛速度为最快．但是，λ_2 与 λ_n 在事先是不知道的，故以上结论只有理论上的意义．

在实际计算时，若 λ_1 是正值，取 t 是一个小的正数，λ_1 是负值，取 t 为一绝对值较小的负数，常能达到加速目的，但不排除求得另一特征值的可能．若 $\boldsymbol{A}$ 的特征值全为实数时，适当调整选择 t，用乘幂法可以求出特征值的上下界．

在反幂法中也可结合使用原点平移，除可能得到加速效果外，耐心反复调整 t，可能求得 $\boldsymbol{A}$ 的全部实特征值．

*4.1.5　求已知特征值的特征向量

反幂法常用来求已知近似特征值对应的特征向量，并改进此特征值的精度．

若已知$\boldsymbol{A}$的某一特征值λ_m的近似值λ'_m，一般说总有$|\lambda_m-\lambda'_m|=\min\limits_i|\lambda_i-\lambda'_m|$，按原点平移法的思想，取$t=\lambda'_m$，作$\boldsymbol{B}=\boldsymbol{A}-\lambda'_m\boldsymbol{I}$，则$\boldsymbol{B}$的按模最小的特征值是$\lambda_m-\lambda'_m$，对应的特征向量则与$\boldsymbol{A}$的对应$\lambda_m$的特征向量相同．对$\boldsymbol{B}$作反幂法，取初始向量$z_0$，作迭代

$$\begin{cases}\text{解 } \boldsymbol{B}\boldsymbol{y}_k=\boldsymbol{z}_{k-1}\\ \boldsymbol{z}_k=\dfrac{\boldsymbol{y}_k}{\max(\boldsymbol{y}_k)}, \quad k=1,2,\cdots\end{cases} \tag{4.11}$$

在解$\boldsymbol{B}\boldsymbol{y}_k=\boldsymbol{z}_{k-1}$时，也可先作$\boldsymbol{B}=\boldsymbol{L}\boldsymbol{U}$，以免重复分解工作．于是有

$$\lim_{k\to\infty}\max(\boldsymbol{y}_k)=\frac{1}{\lambda_m-\lambda'_m},\quad \lim_{k\to\infty}\boldsymbol{z}_k=\frac{\boldsymbol{x}_m}{\max(\boldsymbol{x}_m)}$$

其中，$\boldsymbol{x}_m$是λ_m对应的特征向量．

当k较大时，取特征向量$\boldsymbol{x}_m\approx\boldsymbol{z}_k$，修正后的特征值$\lambda_m\approx\lambda'_m+\dfrac{1}{\max(\boldsymbol{y}_k)}$. 收敛速度为$\left|\dfrac{\lambda_m-\lambda'_m}{\lambda_p-\lambda'_m}\right|$，下标$p$的选取原则是使$|\lambda_p-\lambda'_m|=\min\limits_{i\neq m}|\lambda_i-\lambda'_m|$. 该比值一般是很小的，所以迭代收敛通常很快．

反幂法收敛快，精度高，是已知特征值的近似值时求特征向量的最有效的方法之一，常作其他求特征值方法的一个补充方法．

例 4.3 已知

$$\boldsymbol{A}=\begin{pmatrix}-1 & 2 & 1\\ 2 & -4 & 1\\ 1 & 1 & -6\end{pmatrix}$$

其中一近似的特征值为-6.42(精确值为-6.42107)，求其特征向量并改进此特征值．

解

$$\boldsymbol{B}=\boldsymbol{A}-(-6.42)\boldsymbol{I}=\begin{pmatrix}5.42 & 2 & 1\\ 2 & 2.42 & 1\\ 1 & 1 & 0.42\end{pmatrix}$$

$$=\boldsymbol{L}\boldsymbol{U}=\begin{pmatrix}1 & 0 & 0\\ 0.369003 & 1 & 0\\ 0.184502 & 0.375148 & 1\end{pmatrix}\begin{pmatrix}5.42 & 2 & 1\\ 0 & 1.681993 & 0.630993\\ 0 & 0 & 0.00121885\end{pmatrix}$$

取任一初始向量，$\boldsymbol{y}_1=(1,1,1)^{\mathrm{T}}$，令$\boldsymbol{z}_1=\boldsymbol{y}_1$.

第一次迭代：

解$\boldsymbol{L}\boldsymbol{x}_1=\boldsymbol{z}_1$，得

$$\boldsymbol{x}_1=(1,0.630997,0.578781)^{\mathrm{T}}$$

解$\boldsymbol{U}\boldsymbol{y}_2=\boldsymbol{x}_1$，得

$$\boldsymbol{y}_2=(20.741,\ 168.890,\ -449.197)^{\mathrm{T}}$$

$$\max(\boldsymbol{y}_2)=-449.197,\quad \boldsymbol{z}_2=\frac{\boldsymbol{y}_2}{\max(\boldsymbol{y}_2)}=(-0.0461737,\ -0.375892,\ 1)^{\mathrm{T}}$$

第二次迭代：

解 $\boldsymbol{L}\boldsymbol{x}_2=\boldsymbol{z}_2$，得

$$\boldsymbol{x}_2=(-0.0461737,\ -0.358944,\ 1.141514)^{\mathrm{T}}$$

解 $\boldsymbol{U}\boldsymbol{y}_3=\boldsymbol{x}_2$，得

$$\boldsymbol{y}_3=(43.2188,\ 351.130,\ -936.552)^{\mathrm{T}}$$

$$\max(\boldsymbol{y}_3)=936.552,\quad \boldsymbol{z}_3=(-0.0461467,\ -0.374918,\ 1)^{\mathrm{T}}$$

于是特征值

$$\lambda\approx\lambda+\frac{1}{\max(\boldsymbol{y}_3)}=-6.42+(-0.001067)=-6.42107$$

特征向量是 $\boldsymbol{z}_3$，精度很高，所有有效数字都是准确的．

可见，反幂法是求已知特征值的特征向量并改进此特征值的有力工具．

4.2　Jacobi 方法

Jacobi 方法用于求实对称矩阵的全部特征值和对应的特征向量．从线性代数的学习中我们有如下结论：

(1) 实对称矩阵的特征值全为实数，它们对应的特征向量线性无关且具有两两正交的特征向量．

(2) 相似矩阵具有相同的特征值．

(3) $\boldsymbol{A}_{n\times n}$实对称，则存在正交阵$\boldsymbol{U}$，使$\boldsymbol{U}^{\mathrm{T}}\boldsymbol{A}\boldsymbol{U}=\boldsymbol{D}$，$\boldsymbol{D}$ 是一个对角阵，且 $\boldsymbol{D}$ 的对角元 λ_1，λ_2，…，λ_n 就是 $\boldsymbol{A}$ 的特征值，$\boldsymbol{U}$ 的第 i 列向量就是 λ_i 对应的特征向量．

Jacobi 方法就是基于如上原理，用一系列的正交相似变换逐步消去 $\boldsymbol{A}$ 的非对角元，使 $\boldsymbol{A}$ 对角化，从而求得 $\boldsymbol{A}$ 的全部特征值．

4.2.1　平面旋转矩阵

在平面解析几何中二次曲线的标准化和线性代数的二次型标准化中，已经学习过二阶旋转矩阵

$$\boldsymbol{U}=\begin{pmatrix}\cos\theta & -\sin\theta\\ \sin\theta & \cos\theta\end{pmatrix}$$

它是正交矩阵．

对二阶对称矩阵 $\boldsymbol{A}=\begin{bmatrix}a_{11} & a_{12}\\ a_{12} & a_{22}\end{bmatrix}$，作变换

$$U^{T}AU=\begin{pmatrix}\cos\theta & \sin\theta\\ -\sin\theta & \cos\theta\end{pmatrix}\begin{bmatrix}a_{11} & a_{12}\\ a_{12} & a_{22}\end{bmatrix}\begin{pmatrix}\cos\theta & -\sin\theta\\ \sin\theta & \cos\theta\end{pmatrix}$$

$$=\begin{bmatrix}a_{11}\cos^2\theta+a_{22}\sin^2\theta+a_{12}\sin2\theta & \dfrac{(a_{22}-a_{11})\sin2\theta}{2}+a_{12}\cos2\theta\\ \dfrac{(a_{22}-a_{11})\sin2\theta}{2}+a_{12}\cos2\theta & a_{11}\sin^2\theta+a_{22}\cos^2\theta-a_{12}\sin2\theta\end{bmatrix}$$

只要选取 θ 满足

$$\frac{(a_{22}-a_{11})\sin2\theta}{2}+a_{12}\cos2\theta=0$$

即取 θ，使

$$\tan2\theta=\frac{-2a_{12}}{a_{22}-a_{11}}=\frac{2a_{12}}{a_{11}-a_{22}}$$

就能使上述矩阵变为对角阵，从而求得 $\boldsymbol{A}$ 的特征值 . $\boldsymbol{A}$ 的特征值为

$$\begin{cases}\lambda_1=a_{11}\cos^2\theta+a_{22}\sin^2\theta+a_{12}\sin2\theta\\ \lambda_2=a_{11}\sin^2\theta+a_{22}\cos^2\theta-a_{12}\sin2\theta\end{cases}$$

对应的特征向量为

$$\begin{cases}\boldsymbol{u}_1=(\cos\theta,\ \sin\theta)^{T}\\ \boldsymbol{u}_2=(-\sin\theta,\ \cos\theta)^{T}\end{cases}$$

对二阶对称矩阵，只有一对非对角元素，所以只需要一次旋转变换就能求得特征值. 设 $\boldsymbol{A}$ 是 n 阶对称矩阵，其中非对角元 $a_{pq}\neq0(p\neq q)$，想要把它变为零元素，有变换矩阵

$$U_{pq}(\theta)=\begin{bmatrix}1 & & & & & & \\ & \ddots & & & & & \\ & & \cos\theta & \cdots & -\sin\theta & & \\ & & \vdots & & \vdots & & \\ & & \sin\theta & \cdots & \cos\theta & & \\ & & & & & \ddots & \\ & & & & & & 1\end{bmatrix}$$

$\boldsymbol{U}_{pq}(\theta)$是正交矩阵 . 记

$$\boldsymbol{B}=\boldsymbol{U}_{pq}^{T}(\theta)\boldsymbol{A}\boldsymbol{U}_{pq}(\theta)=(b_{ij})_{n\times n}$$

与二阶情况类似，只要适当选择 θ，可将 $\boldsymbol{A}$ 中的 a_{pq} 化为零元素，此时

$$\begin{cases}b_{pj}=a_{pj}\cos\theta+a_{qj}\sin\theta, & j\neq p,\ q\\ b_{qj}=-a_{pj}\sin\theta+a_{qj}\cos\theta, & j\neq p,\ q\\ b_{ip}=a_{ip}\cos\theta+a_{iq}\sin\theta, & j\neq p,\ q\\ b_{iq}=-a_{iq}\sin\theta+a_{iq}\cos\theta, & j\neq p,\ q\\ b_{ij}=a_{ij}, & i,\ j\neq p,\ q\end{cases}\tag{4.12}$$

$$\begin{cases} b_{pp}=a_{pp}\cos^2\theta+a_{qq}\sin^2\theta+2a_{pq}\sin\theta\cos\theta \\ b_{qq}=a_{pp}\sin^2\theta+a_{qq}\cos^2\theta-2a_{pq}\sin\theta\cos\theta \\ b_{pq}=\dfrac{(a_{qq}-a_{pp})\sin2\theta}{2}+a_{pq}\cos2\theta \end{cases} \tag{4.13}$$

显然只要选择 θ，使 $b_{pq}=0$，即

$$\frac{(a_{qq}-a_{pp})\sin2\theta}{2}+a_{pq}\cos2\theta=0$$

也即

$$\cot2\theta=\frac{a_{pp}-a_{qq}}{2a_{pq}} \tag{4.14}$$

为避免求反三角函数后又求 $\sin\theta$ 和 $\cos\theta$ 产生误差，设 $t=\tan\theta$，由恒等式$\tan^2\theta+2\tan\theta\cot2\theta-1=0$ 得方程 $t^2+2at-1=0$，解之得

$$t=\pm\frac{1}{|a|+\sqrt{1+a^2}},\quad \begin{cases}\text{当 } a\geqslant0 \text{ 时取“}+\text{”}\\ \text{当 } a<0 \text{ 时取“}-\text{”}\end{cases} \tag{4.15}$$

则有

$$\cos\theta=\frac{1}{\sqrt{1+t^2}},\quad \sin\theta=t\cdot\cos\theta \tag{4.16}$$

通过一次旋转变换，可将一对非对角元 a_{pq}、a_{qp} 化为零，但不能认为将所有的非对角元都作一次旋转变换就可以化 $\boldsymbol{A}$ 为对角阵．这是因为在某次旋转变换，以往被化为零的非对角元又可能成非零元．

定理 4.1　如前 $\boldsymbol{B}=\boldsymbol{U}^{\mathrm{T}}\boldsymbol{A}\boldsymbol{U}$，则

$$\sum_{i,\ j=1}^{n} b_{ij}^2=\sum_{i,\ j=1}^{n} a_{ij}^2$$

证明略．

定理 4.2　如前 $\boldsymbol{B}=\boldsymbol{U}^{\mathrm{T}}\boldsymbol{A}\boldsymbol{U}$，则

$$\sum_{i=1}^{n} b_{ii}^2=\sum_{i=1}^{n} a_{ii}^2+2a_{pq}^2$$

证明　由式(4.12)和式(4.13)直接计算可证．

定理 4.3　如前 $\boldsymbol{B}=\boldsymbol{U}^{\mathrm{T}}\boldsymbol{A}\boldsymbol{U}$，则

$$\sum_{\substack{i,\ j=1\\ i\neq j}}^{n} b_{ij}^2=\sum_{\substack{i,\ j=1\\ i\neq j}}^{n} a_{ij}^2-2a_{pq}^2$$

证明　由定理 4.1 和定理 4.2 直接推导可证．

定理 4.3 说明，每次旋转变换使非对角元的平方和减少 $2a_{pq}^2$．

4.2.2　古典 Jacobi 方法

以下给出古典 Jacobi 方法：

(1) 在 $\boldsymbol{A}$ 中找出绝对值最大的非对角元 a_{pq}，若 $|a_{pq}|<\varepsilon$，ε 为已给出的误差限，则 $\boldsymbol{A}$ 已近似于对角阵，退出计算．输出特征值 $\lambda_i=a_{ii}(i=1, 2, \cdots, n)$. 反之则进行(2).

(2) 用式(4.15)和式(4.16)确定 $\sin\theta$ 和 $\cos\theta$.

(3) 用式(4.12)和式(4.13)计算 $b_{ij}(i, j=1, 2, \cdots, n)$，确定出矩阵 $\boldsymbol{B}$.

(4) 令 $\boldsymbol{A}\leftarrow\boldsymbol{B}$，返回(1).

这样通过若干次的旋转变换，就能将 $\boldsymbol{A}$ 化为相似的对角阵，求得足够精度的特征值 $\lambda_i(i=1, 2, \cdots, n)$.

定理 4.4 古典 Jacobi 方法是收敛的．

证明略．

4.2.3 过关 Jacobi 方法

古典 Jacobi 方法每次选取矩阵中绝对值最大的非对角元素作为消去对象，需在所有非对角元中进行比较选取，这种比较选取的工作相当耗费机时．过关 Jacobi 方法是一种改进方案．

取一串正数，比如常取

$$V_0=\Big(\sum_{\substack{i, j=1\\ i\neq j}}^{n} a_{ij}^2\Big)^{\frac{1}{2}}, \quad V_k=\frac{V_{k-1}}{n}, \quad k=1, 2, \cdots, r \tag{4.17}$$

作为每次比较的阈值，也称为“关”. 按顺序检查矩阵的非对角元，凡绝对值小于 V_k 的就让其过“关”，不作处理；凡绝对值大于等于 V_k 的就利用旋转变换使之为零．当所有非对角元绝对值都小于 V_k 时，将 V_k 除以 n 作为新的“关”，重复以上计算，直到需要的精度，即所有非对角元绝对值小于某一个 $V_k\leqslant\varepsilon$，得到一个近似对角阵，其主对角元素就是所求特征值的近似值．

Jacobi 方法收敛较慢，尤其是对高阶矩阵收敛更慢．它常用于求阶数不高的实对称矩阵的特征值和对应的特征向量．

例 4.4 用古典 Jacobi 方法求矩阵 $\boldsymbol{A}$ 的全部特征值，只列出计算中每步的结果．

$$\boldsymbol{A}=\begin{pmatrix} 1 & 0.5 & 0.5\\ 0.5 & 2 & 0.5\\ 0.5 & 0.5 & 3 \end{pmatrix}$$

解 列出下面过程，到第五步得到所有对角元的绝对值都小于 0.0001 的结果

$$\boldsymbol{A}=\begin{pmatrix} 1 & 0.5 & 0.5\\ 0.5 & 2 & 0.5\\ 0.5 & 0.5 & 3 \end{pmatrix}\xrightarrow{\text{化 } a_{12} \text{ 为 } 0}\begin{pmatrix} 0.7929 & 0 & 0.2706\\ 0 & 2.2071 & 0.6533\\ 0.2706 & 0.6533 & 3.0000 \end{pmatrix}$$

$$\xrightarrow{\text{化 } a_{23} \text{ 为 } 0}\begin{bmatrix} 0.7929 & -0.1327 & 0.2358 \\ -0.1327 & 1.8394 & 0 \\ 0.2358 & 0 & 3.3677 \end{bmatrix}$$

$$\xrightarrow{\text{化 } a_{13} \text{ 为 } 0}\begin{bmatrix} 0.7715 & -0.1322 & 0 \\ -0.1322 & 1.8394 & -0.0120 \\ 0 & -0.0120 & 3.3891 \end{bmatrix}$$

$$\xrightarrow{\text{化 } a_{12} \text{ 为 } 0}\begin{bmatrix} 0.7554 & 0 & -0.0150 \\ 0 & 1.8555 & -0.0119 \\ -0.0150 & -0.0119 & 3.3891 \end{bmatrix}$$

$$\xrightarrow{\text{化 } a_{12} \text{ 为 } 0}\begin{bmatrix} 0.7554 & 0 & 0 \\ 0 & 1.8554 & 0 \\ 0 & 0 & 3.3892 \end{bmatrix}$$

容易看出以上结果是一个“此伏彼起”的过程，但总的趋势是非对角元化为零，本题的结果是

$$\begin{cases} \lambda_1 = 0.7554 \\ \lambda_2 = 1.8554 \\ \lambda_3 = 3.3892 \end{cases}$$

Jacobi 方法可同时求得矩阵的特征向量，由 $\boldsymbol{A}_k = \boldsymbol{U}_k^{\mathrm{T}} \boldsymbol{U}_{k-1}^{\mathrm{T}} \cdots \boldsymbol{U}_1^{\mathrm{T}} \boldsymbol{A} \boldsymbol{U}_1 \boldsymbol{U}_2 \cdots \boldsymbol{U}_k$，其中 k 是进行旋转的总次数．记 $\boldsymbol{P}_k = \boldsymbol{U}_1 \boldsymbol{U}_2 \cdots \boldsymbol{U}_k = (P_{ij})_{n \times n}$，则

$$\boldsymbol{A}_k = \boldsymbol{P}_k^{\mathrm{T}} \boldsymbol{A} \boldsymbol{P}_k \approx \boldsymbol{\Lambda}$$

$\boldsymbol{\Lambda}$ 是近似对角阵，它的对角元即特征值近似值．令 $\boldsymbol{P}_0 = \boldsymbol{I}$，$\boldsymbol{P}_m = \boldsymbol{P}_{m-1} \boldsymbol{U}_m$，$(m = 1, 2, \cdots, k)$，每步的算式为

$$\begin{cases} P_{ip}^{(m)} = P_{ip}^{(m-1)} \cos\theta + P_{iq}^{(m-1)} \sin\theta \\ P_{iq}^{(m)} = -P_{ip}^{(m-1)} \sin\theta + P_{iq}^{(m-1)} \cos\theta, \quad i = 1, 2, \cdots, n \\ P_{ij}^{(m)} = P_{ij}^{(m-1)}, \quad j \neq p, q \end{cases} \tag{4.18}$$

只要将以上算式加入算法的循环中，就可以在求出特征值的同时求出 $\boldsymbol{P}_m$，$\boldsymbol{P}_m$ 的第 j 列就是 λ_j 的特征向量．

4.3 *QR* 方 法

QR 算法是求一般矩阵全部特征值的方法，它的构造思想和收敛证明比较复杂，本书只能就实矩阵情况作介绍．

4.3.1 Householder 变换

定义 4.1 设 $\boldsymbol{v}$ 是 n 维向量，且 $\boldsymbol{v}^{\mathrm{T}} \boldsymbol{v} = 1$，称 $\boldsymbol{H} = \boldsymbol{I} - 2\boldsymbol{v}\boldsymbol{v}^{\mathrm{T}}$ 为 Householder 矩

阵，$\boldsymbol{H}$ 是对称的正交阵．

定理 4.5 设 $\boldsymbol{x}=\boldsymbol{w}+\boldsymbol{u}$，其中 $\boldsymbol{u}=c\boldsymbol{v}$（$c$ 为不为 0 的常数），$\boldsymbol{w}^{\mathrm{T}}\boldsymbol{v}=0$，$\boldsymbol{H}=\boldsymbol{I}-2\boldsymbol{v}\boldsymbol{v}^{\mathrm{T}}$，则 $\boldsymbol{H}\boldsymbol{x}=\boldsymbol{w}-\boldsymbol{u}$．

证明略．

定理 4.5 的几何意义如下：将任一 n 维非零向量分解为 $\boldsymbol{u}$ 和 $\boldsymbol{w}$ 的和，$\boldsymbol{w}$ 和 $\boldsymbol{u}$ 垂直，在 $\boldsymbol{u}$ 上取单位长向量 $\boldsymbol{v}$．用 Q 表示与 $\boldsymbol{v}$ 垂直的所有向量的集合，Q 是 $n-1$ 维子空间，用 $\boldsymbol{v}$ 构造 Householder 矩阵 $\boldsymbol{H}$，$\boldsymbol{H}\boldsymbol{x}$ 恰好是 $\boldsymbol{x}$ 关于“镜面”Q 的像，$n=3$ 时，如图 4.1 所示．

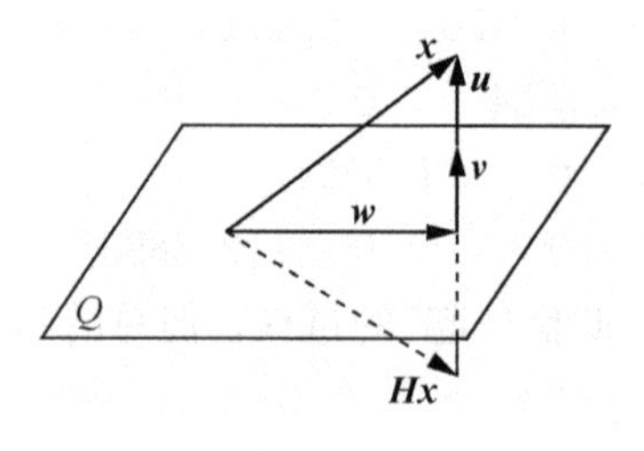

图 4.1

因此，$\boldsymbol{H}$ 作为线性变换是一种镜像变换，它不改变 $\boldsymbol{x}$ 的长度，但只要适当选择“镜面”Q（实际上是选择 Q 的法向量 $\boldsymbol{v}$），总可以使 $\boldsymbol{H}\boldsymbol{x}$ 调整到任何方向．

定理 4.6 对 n 维向量 $\boldsymbol{x}$，$\boldsymbol{y}$，若 $\|\boldsymbol{x}\|_2=\|\boldsymbol{y}\|_2$，则存在镜像矩阵 $\boldsymbol{H}$，使得 $\boldsymbol{y}=\boldsymbol{H}\boldsymbol{x}$.

证明 当 $\boldsymbol{x}=\boldsymbol{y}$ 时，取 $\boldsymbol{H}=\boldsymbol{I}$；当 $\boldsymbol{x}\neq\boldsymbol{y}$ 时，取 $\boldsymbol{v}=\dfrac{\boldsymbol{x}-\boldsymbol{y}}{\|\boldsymbol{x}-\boldsymbol{y}\|_2}$.

定理 4.7 对 n 维向量 $\boldsymbol{x}=(x_1, x_2, \cdots, x_n)^{\mathrm{T}}$，总存在镜像矩阵 $\boldsymbol{H}$，使 $\boldsymbol{H}\boldsymbol{x}$ 的后 $n-r$ 个分量为 0，第 r 个分量为 $(\boldsymbol{H}\boldsymbol{x})_r=\pm\left[\sum\limits_{i=r}^{n}x_i^2\right]^{\frac{1}{2}}$ $(1\leqslant r\leqslant n)$，且 $\boldsymbol{H}\boldsymbol{x}$ 的前 $r-1$ 个分量与 x 的前 $r-1$ 个分量相同．

证明 记 $\sigma=\pm\left[\sum\limits_{i=r}^{n}x_i^2\right]^{\frac{1}{2}}$，$\boldsymbol{y}=(x_1, x_2, \cdots, x_{r-1}, \sigma, 0, \cdots, 0)^{\mathrm{T}}$，由定理 4.6 得结论成立．

4.3.2 矩阵的正交三角分解

设 $\boldsymbol{A}^{(1)}=\boldsymbol{A}=(a_{ij}^{(1)})$ 是 $n\times n$ 实矩阵，取 $\boldsymbol{x}=(a_{11}^{(1)}, a_{21}^{(1)}, \cdots, a_{n1}^{(1)})^{\mathrm{T}}$，$\boldsymbol{y}=(\mathrm{sgn}(a_{11}^{(1)})\|x\|_2, 0, \cdots, 0)^{\mathrm{T}}$ 根据定理 4.6 和定理 4.7 构造 $\boldsymbol{H}_1$，则

$$\boldsymbol{A}^{(2)}=\boldsymbol{H}_1\boldsymbol{A}^{(1)}=\begin{pmatrix} a_1 & a_{12}^{(2)} & \cdots & a_{1n}^{(2)} \\ 0 & a_{22}^{(2)} & \cdots & a_{2n}^{(2)} \\ \vdots & \vdots & & \vdots \\ 0 & a_{n2}^{(2)} & \cdots & a_{nn}^{(2)} \end{pmatrix}$$

又取 $\boldsymbol{x}=(0, a_{22}^{(2)}, \cdots, a_{n2}^{(2)})^{\mathrm{T}}$，$\boldsymbol{y}=(0, \operatorname{sgn}(a_{22}^{(2)})\|\boldsymbol{x}\|_2, \cdots, 0)^{\mathrm{T}}$，根据定理 4.6 和定理 4.7 构造 $\boldsymbol{H}_2$，则

$$\boldsymbol{A}^{(3)}=\boldsymbol{H}_2\boldsymbol{A}^{(2)}=\begin{pmatrix} a_1 & a_{12}^{(2)} & a_{13}^{(2)} & \cdots & a_{1n}^{(2)} \\ 0 & a_2 & a_{23}^{(3)} & \cdots & a_{2n}^{(3)} \\ 0 & 0 & a_{33}^{(3)} & \cdots & a_{3n}^{(3)} \\ \vdots & \vdots & \vdots & & \vdots \\ 0 & 0 & a_{n3}^{(3)} & \cdots & a_{nn}^{(3)} \end{pmatrix}$$

作 $n-1$ 次变换后，$\boldsymbol{A}$ 被化为上三角阵 $\boldsymbol{A}^{(n)}$：

$$\boldsymbol{A}^{(n)}=\boldsymbol{H}_{n-1}\boldsymbol{H}_{n-2}\cdots\boldsymbol{H}_1\boldsymbol{A}=\begin{pmatrix} a_1 & * & * & \cdots & * \\ & a_2 & * & \cdots & * \\ & & \ddots & \ddots & \vdots \\ & & & \ddots & * \\ 0 & & & & a_n \end{pmatrix}$$

令 $\boldsymbol{Q}=\boldsymbol{H}_1\boldsymbol{H}_2\cdots\boldsymbol{H}_{n-1}$，记 $\boldsymbol{R}=\boldsymbol{A}^{(n)}$，有 $\boldsymbol{A}=\boldsymbol{QR}$. 因 $\boldsymbol{Q}$ 是正交阵的乘积，它也是正交阵，$\boldsymbol{R}$ 是上三角矩阵，这种分解称为 $\boldsymbol{A}$ 的正交三角分解，简称 QR 分解.

4.3.3 基本 QR 方法

令 $\boldsymbol{A}_1=\boldsymbol{A}$，对 $\boldsymbol{A}_1$ 作 QR 分解

$$\boldsymbol{A}_1=\boldsymbol{Q}_1\boldsymbol{R}_1$$

上式右端逆序相乘，有

$$\boldsymbol{A}_2=\boldsymbol{R}_1\boldsymbol{Q}_1$$

又对 $\boldsymbol{A}_2$ 作 QR 分解，有

$$\boldsymbol{A}_2=\boldsymbol{Q}_2\boldsymbol{R}_2$$
$$\boldsymbol{A}_3=\boldsymbol{R}_2\boldsymbol{Q}_2$$

这样可得到一个相似矩阵序列 $\{\boldsymbol{A}_s\}$，它由

$$\begin{cases} \boldsymbol{A}_1=\boldsymbol{A} \\ \boldsymbol{A}_s=\boldsymbol{Q}_s\boldsymbol{R}_s, \quad s=1, 2, \cdots \\ \boldsymbol{A}_{s+1}=\boldsymbol{R}_s\boldsymbol{Q}_s \end{cases} \tag{4.19}$$

产生，因而具有相同特征值. 在一定条件，$\{\boldsymbol{A}_s\}$"基本收敛"于上三角阵，即其对角元有确定的极限，但上三角的其余部分则不一定有极限. 如果基本收敛于上三角阵，则主对角元就是 $\boldsymbol{A}$ 的实特征值.

例 4.5 用基本 *QR* 方法求矩阵

$$A=\begin{pmatrix}6 & 2 & 1\\ 2 & 3 & 2\\ 1 & 1 & 1\end{pmatrix}$$

的全部特征值.

解

$$\begin{aligned}A&=\begin{pmatrix}6 & 2 & 1\\ 2 & 3 & 2\\ 1 & 1 & 1\end{pmatrix}\\ &=\begin{pmatrix}-0.9370 & 0.3424 & -0.0685\\ -0.3123 & -0.9096 & -0.2741\\ -0.1562 & -0.2354 & 0.9593\end{pmatrix}\begin{pmatrix}-6.4031 & -2.9673 & -1.7179\\ 0 & -2.2793 & -1.7121\\ 0 & 0 & 0.3426\end{pmatrix}\end{aligned}$$

$$\begin{aligned}A_2=RQ&=\begin{pmatrix}7.1951 & 0.9108 & -0.3959\\ 0.9793 & 2.4762 & -1.0177\\ -0.0535 & -0.0807 & 0.3286\end{pmatrix}\Rightarrow\cdots\Rightarrow A_{10}\\ &=\begin{pmatrix}7.3827 & -0.0586 & -0.5232\\ 0.0001 & 2.3261 & -0.8502\\ 0.0000 & 0.0000 & 0.2912\end{pmatrix}\end{aligned}$$

所以 $\lambda_1\approx 7.3827$，$\lambda_2\approx 2.3261$，$\lambda_3\approx 0.2912$.

QR 方法是目前求矩阵全部特征值最有效的方法，它的算法描述和收敛理论都很复杂. 本书只作了原理介绍，实用的 *QR* 方法常结合许多技巧和策略，有兴趣的读者可进一步参阅有关专著.

习 题 4

4.1 填空题.

(1) 乘幂法主要用于求一般矩阵的__________特征值，Jacobi 旋转法用于求对称矩阵的__________特征值；

(2) 古典的 Jacobi 法是选择__________的一对__________元素将其消为零；

(3) *QR* 方法用于求__________矩阵的全部特征值，反幂法加上原点平移用于一个近似特征值的__________和求出对应的__________.

4.2 用乘幂法求矩阵

$$\begin{pmatrix}-4 & 14 & 0\\ -5 & 13 & 0\\ -1 & 0 & 2\end{pmatrix}$$

按模最大的特征值和对应的特征向量，精确到小数三位．

4.3　已知

$$A=\begin{pmatrix}-11 & 11 & 1\\ 11 & 9 & -2\\ 1 & -2 & 13\end{pmatrix}$$

取 $t=15$，作原点平移的乘幂法，求按模最大特征值．

4.4　$A=\begin{pmatrix}4 & 1 & 4\\ 1 & 10 & 1\\ 4 & 1 & 10\end{pmatrix}$，用反幂法加原点平移求最接近 12 的特征值与相应的特征向量，迭代三次．

4.5　若 $\boldsymbol{A}$ 的特征值为 λ_1，λ_2，…，λ_n，t 是一实数，证明：λ_i-t 是 $\boldsymbol{A}-t\boldsymbol{I}$ 的特征值，且特征向量不变．

4.6　已知 $\boldsymbol{x}=(3, 2, 1)^{\mathrm{T}}$ 求平面反射阵 $\boldsymbol{H}$ 使 $\boldsymbol{y}=\boldsymbol{Hx}=(0, *, 0)^{\mathrm{T}}$，即使 $\boldsymbol{x}$ 的 1，3 两个分量化零．

4.7　$A=\begin{pmatrix}1 & 3 & 2\\ 3 & 3 & 1\\ 2 & 1 & 6\end{pmatrix}$，试用 Jacobi 旋转法求作一次旋转，消去最大的非对角元，写出旋转矩阵，求出角 θ 和结果．

4.8　设

$$\boldsymbol{T}=\begin{pmatrix}\boldsymbol{T}_1^{(3\times 3)} & \boldsymbol{0}^{(3\times 2)}\\ \boldsymbol{0}^{(2\times 3)} & \boldsymbol{T}_2^{(2\times 2)}\end{pmatrix}$$

已知 λ 是 $\boldsymbol{T}_1$ 的特征值，相应的特征向量为 $(a_1, a_2, a_3)^{\mathrm{T}}$，证明 λ 也是 $\boldsymbol{T}$ 的特征值，相应的特征向量为 $(a_1, a_2, a_3, 0, 0)^{\mathrm{T}}$.

4.9　证明定理 4.5.

4.10　证明式(4.19)中的 $\boldsymbol{A}_s$ 和 $\boldsymbol{A}_{s+1}$ 相似．

第 5 章　非线性方程求根

在工程应用和科学计算中，常常会遇到非线性方程

$$f(x)=0 \tag{5.1}$$

的求根问题，$f(x)$可以是 n 次多项式 $f(x)=a_0+a_1x+a_2x^2+\cdots+a_nx^n$. 也可以是其他函数，如 $f(x)=xe^x-1$. 方程 $f(x)=0$ 的根也称为函数 $f(x)$的零点．若 $f(x)$可表示为

$$f(x)=(x-\alpha)^m g(x),\ g(\alpha)\neq 0 \tag{5.2}$$

则称 α 为 $f(x)=0$ 的 m 重根，当 $m=1$ 时称为单根，当 $m>1$ 时称为方程的 m 重根，此时有

$$f(\alpha)=f'(\alpha)=\cdots=f^{(m-1)}(\alpha)=0,\ f^{(m)}(\alpha)\neq 0 \tag{5.3}$$

5.1　二　分　法

定理 5.1(零点定理)　若 $f(x)$在$[a, b]$上连续，且 $f(a)f(b)<0$，则至少存在一点 $\alpha\in(a, b)$，使 $f(\alpha)=0$.

二分法是方程求根中最常用且最简单的方法．其基本思想是：先利用零点定理确定根的存在区间，然后将含根 α 的区间对分，通过判别对分点函数值的符号，将有根区间缩小一半．重复以上过程，将根的存在区间缩到充分小，从而求出满足精度要求的根的近似值．具体做法如下：

计算区间$[a, b]$的中点函数值 $f\left(\frac{a+b}{2}\right)$.

(1)若$\left|f\left(\frac{a+b}{2}\right)\right|<\varepsilon$，$\varepsilon$ 是预先给定的误差精度，则$\frac{a+b}{2}$为所求根的近似值．

(2)若$\left|f\left(\frac{a+b}{2}\right)\right|\geqslant\varepsilon$，则

当 $f\left(\frac{a+b}{2}\right)f(a)<0$，取 $a_1=a$，$b_1=\frac{a+b}{2}$；

当 $f\left(\frac{a+b}{2}\right)f(a)>0$，取 $a_1=\frac{a+b}{2}$，$b_1=b$.

此时的(a_1, b_1)是新的根的存在区间，继续此过程就得到一个包含根 α 的区间套，满足：

① $[a, b] \supset [a_1, b_1] \supset [a_2, b_2] \supset \cdots \supset [a_n, b_n] \supset \cdots$;

② $f(a_k)f(b_k)<0$, $\alpha \in (a_k, b_k)$,　$k=1, 2, \cdots, n, \cdots$;

③ $b_k - a_k = \frac{1}{2^k}(b-a)$,　$k=1, 2, \cdots, n, \cdots$.

当 n 充分大时就有

$$\alpha \approx \frac{1}{2}(a_n + b_n)$$

误差估计式为

$$\left|\alpha - \frac{a_n+b_n}{2}\right| \leqslant \frac{b-a}{2^{n+1}} \tag{5.4}$$

例 5.1　判别方程 $x^3-3x+1=0$ 的实根存在区间，要求区间长度不大于1，并求出最小正根的近似值，精度 $\varepsilon=10^{-3}$.

解　由表5.1可知，根的存在区间为$(-2, -1)$，$(0, 1)$，$(1, 2)$.

表 5.1

x	-2	-1	0	1	2
$f(x)$	-1	3	1	-1	3

由表5.2可知，最小正根的近似值为

$$\alpha \approx \frac{0.347167968+0.34741209}{2} = 0.347290038 \approx 0.347$$

表 5.2

k	α_k	b_k	x_k	$f(x_k)$
1	0	1	0.5	-0.3750000
2	0	0.5	0.25	0.265625
3	0.25	0.5	0.375	-0.072266
4	0.25	0.375	0.3125	0.093018
5	0.3125	0.375	0.34375	0.009369
6	0.34375	0.375	0.359375	-0.031712
7	0.34375	0.359375	0.3515625	-0.011236
8	0.34375	0.3515625	0.34765625	-0.000949
9	0.34375	0.34765625	0.345703125	0.004206
10	0.345703125	0.34765625	0.346679687	0.001627
11	0.346679687	0.34765625	0.347167968	0.000339
12	0.347167968	0.34765625	0.347412109	-0.000305
13	0.347167968	0.347412109	0.347290038	0.000017

二分法的优点是方法和计算都简单，且对函数 $f(x)$的性质要求不高，只需连续即可．其缺点是收敛速度不快，也不能求偶数的重根．在实用中常用二分法来判别根的存在区间，如区间较大可用二分法适当收缩区间，并选择初值 x_0 为该区间中点．再用收敛速度快的迭代法，迭代计算求根．

从二分法的原理引出逐步扫描法，即选取适当的步长 h 对区间$[a, b]$从左到右逐步扫描，检查小区间$[a+kh, a+(k+1)h]$$(k=0, 1, 2, \cdots)$的两端函数值符号，从而判断根的存在区间．$h$ 选择应适当，h 过大可能漏掉根，h 过小将会增加计算的工作量．

5.2 迭代法

5.2.1 迭代法的一般形式

设方程 $f(x)=0$ 可以转化为等价的形式

$$x=g(x) \tag{5.5}$$

从某个初值 x_0 出发，令

$$x_{k+1}=g(x_k), \quad k=0, 1, 2, \cdots \tag{5.6}$$

得到序列$\{x_k\}$．当 $g(x)$连续且序列$\{x_k\}$收敛于α 时，有

$$\lim_{k\to\infty} x_{k+1}=\lim_{k\to\infty} g(x_k)=g(\lim_{k\to\infty} x_k)$$

即 $\alpha=g(\alpha)$，所以 α 是方程 $f(x)=0$ 的根．

称式(5.6)为迭代格式，函数 $g(x)$为迭代函数，构造迭代格式的方法称为迭代法．

例 5.2 采用不同的迭代方法，求方程 $x^3+4x^2-10=0$ 在(1, 2)内的近似根．

解 设 $f(x)=x^3+4x^2-10$，$f(x)$在$[1, 2]$上连续，且 $f(1)=-5<0$，$f(2)=14>0$，由零点定理，方程在(1, 2)内至少存在一根．现分别构造以下的迭代格式：

(1) $$x_{k+1}=g_1(x_k)=x_k-x_k^3-4x_k^2+10$$

(2) $$x_{k+1}=g_2(x_k)=\left(\frac{10}{x_k}-4x_k\right)^{\frac{1}{2}}$$

(3) $$x_{k+1}=g_3(x_k)=\frac{1}{2}(10-x_k^3)^{\frac{1}{2}}$$

(4) $$x_{k+1}=g_4(x_k)=\left(\frac{10}{4+x_k}\right)^{\frac{1}{2}}$$

(5) $$x_{k+1}=g_5(x_k)=x_k-\frac{x_k^3+4x_k^2-10}{3x_k^2+8x_k}$$

取初始近似值 $x_0=1.5$，迭代计算的结果分别为：

(1) 迭代 4 次后，　$x_4=1.03\times10^8$，　看来不收敛；

(2) 迭代 3 次后，　$x_3=\sqrt{-8.65}$，　无意义，不收敛；

(3) 迭代 25 次后，　$x_{25}=1.36523001$，　收敛，但较慢；

(4) 迭代 9 次后，　$x_9=1.36523001$，　收敛，速度较快；

(5) 迭代 3 次后，　$x_3=1.36523001$，　收敛，速度很快．

若直接采用二分法则有 $x_{27}=1.36523001$，收敛也是相当慢的．

从上例的结果可知，迭代格式的构造不同，迭代序列的收敛情况将会有很大的差异．可能会出现发散或无意义的情形，即使是收敛的，收敛的速度也有快慢之分．为使迭代序列收敛，并收敛快，迭代格式的选取是相当重要的．

迭代法可分为单点迭代法和多点迭代法．式(5.6)是单点迭代法，即计算第 $k+1$ 个近似值 x_{k+1} 时仅用到第 k 个点处的信息．多点迭代法的一般形式为

$$x_{k+1}=g(x_k,\ x_{k-1},\ \cdots,\ x_{k-p+1}) \tag{5.7}$$

计算 x_{k+1} 时需要用到前面 p 个点处的信息．多点迭代法需要 p 个初始近似值

$$x_0,\ x_1,\ \cdots,\ x_p,\qquad p\geqslant 2$$

5.2.2　迭代法的收敛性

迭代法的收敛性与初始值无关的情况是很少见的，常只具有局部的收敛性，即当迭代的初始值 x_0 充分接近于根 α 时，迭代法产生的序列 $\{x_k\}$ 才可能收敛于 α. 但是如何确定迭代法的初值使其充分接近于根 α 是相当困难的工作，它依赖于函数 $f(x)$ 和迭代函数 $g(x)$ 的性质．为了使初始近似值充分接近于根 α，常用二分法将根的存在区间尽量缩小，然后再用收敛速度较快的迭代法计算．

定义 5.1　如果根 α 的某个邻域 $\mathbf{R}$：$|x-\alpha|\leqslant\delta$ 中，对任意的 $x_0\in\mathbf{R}$，迭代过程 $x_{k+1}=g(x_k)(k=0,\ 1,\ 2,\ \cdots)$ 均收敛，则称迭代过程在 α 附近局部收敛．

定义 5.2　若存在常数 $L>0$，使 $|g(x_1)-g(x_2)|\leqslant L|x_1-x_2|$，$\forall x_1,\ x_2\in[a,\ b]$，则称函数 $g(x)$ 在 $[a,\ b]$ 上满足 Lipschitz 条件，L 称为 Lipschitz 常数。

定理 5.2　对迭代方程 $x=g(x)$，若迭代函数 $g(x)$ 满足：

① 当 $x\in[a,\ b]$ 时，有 $g(x)\in[a,\ b]$；

② $g(x)$ 在 $[a,\ b]$ 上满足 Lipschitz 条件，且 $L<1$.

则有

(1) $x=g(x)$ 在 $(a,\ b)$ 内存在唯一的根 α；

(2) 对 $\forall x_0\in[a,\ b]$，迭代公式 $x_{k+1}=g(x_k)$ 均收敛，且 $\lim\limits_{k\to\infty}x_k=\alpha$；

(3)
$$|\alpha-x_k|\leqslant\frac{L^k}{1-L}|x_1-x_0| \tag{5.8}$$

$$|\alpha-x_k|\leqslant\frac{L}{1-L}|x_k-x_{k-1}| \tag{5.9}$$

证明略。

从式(5.8)看出，迭代格式的收敛速度与 L 的值有关，当 $L\ll1$ 时收敛较快，当 L 接近于 1 时收敛较慢；由式(5.9)，当 k 充分大时，若 $|x_k-x_{k-1}|<\varepsilon$ 时，就可认为 x_k 达到了精度要求．常取 $L=\max\limits_{x\in[a,b]}|g'(x)|$，并用 $\max\limits_{x\in[a,b]}|g'(x)|<1$ 来判断迭代格式是否收敛．

例 5.3 用定理 5.2 考查例 5.2 中迭代格式(3)和(4)在[1，1.5]上的收敛性.

解 对迭代格式(3)，其迭代函数为 $g_3(x)=\frac{1}{2}(10-x^3)^{\frac{1}{2}}$，可以看出它在[1，1.5]上是单调减函数，且 $g_3(1)=1.5$，$g_3(1.5)=1.2870$，所以有 $g_3(x)\in[1.2870, 1.5]\subset[1, 1.5]$；又 $|g'_3(x)|=\frac{3}{4}\frac{x^2}{\sqrt{10-x^3}}$ 在 $x\in[1, 1.5]$ 上是单调增函数，且

$$L_3=|g'_3(1.5)|=0.6556<1$$

所以迭代格式(3) 在[1，1.5]上满足定理 5.2 的条件，故迭代格式(3)收敛．

对迭代格式(4)，其迭代函数 $g_4(x)=\left(\frac{10}{4+x}\right)^{\frac{1}{2}}$，可以看出它在[1，1.5]上是单调减函数，且 $g_4(1)=1.4142$，$g_4(1.5)=1.3484$，所以有 $g_4(x)\in[1.3484, 1.4142]\subset[1, 1.5]$；又 $|g'_4(x)|=\left|\frac{-5}{\sqrt{10}(4+x)^{\frac{3}{2}}}\right|$ 在 $x\in[1, 1.5]$ 上是单调减函数，且

$$L_4=|g'_4(1)|=\frac{5}{\sqrt{10}\cdot5^{\frac{3}{2}}}=0.1414<1$$

所以迭代格式(4)在 [1，1.5]上满足定理 5.2 的条件，故迭代格式(4)收敛．

由于 $L_4<L_3$，故迭代格式(4)比迭代格式(3)收敛的速度快．

5.2.3 迭代法收敛速度

收敛速度是用来衡量迭代方法好坏的重要标志，常用收敛的阶来刻划．

定义 5.3 记迭代格式(5.6)的第 k 次迭代误差为 $\varepsilon_k=\alpha-x_k$，并假设迭代格式是收敛的，若存在实数 $p\geqslant1$ 使得

$$\lim_{k\to\infty}\frac{|\varepsilon_{k+1}|}{|\varepsilon_k|^p}=C>0$$

则称迭代格式(5.6)是 p 阶收敛的，C 称为渐近误差常数．

当 $p=1$，且 $C<1$ 时，称迭代格式为线性收敛；

当 $p=2$ 时，称迭代格式为二阶收敛；

当 $1<p<2$ 或 $p=1$，$C=0$ 时，称迭代格式为超线性收敛．

收敛阶可以这样理解：迭代后的误差与迭代前的误差的 p 次方是同阶无穷小．它们的比值是渐近误差常数．高阶的方法比低阶方法收敛快得多，当两方法同阶时，则渐近误差常数小的收敛快．

定理 5.3　对迭代格式 $x_{k+1}=g(x_k)$，若 $g^{(p)}(x)$ 在根 α 的邻域内连续．并且

$$g'(\alpha)=g''(\alpha)=\cdots=g^{(p-1)}(\alpha)=0$$

则该迭代格式在根 α 的邻域内至少是 p 阶收敛的(这里的 p 是正整数)；若还有 $g^{(p)}(\alpha)\neq 0$，则该迭代格式在根 α 的邻域内是 p 阶收敛的．

上面例 5.2 中的迭代法(1)～(4)都是从 $f(x)=0$ 通过移项、四则运算和开方运算等构造而得，即使收敛，一般也只是线性收敛，收敛速度不会很快，使用并不普遍．

5.3　Newton 迭代法与割线法

5.3.1　Newton 迭代法

1. Newton 迭代法的构造思想

对函数 $f(x)$ 进行线性化处理，将函数 $f(x)$ 在近似值 x_k 处进行一阶的 Taylor 展开(假设 $f(x)$ 二阶可导)有

$$0=f(x)=f(x_k)+f'(x_k)(x-x_k)+\frac{f''(\xi)}{2!}(x-x_k)^2$$

略去高阶无穷小项有

$$f(x_k)+f'(x_k)(x-x_k)\approx 0$$

$$x\approx x_k-\frac{f(x_k)}{f'(x_k)},\quad f'(x_k)\neq 0$$

故有迭代格式

$$x_{k+1}=x_k-\frac{f(x_k)}{f'(x_k)} \tag{5.10}$$

如图 5.1 所示，Newton 法的几何意义是，用点 $(x_k, f(x_k))$ 处的切线与 x 轴交点处的横坐标作为 x_{k+1}.

2. Newton 法的收敛速度

Newton 法迭代函数为 $g(x)=x-\dfrac{f(x)}{f'(x)}$，有

$$g'(x)=1-\frac{[f'(x)]^2-f(x)f''(x)}{[f'(x)]^2}=\frac{f(x)f''(x)}{[f'(x)]^2}$$

$$g'(\alpha)=\frac{f(\alpha)f''(\alpha)}{[f'(\alpha)]^2}=0,\quad f'(\alpha)\neq 0$$

所以当 $f'(\alpha)\neq 0$ 时，Newton 法至少是二阶收敛的．还可以证明

$$\lim_{k\to\infty}\frac{\varepsilon_{k+1}}{\varepsilon_k^2}=-\frac{f''(\alpha)}{2f'(\alpha)}$$

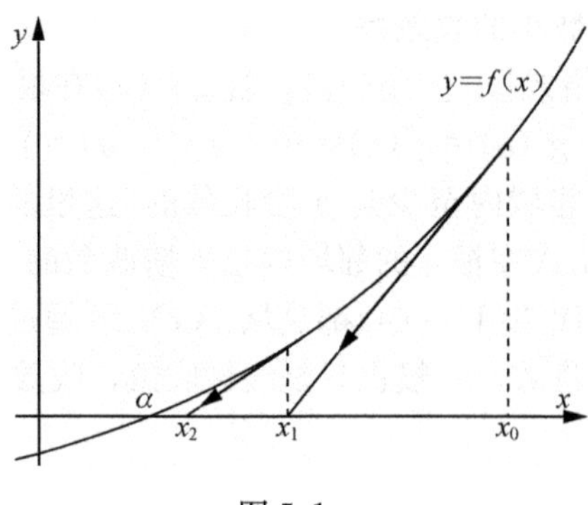

图 5.1

Newton 法一般只具有局部收敛性，但有如下定理．

定理 5.4(Newton 法的区间收敛性)　设 $f(x)$ 在有根区间 $[a,b]$ 上二阶导数存在，且满足：

(1) $f(a)f(b)<0$；

(2) $f'(x)\neq 0$ ，$\forall x\in[a,b]$；

(3) $f''(x)$ 对 $\forall x\in[a,b]$ 不变号；

(4) 初值 $x_0\in[a,b]$，且 $f''(x_0)f(x_0)>0$.

则 Newton 法产生的迭代序列 $\{x_k\}$ 收敛于 $f(x)=0$ 在 $[a,b]$ 内的唯一根 α.

在例 5.2 中迭代格式(5)就是 Newton 迭代格式．

算法(Newton 迭代法)：输入初值 x_0，精度 $\varepsilon>0$，最大迭代次数 N.

(1) 对 $k=1,2,\cdots,N$，做到第 6 步；

(2) 计算 $f'(x_0)$；

(3) 若 $f'(x_0)=0$，停止计算；

(4) $x\leftarrow x_0-\dfrac{f(x_0)}{f'(x_0)}$；

(5) 若 $|x-x_0|<\varepsilon$ 或 $|f(x)|<\varepsilon$，则输出 x，$f(x)$，k，停机；

(6) $x_0\leftarrow x$；

(7) 若 $k>N$，输出超过最大迭代次数的信息，停机．

例 5.4　用 Newton 法求 $x\sin x=0.5$ 在 0.7 附近的根，计算结果保留 6 位有效数字．

解

$$f(x)=x\sin x-0.5,\quad f'(x)=\sin x+x\cos x,\quad x_0=0.7$$

$$x_{k+1}=x_k-\frac{f(x_k)}{f'(x_k)}=x_k-\frac{x_k\sin x_k-0.5}{\sin x_k+x_k\cos x_k},\quad k=0,1,2,\cdots$$

计算结果如表 5.3 所示.

表 5.3

k	0	1	2	3	4
x_k	0.7000000	0.7415796	0.7408412	0.7408410	0.7408410

$k=4$ 时，$x^*\approx 0.740841$，可见 Newton 法确实收敛很快.

3. 简化 Newton 法

在应用迭代格式(5.10)时，每次计算 $f'(x_k)$ 增大了工作量，还可能在某些 x_k 处 $|f'(x_k)|$ 的值很小，使迭代过程无法进行下去. 可采用简化 Newton 法：

$$x_{k+1}=x_k-\frac{f(x_k)}{f'(x_0)},\quad k=0,1,2,\cdots \tag{5.11}$$

其几何意义如图 5.2 所示，用过点 $(x_k, f(x_k))$ 且平行于 $(x_0, f(x_0))$ 处切线的直线与 x 轴交点的横坐标作为 x_{k+1}. 简化 Newton 只具有线性收敛性.

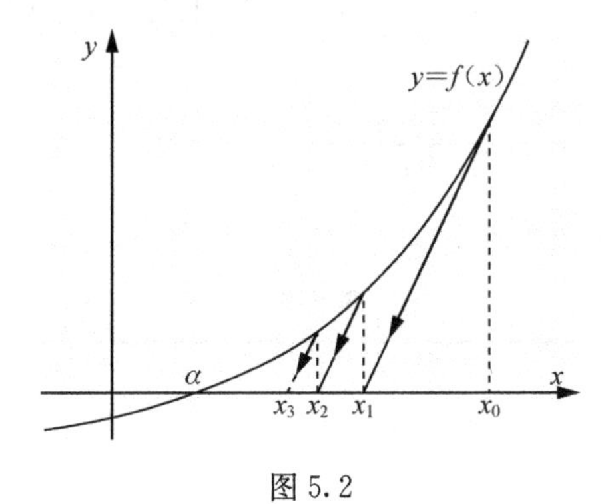

图 5.2

例 5.5 用简化 Newton 法求 $x\sin x=0.5$ 在 0.7 附近的根，计算结果保留 6 位有效数字.

解

$$f(x)=x\sin x-0.5,\quad f'(x)=\sin x+x\cos x,\quad f'(x_0)=1.179607,\quad x_0=0.7$$

$$x_{k+1}=x_k-\frac{f(x_k)}{f'(x_0)}=x_k-\frac{x_k\sin x_k-0.5}{1.179607},\quad k=0,1,2,\cdots$$

计算结果如表 5.4 所示.

表 5.4

k	0	1	2	3	4	5	6
x_k	0.7000000	0.7415796	0.7408144	0.7408419	0.7408409	0.7408410	0.7408410

$k=6$ 时，$x^* \approx 0.740841$，可见简化 Newton 法收敛稍慢．

4. Newton 下山法

在 Newton 法中，初始解 x_0 有时要求比较严格，选取困难时，为扩大初值的选取范围，可采用迭代格式

$$x_{k+1}=x_k-\lambda_k \frac{f(x_k)}{f'(x_k)}, \quad k=0, 1, 2, \cdots \tag{5.12}$$

其中，参数 λ_k 选取为 $0<\lambda_k\leqslant 1$，且满足下山条件

$$|f(x_{k+1})| < |f(x_k)| \tag{5.13}$$

称迭代格式(5.12)为 Newton 下山法，λ_k 称为下山因子．下山因子的选取常用逐步搜索法，即先取 $\lambda_k=1$，判断式(5.13)是否成立，若不成立则将 λ_k 缩小一半，直到式(5.13)成立为止．

例 5.6 分别取初值 $x_0=1.5$，$x_0=0.6$，用 Newton 法求解方程

$$x^3-x-1=0$$

解 令 $f(x)=x^3-x-1$，$f(x)$在$[1, 2]$上连续，$f(1)=-1<0$，$f(2)=5>0$，迭代格式为

$$x_{k+1}=x_k-\frac{x_k^3-x_k-1}{3x_k^2-1}, \quad k=0, 1, 2, \cdots$$

计算结果如表 5.5 所示．

表 5.5

k	x_k	x_k
0	1.5	0.6
1	1.3478261	17.9
2	1.3252004	
3	1.3247182	

由表 5.5 中的结果可知，取初值为 0.6 时的迭代序列收敛有问题，现对初始 $x_0=0.6$ 使用 Newton 下山法，从 $\lambda_0=1$ 开始逐次搜索，当 $\lambda_0=\frac{1}{32}$时，由式(5.12)有

$$x_1=1.1406250$$

这个初始解已比较好，继续使用 Newton 下山法时已不再需要收缩下山因子，有

$$x_2=1.3668137$$

$$x_3=1.3262798$$

$$x_4=1.3247202$$

5.3.2 割线法

Newton 迭代法需要求函数的导函数，需要人工干预，不利于计算机自动实现，有时求导函数还有一定困难，为此发展出如下的割线法．在 Newton 迭代公式(5.10)中，用差商

$$\frac{f(x_k)-f(x_{k-1})}{x_k-x_{k-1}}$$

近似代替微商 $f'(x_k)$有迭代格式

$$x_{k+1}=x_k-\frac{x_k-x_{k-1}}{f(x_k)-f(x_{k-1})}f(x_k),\quad k=1, 2, 3, \cdots \tag{5.14}$$

迭代格式(5.14)称为割线法，其几何意义如图 5.3 所示，用连接点$(x_{k-1}, f(x_{k-1}))$，$(x_k, f(x_k))$的割线(或其延长线)与 x 轴交点的横坐标作为 x_{k+1}．割线法也称为弦截法，它是前面提到的多点迭代法，具有超线性收敛性，它需要两个初始解才能启动．可以证明在一定条件下，割线法的收敛阶 p 是黄金分割数 1.618.

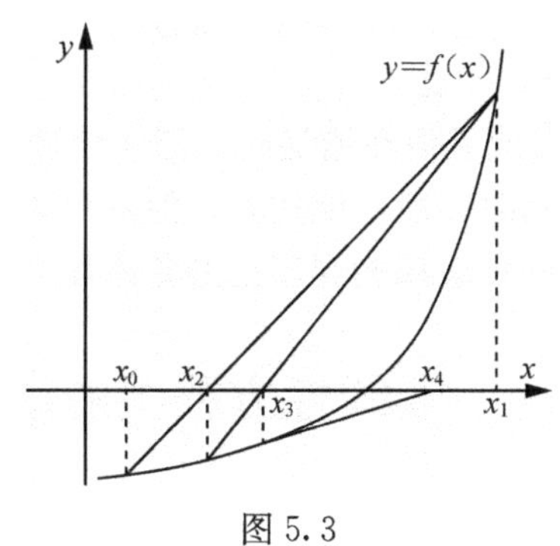

图 5.3

例 5.7　用割线法求 $x\sin x=0.5$ 在 0.7 附近的根，取 $x_0=0.5$，$x_1=1$，计算结果保留 6 位有效数字．

解

$$f(x)=x\sin x-0.5,\quad x_0=0.5,\quad x_1=1.0$$

迭代公式为

$$x_{k+1}=x_k-\frac{x_k-x_{k-1}}{f(x_k)-f(x_{k-1})}f(x_k),\quad k=1, 2, 3, \cdots$$

计算结果如表 5.6 所示．

表 5.6

k	x_k	x_{k+1}
0	0.5	1.0

续表

k	x_k	x_{k+1}
1	1.0	0.7162723
2	0.7162723	0.7389835
3	0.7389835	0.7408598
4	0.7408598	0.7408409
5	0.7408409	0.7408410

$k=5$ 时，$x^*\approx0.740841$，可见割线法收敛也是很快的．

在应用中，当序列接近收敛时，由于 x_{k-1} 与 x_k，$f(x_{k-1})$ 与 $f(x_k)$ 都是相近的数，它们作减法运算时将会损失有效数位，使计算产生很大的误差，所以实用中常令

$$\Delta x_k=-\frac{x_k-x_{k-1}}{f(x_k)-f(x_{k-1})}f(x_k)$$

此时迭代格式(5.14)可改写为

$$x_{k+1}=x_k+\Delta x_k \tag{5.15}$$

随着迭代过程的进行，$|\Delta x_k|=|x_{k+1}-x_k|$ 的值将不断地减少，当 $|\Delta x_k|$ 的值达到精度要求或其值在增加时，停止计算．也即割线法的精度是固定的，预先设定的精度太高时一般不能达到，但割线法不需计算导数是一个很大的优点．所以割线法也是一种应用相当广泛的非线性方程的求根方法．

*5.4　非线性方程组的求根

设有方程组

$$\begin{cases}f_1(x_1, x_2, \cdots, x_n)=0\\ f_2(x_1, x_2, \cdots, x_n)=0\\ \quad\vdots\\ f_n(x_1, x_2, \cdots, x_n)=0\end{cases} \tag{5.16}$$

只要 $f_i(x_1, x_2, \cdots, x_n)(i=1, 2, \cdots, n)$ 中有一个是非线性函数，就称式(5.16)是一个非线性方程组．

若令 $\boldsymbol{x}=(x_1, x_2, \cdots, x_n)^{\mathrm{T}}$，$\boldsymbol{f}=(f_1, f_2, \cdots, f_n)^{\mathrm{T}}$. 则式(5.16)可写成向量形式

$$\boldsymbol{f}(\boldsymbol{x})=0 \tag{5.17}$$

例如，方程组

$$\begin{cases}x+2y-3=0\\ 2x^2+y^2-5=0\end{cases}$$

其解的几何意义是 xy 平面上直线 $x+2y-3=0$ 与椭圆 $2x^2+y^2-5=0$ 的交点坐标.

*5.4.1　不动点迭代法

将方程组(5.16)转化为等价的方程组

$$\begin{cases} x_1=g_1(x_1, x_2, \cdots, x_n) \\ x_2=g_2(x_1, x_2, \cdots, x_n) \\ \qquad\vdots \\ x_n=g_n(x_1, x_2, \cdots, x_n) \end{cases} \tag{5.18}$$

写成向量形式为

$$\boldsymbol{x}=\boldsymbol{g}(\boldsymbol{x}) \tag{5.19}$$

其中，$\boldsymbol{g}=(g_1, g_2, \cdots, g_n)^{\mathrm{T}}$.

1. Jacobi 迭代法

构造迭代格式

$$\begin{cases} x_1^{(k+1)}=g_1(x_1^{(k)}, x_2^{(k)}, \cdots, x_n^{(k)}) \\ x_2^{(k+1)}=g_2(x_1^{(k)}, x_2^{(k)}, \cdots, x_n^{(k)}) \\ \qquad\vdots \\ x_n^{(k+1)}=g_n(x_1^{(k)}, x_2^{(k)}, \cdots, x_n^{(k)}) \end{cases} \tag{5.20}$$

向量形式为

$$\boldsymbol{x}^{(k+1)}=\boldsymbol{g}(\boldsymbol{x}^{(k)}) \tag{5.21}$$

选取初始迭代向量 $\boldsymbol{x}^{(0)}=(x_1^{(0)}, x_2^{(0)}, \cdots, x_n^{(0)})^{\mathrm{T}}$，按式(5.20)或式(5.21)的迭代格式计算，产生向量序列$\{\boldsymbol{x}^{(k)}\}$，若向量序列$\{\boldsymbol{x}^{(k)}\}$收敛，且迭代函数 g_i $(i=1, 2, \cdots, n)$连续．则向量序列$\{\boldsymbol{x}^{(k)}\}$收敛于方程组(5.16)的解．称矩阵

$$\boldsymbol{G}(\boldsymbol{x})=\begin{pmatrix} \dfrac{\partial g_1}{\partial x_1} & \dfrac{\partial g_1}{\partial x_2} & \cdots & \dfrac{\partial g_1}{\partial x_n} \\ \dfrac{\partial g_2}{\partial x_1} & \dfrac{\partial g_2}{\partial x_2} & \cdots & \dfrac{\partial g_2}{\partial x_n} \\ \vdots & \vdots & & \vdots \\ \dfrac{\partial g_n}{\partial x_1} & \dfrac{\partial g_n}{\partial x_2} & \cdots & \dfrac{\partial g_n}{\partial x_n} \end{pmatrix}$$

为迭代函数 $\boldsymbol{g}(\boldsymbol{x})$的 Jacobi 矩阵．

定理 5.5　设

(1) $\boldsymbol{\alpha}$ 为 $\boldsymbol{x}=\boldsymbol{g}(\boldsymbol{x})$的解；

(2) $g_i(\boldsymbol{x})(i=1, 2, \cdots, n)$在 $\boldsymbol{\alpha}$ 附近具有连续的偏导数；

(3) $\|\boldsymbol{G}(\boldsymbol{\alpha})\|<1$.

则对任意初始向量 $\boldsymbol{x}^{(0)}$，由 $\boldsymbol{x}^{(k+1)}=\boldsymbol{g}(\boldsymbol{x}^{(k)})$产生的序列$\{\boldsymbol{x}^{(k)}\}$收敛于 $\boldsymbol{\alpha}$.

2. Gauss-Seidel 迭代法

在迭代格式(5.18)中，用已经计算出的最新分量 $x_j^{(k+1)}(j=1, 2, \cdots, i-1)$ 代替 $x_j^{(k)}(j=1, 2, \cdots, i-1)$就得到 Gauss-Seidel 迭代法．第 i 个分量的计算公式为

$$x_i^{(k+1)}=g_i(x_1^{(k+1)}, \cdots, x_{i-1}^{(k+1)}, x_i^{(k)}, \cdots, x_n^{(k)}), \quad i=1, 2, \cdots, n \tag{5.22}$$

例 5.8 分别用 Jacobi 迭代法和 Gauss-Seidel 迭代法，求解方程组

$$\begin{cases} 3x_1-\cos(x_2x_3)-\dfrac{1}{2}=0 \\ x_1^2-81(x_2+0.1)^2+\sin x_3+1.06=0 \\ \mathrm{e}^{-x_1x_2}+20x_3+\dfrac{10\pi-3}{3}=0 \end{cases}$$

解 Jacobi 迭代法的迭代格式为

$$\begin{cases} x_1^{(k+1)}=\dfrac{1}{3}\cos(x_2^{(k)}x_3^{(k)})+\dfrac{1}{6} \\ x_2^{(k+1)}=\dfrac{1}{9}\sqrt{(x_1^{(k)})^2+\sin x_3^{(k)}+1.06}-0.1 \\ x_3^{(k+1)}=\dfrac{1}{20}(-\mathrm{e}^{-x_1^{(k)}x_2^{(k)}})-\dfrac{10\pi-3}{60} \end{cases}$$

取初值 $\boldsymbol{x}^{(0)}=(0.1, 0.1, -0.1)^{\mathrm{T}}$，计算结果如表 5.7 所示．

表 5.7

k	$x_1^{(k)}$	$x_2^{(k)}$	$x_3^{(k)}$	$\Vert x^{(k+1)}-x^{(k)}\Vert_\infty$
0	0.1	0.1	−0.1	
1	0.49998333	0.00944115	−0.52310127	0.423
2	0.49999593	0.00002557	−0.52336331	9.4×10^{-3}
3	0.50000000	0.00001234	−0.52359814	2.3×10^{-4}
4	0.50000000	0.00000003	−0.52359847	1.2×10^{-5}
5	0.50000000	0.00000002	−0.52359877	3.1×10^{-7}

Gauss-Seidel 迭代的迭代格式为

$$\begin{cases} x_1^{(k+1)}=\dfrac{1}{3}\cos(x_2^{(k)}x_3^{(k)})+\dfrac{1}{6} \\ x_2^{(k+1)}=\dfrac{1}{9}\sqrt{(x_1^{(k+1)})^2+\sin x_3^{(k)}+1.06}-0.1 \\ x_3^{(k+1)}=-\dfrac{1}{20}\mathrm{e}^{-x_1^{(k+1)}x_2^{(k+1)}}-\dfrac{10\pi-3}{60} \end{cases}$$

计算结果如表 5.8 所示．

表 5.8

k	$x_1^{(k)}$	$x_2^{(k)}$	$x_3^{(k)}$	$\Vert x^{(k+1)}-x^{(k)}\Vert_\infty$
0	0.1	0.1	−0.1	
1	0.49998333	0.02222979	−0.52304613	0.423
2	0.49997747	0.00002815	−0.52359807	2.2×10^{-2}
3	0.50000000	0.00000004	−0.52359877	2.8×10^{-5}
4	0.50000000	0.00000000	−0.52359878	3.8×10^{-8}

精确解为

$$\boldsymbol{\alpha}=\left(0.5,\ 0,\ -\frac{\pi}{6}\right)^{\mathrm{T}}=(0.5,\ 0,\ -0.5235987757)^{\mathrm{T}}$$

一般情况下，以上方法的收敛条件是难以满足的，初始解也不易确定，因此它们在使用上受到很大的限制.

*5.4.2 Newton 法

对非线性方程组(5.16)，函数 $\boldsymbol{f}=(f_1,\ f_2,\ \cdots,\ f_n)^{\mathrm{T}}$ 构成的 Jacobi 矩阵记为 $\boldsymbol{J}(\boldsymbol{x})$，即

$$\boldsymbol{J}(\boldsymbol{x})=\begin{pmatrix}\dfrac{\partial f_1}{\partial x_1} & \dfrac{\partial f_1}{\partial x_2} & \cdots & \dfrac{\partial f_1}{\partial x_n}\\ \dfrac{\partial f_2}{\partial x_1} & \dfrac{\partial f_2}{\partial x_2} & \cdots & \dfrac{\partial f_2}{\partial x_n}\\ \vdots & \vdots & & \vdots\\ \dfrac{\partial f_n}{\partial x_1} & \dfrac{\partial f_n}{\partial x_2} & \cdots & \dfrac{\partial f_n}{\partial x_n}\end{pmatrix}$$

将 $f_i(\boldsymbol{x})$在 $\boldsymbol{x}^{(k)}$ 处进行 Taylor 展开有

$$f_i(\boldsymbol{x})=f_i(\boldsymbol{x}^{(k)})+\sum_{j=1}^{n}(x_j-x_j^{(k)})\frac{\partial f_i(\boldsymbol{x}^{(k)})}{\partial x_j}+o(\Vert\boldsymbol{x}-\boldsymbol{x}^{(k)}\Vert)$$

$$i=1,\ 2,\ \cdots,\ n$$

略去无穷小量，并写成向量形式有

$$\boldsymbol{f}(\boldsymbol{x}^{(k)})+\boldsymbol{J}(\boldsymbol{x}^{(k)})(\boldsymbol{x}-\boldsymbol{x}^{(k)})\approx\boldsymbol{0}$$

若 $\det(\boldsymbol{J}(\boldsymbol{x}^{(k)}))\neq0$，则有

$$\boldsymbol{x}^{(k+1)}=\boldsymbol{x}^{(k)}-[\boldsymbol{J}(\boldsymbol{x}^{(k)})]^{-1}\boldsymbol{f}(\boldsymbol{x}^{(k)}),\qquad k=0,\ 1,\ 2,\ \cdots \tag{5.23}$$

式(5.23)称为 Newton 公式.

定理 5.6　设非线性方程组(5.16)满足以下条件：

(1) 函数 $f_i(\boldsymbol{x})(i=1,\ 2,\ \cdots,\ n)$在解 $\boldsymbol{\alpha}$ 附近连续可微；

(2) Jacobi 矩阵 $\boldsymbol{J}(\boldsymbol{\alpha})$非奇异，即 $\det(\boldsymbol{J}(\boldsymbol{\alpha}))\neq0$.

则当初值 $\boldsymbol{x}^{(0)}$ 充分接近于 $\boldsymbol{\alpha}$ 时，Newton 迭代格式(5.23)产生的序列收敛于 $\boldsymbol{\alpha}$，且具有二阶的收敛性．

例 5.9　用 Newton 法求解例 5.8 的非线性方程组．

解　方程组的 Jacobi 矩阵为

$$\boldsymbol{J}(\boldsymbol{x})=\begin{pmatrix} 3 & x_3\sin(x_2x_3) & x_2\sin(x_2x_3) \\ 2x_1 & -162(x_2+0.1) & \cos x_3 \\ -x_2\mathrm{e}^{-x_1x_2} & -x_1\mathrm{e}^{-x_1x_2} & 20 \end{pmatrix}$$

仍取初值 $\boldsymbol{x}^{(0)}=(0.1,\ 0.1,\ -0.1)^{\mathrm{T}}$，计算结果如表 5.9 所示．

表 5.9

k	$x_1^{(k)}$	$x_2^{(k)}$	$x_3^{(k)}$	$\Vert x^{(k+1)}-x^{(k)}\Vert_\infty$
0	0.1	0.1	−0.1	
1	0.4998697	0.0194668	−0.5215205	0.42
2	0.5000142	0.0015886	−0.5235570	0.018
3	0.5000001	0.0000124	−0.5235984	1.6×10^{-3}
4	0.5000000	0.0000000	−0.5235988	1.2×10^{-5}
5	0.5000000	0.0000000	−0.5235988	7.8×10^{-10}

*5.4.3　Newton 法的一些改进方案

Newton 法是求解非线性方程组的主要的方法之一，它最大优点是收敛速度快．但是它的缺点也是十分明显的，而且比解非线性方程时更加突出．

(1) 构造 Jacobi 矩阵 $\boldsymbol{J}(\boldsymbol{x})$ 十分困难，需要人工干预；

(2) 在迭代的每一步都要计算 $\boldsymbol{J}(\boldsymbol{x}^{(k)})$ 和 $\boldsymbol{J}(\boldsymbol{x}^{(k)})^{-1}$，计算量相当大；

(3) 可能出现 $\boldsymbol{J}(\boldsymbol{x}^{(k)})$ 十分接近奇异而引起计算中断或误差增加；

(4) 初始近似解的选择十分困难．

应用中，为更好地使用 Newton 法求解非线性方程组，可采用以下的改进方法：

(1) 为避免求 Jacobi 矩阵的逆矩阵，令

$$\Delta\boldsymbol{x}^{(k)}=-[\boldsymbol{J}(\boldsymbol{x}^{(k)})]^{-1}\boldsymbol{f}(\boldsymbol{x}^{(k)})$$

$$\boldsymbol{J}(\boldsymbol{x}^{(k)})\Delta\boldsymbol{x}^{(k)}=-\boldsymbol{f}(\boldsymbol{x}^{(k)}) \tag{5.24}$$

$$\boldsymbol{x}^{(k+1)}=\boldsymbol{x}^{(k)}+\Delta x^{(k)} \tag{5.25}$$

通过解方程组(5.24)，并由迭代格式(5.25)，产生序列 $\{\boldsymbol{x}^{(k)}\}$．判别迭代终止的条件为 $\Vert\Delta\boldsymbol{x}^{(k)}\Vert<\varepsilon$.

(2) 为避免求导运算，可用差商近似代替微商．

$$\frac{\partial f_i(\boldsymbol{x}^{(k)})}{\partial x_j}\approx\frac{f_i(x_1^{(k)},\ \cdots,\ x_j^{(k)}+h,\ \cdots,\ x_n^{(k)})-f_i(\boldsymbol{x}^{(k)})}{h},\quad i,\ j=1,\ 2,\ \cdots,\ n$$

(3) 简化 Newton 方法．

$$\boldsymbol{x}^{(k+1)}=\boldsymbol{x}^{(k)}-[\boldsymbol{J}(\boldsymbol{x}^{(0)})]^{-1}\boldsymbol{f}(\boldsymbol{x}^{(k)}),\quad k=0,1,2,\cdots$$

(4) 松弛 Newton 法．

$$\boldsymbol{x}^{(k+1)}=\boldsymbol{x}^{(k)}-\omega_k[\boldsymbol{J}(\boldsymbol{x}^{(k)})]^{-1}\boldsymbol{f}(\boldsymbol{x}^{(k)})$$

其中，松弛因子 ω_k 的选取是使在范数意义下有

$$\|\boldsymbol{f}(\boldsymbol{x}^{(k+1)})\|<\|\boldsymbol{f}(\boldsymbol{x}^{(k)})\|$$

一般来说松弛因子 ω_k 的引入将会使方法的收敛速度变慢，但在一定的程度上将会放宽收敛性对初值的要求．

(5) 阻尼 Newton 法．当 $\boldsymbol{J}(\boldsymbol{x}^{(k)})$ 为奇异矩阵或病态矩阵时，迭代格式可取为

$$\boldsymbol{x}^{(k+1)}=\boldsymbol{x}^{(k)}-[\boldsymbol{J}(\boldsymbol{x}^{(k)})+\mu_k\boldsymbol{I}]^{-1}\boldsymbol{f}(\boldsymbol{x}^{(k)})$$

其中，阻尼因子 μ_k 选取是使矩阵 $\boldsymbol{J}(\boldsymbol{x}^{(k)})+\mu_k\boldsymbol{I}$ 非奇异并满足

$$\|\boldsymbol{f}(\boldsymbol{x}^{(k+1)})\|<\|\boldsymbol{f}(\boldsymbol{x}^{(k)})\|$$

(6) 松弛阻尼 Newton 法．

$$\boldsymbol{x}^{(k+1)}=\boldsymbol{x}^{(k)}-\omega_k[\boldsymbol{J}(\boldsymbol{x}^{(k)})+\mu_k\boldsymbol{I}]^{-1}\boldsymbol{f}(\boldsymbol{x}^{(k)})$$

习　题　5

5.1　填空题．

(1) 用二分法求方程 $x^3+x-1=0$ 在[0，1]内的根，迭代一次后，根的存在区间为__________，迭代两次后根的存在区间为__________；

(2) 设 $f(x)$ 可微，则求方程 $x=f(x)$ 根的 Newton 迭代格式为__________；

(3) $\varphi(x)=x+C(x^2-5)$，若要使迭代格式 $x_{k+1}=\varphi(x_k)$ 局部收敛到 $\alpha=\sqrt{5}$，则 C 取值范围为__________；

(4) 用迭代格式 $x_{k+1}=x_k-\lambda_k f(x_k)$ 求解方程 $f(x)=x^3-x^2-x-1=0$ 的根，要使迭代序列 $\{x_k\}$ 是二阶收敛，则 $\lambda_k=$__________；

(5) 迭代格式 $x_{k+1}=\dfrac{2}{3}x_k+\dfrac{1}{x_k^2}$ 收敛于根 $\alpha=$__________，此迭代格式是__________阶收敛的．

5.2　证明 Newton 迭代格式(5.10)满足

$$\lim_{k\to\infty}\frac{\varepsilon_{k+1}}{\varepsilon_k^2}=-\frac{f''(\alpha)}{2f'(\alpha)}$$

5.3　方程 $x^3-9x^2+18x-6=0$，$x\in[0,+\infty)$ 的根为正实根，试用逐次扫描法($h=1$)找出它的全部实根的存在区间，并用二分法求出最大实根，精确到 0.01.

5.4　用二分法求下列方程的根，精度 $\varepsilon=0.001$.

(1) $x^3-x+4=0$, $x\in[-2,-1]$;

(2) $e^x+10x-2=0$, $x\in[0,1]$.

5.5 用迭代法求 $x^3-2x-5=0$ 的正根，简略判断以下三种迭代格式：

(1) $x_{k+1}=\frac{x_k^3-5}{2}$; (2) $x_{k+1}=\frac{5}{x_k^2-2}$; (3) $x_{k+1}=\sqrt[3]{2x_k+5}$.

在 $x_0=2$ 附近的收敛情况，并选择收敛的方法求此根．精度 $\varepsilon=10^{-4}$.

5.6 方程 $x=e^{-x}$.

(1) 证明它在(0，1)区间有且只有一个实根；

(2) 证明 $x_{k+1}=e^{-x_k}(k=0,1,\cdots)$在(0，1)区间内收敛；

(3) 用 Newton 迭代法求出此根，精确到 5 位有效数字．

5.7 对方程 $x^3-3x-1=0$，分别用

(1) Newton 法($x_0=2$)；

(2) 割线法($x_0=2$，$x_1=1.9$).

求其根．精度 $\varepsilon=10^{-4}$.

5.8 用迭代法求下列方程的最小正根：

(1) $x^5-4x-2=0$; (2) $2\tan x-x=0$; (3) $x=2\sin x$.

5.9 设有方程 $3x^2-e^x=0$.

(1) 以 $h=1$，找出根的全部存在区间；

(2) 验证在区间[0，1]上 Newton 法的区间收敛定理条件不成立；

(3) 验证取 $x_0=0.21$，用 Newton 法不收敛；

(4) 用 Newton 下山法，取 $x_0=0.21$ 求出根的近似值，精度 $\varepsilon=10^{-4}$.

5.10 分别用 Jacobi 法，Gauss-Seidel 法求解非线性方程组

$$\begin{cases}x+2y-3=0\\2x^2+y^2-5=0\end{cases}$$

在(1.5，0.7)附近的根，精确到10^{-4}.

5.11 分别用 Newton 法，简化 Newton 法求解非线性方程组

$$\begin{cases}\sin x+\cos y=0\\x+y=1\end{cases}$$

在(0，1)附近的根，精确到10^{-4}.

第6章　插　值　法

插值法在数值分析这门课程中是最基础且应用最广泛的知识．在工程应用中对于函数 $y=f(x)$ 常不能得到一个具体的解析表达式，它可能是通过实验、测量或者中间计算而得到的一组数据 $(x_i, f(x_i))(i=0, 1, 2, \cdots, n)$，或者虽然有函数 $y=f(x)$ 的解析表达式，但其关系式相当复杂，不便于计算和使用．因此我们需要用一个比较简单的函数 $y=y(x)$ 来近似代替数据 $(x_i, f(x_i))(i=0, 1, 2, \cdots, n)$ 或近似代替函数 $y=f(x)$，使

$$y(x_i)=f(x_i), \quad i=0, 1, 2, \cdots, n$$

称 $y=y(x)$ 为函数 $y=f(x)$ 在点 $x_0, x_1, \cdots, x_n$ 处的插值函数．

利用插值函数可以近似计算被插值函数 $f(x)$ 的函数值和导数值以及进行数值积分和数值微分等近似计算．插值函数的形式可以是多项式、有理分式、三角函数和指数函数等．但在工程计算上使用最多的还是多项式插值和分段多项式插值.

定义 6.1　设 $f(x)$ 在 $[a, b]$ 上有定义，相异的点 $x_i(i=0, 1, 2, \cdots, n)$ 都在 $[a, b]$ 上，不妨设

$$a \leqslant x_0 < x_1 < \cdots < x_n \leqslant b$$

又设 $f(x_i)$ 为 $f(x)$ 在这些点上的准确值，若存在一个多项式 $y(x)$，使

$$y(x_i)=f(x_i), \quad i=0, 1, 2, \cdots, n \tag{6.1}$$

则称 $y(x)$ 为函数 $f(x)$ 的插值多项式，称 $[a, b]$ 称为插值区间，条件式(6.1)称为插值条件．其几何意义如图 6.1 所示．

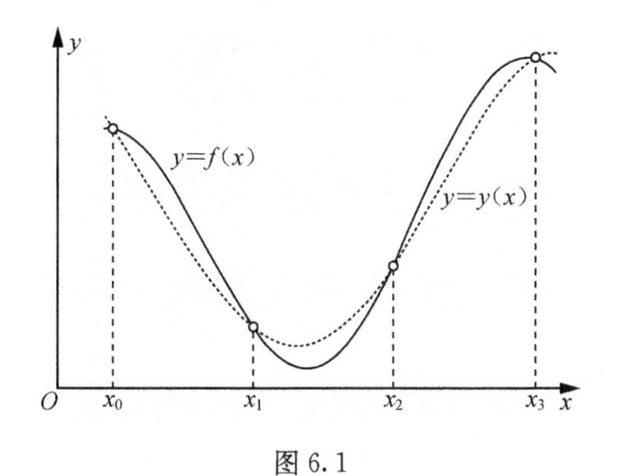

图 6.1

求插值多项式 $y(x)$，使曲线 $y=y(x)$ 与 $y=f(x)$ 在平面上有 $n+1$ 个交点

$(x_i, f(x_i))(i=0, 1, 2, \cdots, n)$. 为保证插值多项式的唯一性，限制 $y(x)$ 为次数不超过 n 次的多项式，记 M_n 为次数不超过 n 次的多项式集合 .

定理 6.1 设 $y(x) \in M_n$，则满足插值条件(6.1)的插值多项式存在且唯一 .

证明 令

$$y(x)=a_0+a_1x+a_2x^2+\cdots+a_nx^n$$

由插值条件(6.1)，有线性方程组

$$\begin{cases} a_0+a_1x_0+a_2x_0^2+\cdots+a_nx_0^n=f(x_0) \\ a_0+a_1x_1+a_2x_1^2+\cdots+a_nx_1^n=f(x_1) \\ \qquad\vdots \\ a_0+a_1x_n+a_2x_n^2+\cdots+a_nx_n^n=f(x_n) \end{cases} \tag{6.2}$$

方程组(6.2)有 $n+1$ 个待定参数 $a_0, a_1, \cdots, a_n$，其系数行列式为 Vandermonde 行列式

$$\begin{vmatrix} 1 & x_0 & x_0^2 & \cdots & x_0^n \\ 1 & x_1 & x_1^2 & \cdots & x_1^n \\ \vdots & \vdots & \vdots & & \vdots \\ 1 & x_n & x_n^2 & \cdots & x_n^n \end{vmatrix} = \prod_{0 \leqslant i < j \leqslant n} (x_j - x_i) \neq 0$$

由 Cramer 法则，方程组(6.2)存在一组唯一的解 .

可以利用求解方程组(6.2)来构造插值多项式，称之为待定参数法 . 但更多的是用以下的插值方法 .

6.1 Lagrange 插值

6.1.1 线性插值

设有数据$(x_0, f(x_0))$，$(x_1, f(x_1))$，解方程组

$$\begin{cases} a_0+a_1x_0=f(x_0) \\ a_0+a_1x_1=f(x_1) \end{cases}$$

得

$$\begin{cases} a_0=\dfrac{x_0f(x_1)-x_1f(x_0)}{x_0-x_1} \\ a_1=\dfrac{f(x_1)-f(x_0)}{x_1-x_0} \end{cases}$$

此时的插值多项式为

$$y_1(x)=a_0+a_1x=\frac{x-x_1}{x_0-x_1}f(x_0)+\frac{x-x_0}{x_1-x_0}f(x_1)$$

记 $l_0(x)=\dfrac{x-x_1}{x_0-x_1}$，$l_1(x)=\dfrac{x-x_0}{x_1-x_0}$，称 $l_0(x)$，$l_1(x)$ 为 Lagrange 插值基函

数，则

$$y_1(x)=l_0(x)f(x_0)+l_1(x)f(x_1) \tag{6.3}$$

几何意义如图6.2所示．即用通过点$(x_0, f(x_0))$，$(x_1, f(x_1))$的直线段近似代替$[x_0, x_1]$的曲线段．

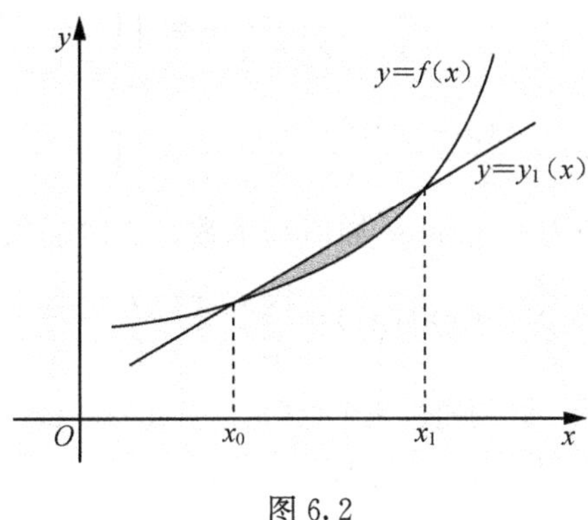

图6.2

例6.1 已知$\sqrt{4}=2$，$\sqrt{9}=3$，求$\sqrt{7}$的近似值．

解 插值条件为$y(4)=2$，$y(9)=3$，故

$$y_1(x)=\frac{x-9}{4-9}\times 2+\frac{x-4}{9-4}\times 3=-\frac{2}{5}(x-9)+\frac{3}{5}(x-4)$$

$$\sqrt{7}\approx y_1(7)=-\frac{2}{5}(7-9)+\frac{3}{5}(7-4)=\frac{13}{5}=2.6$$

准确值$\sqrt{7}=2.6457513$.

6.1.2 二次插值

已知数据$(x_i, f(x_i))(i=0, 1, 2)$，现求一个二次多项式$y_2(x)$使其满足

$$y_2(x_i)=f(x_i),\quad i=0, 1, 2$$

由式(6.3)的启示，令

$$y_2(x)=l_0(x)f(x_0)+l_1(x)f(x_1)+l_2(x)f(x_2)$$

其中，$l_j(x)(j=0, 1, 2)$均为二次多项式，且满足

$$l_j(x_i)=\delta_{ji}=\begin{cases}1, & j=i\\ 0, & j\neq i\end{cases}$$

由于$l_0(x)$为二次函数，且$l_0(x_1)=l_0(x_2)=0$，故可令$l_0(x)=\lambda(x-x_1)(x-x_2)$，由$l_0(x_0)=1$有

$$\lambda=\frac{1}{(x_0-x_1)(x_0-x_2)}$$

所以

$$l_0(x)=\frac{(x-x_1)(x-x_2)}{(x_0-x_1)(x_0-x_2)}=\prod_{i=1}^{2}\frac{x-x_i}{x_0-x_i}$$

同理可得

$$l_1(x)=\frac{(x-x_0)(x-x_2)}{(x_1-x_0)(x_1-x_2)}=\prod_{\substack{i=0\\i\neq 1}}^{2}\frac{x-x_i}{x_1-x_i} \tag{6.4}$$

$$l_2(x)=\frac{(x-x_0)(x-x_1)}{(x_2-x_0)(x_2-x_1)}=\prod_{i=0}^{1}\frac{x-x_i}{x_2-x_i}$$

称 $l_0(x)$，$l_1(x)$，$l_2(x)$为 Lagrange 插值基函数，二次插值多项式为

$$y_2(x)=\sum_{j=0}^{2}l_j(x)f(x_j)=\sum_{j=0}^{2}\left(\prod_{\substack{i=0\\i\neq j}}^{2}\frac{x-x_i}{x_j-x_i}\right)f(x_j) \tag{6.5}$$

其几何意义如图 6.3 所示．即用通过三个点$(x_0，f(x_0))$，$(x_1，f(x_1))$，$(x_2，f(x_2))$的抛物线段来近似代替区间$[x_0，x_2]$上的曲线段．

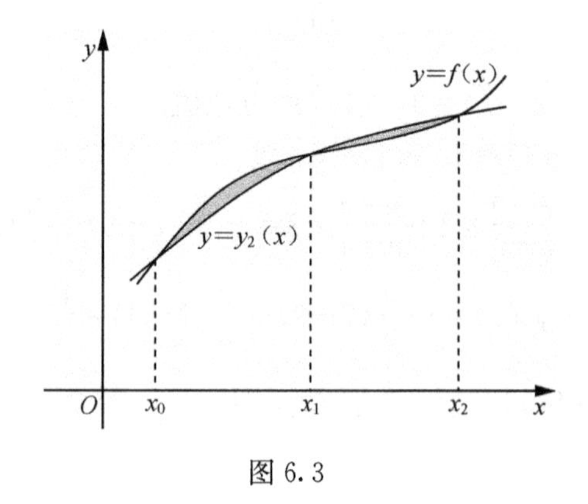

图 6.3

例 6.2 已知$\sqrt{4}=2$，$\sqrt{9}=3$，$\sqrt{16}=4$，求$\sqrt{7}$的近似值．

解 插值条件为

$$y(4)=2，y(9)=3，y(16)=4$$

$$\sqrt{7}\approx y_2(7)=\frac{(7-9)(7-16)}{(4-9)(4-16)}\times 2+\frac{(7-4)(7-16)}{(9-4)(9-16)}\times 3+\frac{(7-4)(7-9)}{(16-4)(16-9)}\times 4$$

$$=\frac{3}{5}+\frac{81}{35}-\frac{2}{7}=2.6285714$$

6.1.3 *n* 次插值

利用构造式(6.4)的插值基函数的方法，可推导出一般的 n 次插值多项式，引进记号

$$P_{n+1}(x)=\prod_{i=0}^{n}(x-x_i)=(x-x_0)(x-x_1)\cdots(x-x_n)$$

则有

$$P'_{n+1}(x_j)=\prod_{\substack{i=0\\i\neq j}}^{n}(x_j-x_i)=(x_j-x_0)\cdots(x_j-x_{j-1})(x_j-x_{j+1})\cdots(x_j-x_n)$$

n 次的 Langrange 插值基函数为

$$l_j(x)=\frac{(x-x_0)(x-x_1)\cdots(x-x_{j-1})(x-x_{j+1})\cdots(x-x_n)}{(x_j-x_0)(x_j-x_1)\cdots(x_j-x_{j-1})(x_j-x_{j+1})\cdots(x_j-x_n)} \tag{6.6}$$

$$=\prod_{\substack{i=0\\i\neq j}}^{n}\frac{x-x_i}{x_j-x_i}=\frac{P_{n+1}(x)}{(x-x_j)P'_{n+1}(x_j)},\quad j=0,1,2,\cdots,n$$

n 次插值多项式为

$$y_n(x)=\sum_{j=0}^{n}l_j(x)f(x_j)=\sum_{j=0}^{n}\left(\prod_{\substack{i=0\\i\neq j}}^{n}\frac{x-x_i}{x_j-x_i}\right)f(x_j) \tag{6.7}$$

称式(6.7)为 n 次 Lagrange 插值多项式，常记为 $L_n(x)$.

6.1.4 插值余项

定义 6.2 设 $y(x)$是在$[a,b]$上满足插值条件的 $f(x)$的插值多项式．称

$$E(x)=f(x)-y(x)$$

为插值多项式 $y(x)$的余项．

定理 6.2 设 $f(x)$在$[a,b]$上具有直到 $n+1$ 阶的导数，则有

$$E(x)=\frac{f^{(n+1)}(\xi)}{(n+1)!}P_{n+1}(x),\quad \forall x\in[a,b]$$

其中，$\xi\in[a,b]$且与 x 有关．

证明 当 $x=x_i(i=0,1,2,\cdots,n)$时，有 $E(x_i)=0$，结论显然成立．

当 x 非插值节点时，固定 x 作辅助函数

$$\varphi(t)=[f(t)-y(t)]-[f(x)-y(x)]\frac{P_{n+1}(t)}{P_{n+1}(x)}$$

则 $\varphi(t)$是 t 的函数且具有 $n+2$ 个零点 x_0，x_1，…，x_n，x. 连续 $n+1$ 次使用 Rolle 定理得，至少存在一点 $\xi\in[a,b]$，使 $\varphi^{(n+1)}(\xi)=0$. 而

$$\varphi^{(n+1)}(t)=f^{(n+1)}(t)-(f(x)-y(x))\frac{(n+1)!}{P_{n+1}(x)}$$

故

$$E(x)=f(x)-y(x)=\frac{f^{(n+1)}(\xi)}{(n+1)!}P_{n+1}(x)$$

从余项公式可以得出以下结论：当插值节点 $n+1$ 增加时，分母呈阶乘增加，一般说余项会减小；当插值点 x 位于已知节点界定的区间内时，称为内插，x 不在此区间时，称为外推．外推时 $|P_{n+1}(x)|=|(x-x_0)(x-x_1)\cdots(x-x_n)|$会比

较大，误差比内插时要大得多．因此，非不得已不要外推．

例 6.3 设 $f(x)=\ln x$，给出数据见表 6.1，求 $f(0.6)$的近似值．

表 6.1

x_i	0.4	0.5	0.7	0.8
$f(x_i)$	−0.916291	−0.693147	−0.356675	−0.223144

解

$$l_0(0.6)=\frac{(0.6-0.5)(0.6-0.7)(0.6-0.8)}{(0.4-0.5)(0.4-0.7)(0.4-0.8)}=-\frac{1}{6}$$

同理可计算

$$l_1(0.6)=\frac{2}{3},\quad l_2(0.6)=\frac{2}{3},\quad l_3(0.6)=-\frac{1}{8}$$

$$L_3(0.6)=\sum_{j=0}^{3}l_j(0.6)f(x_j)=-0.509976$$

准确值

$$\ln 0.6=-0.5108256$$

余项

$$E(0.60)=\frac{P_4(0.60)}{4!}\cdot\frac{-6}{\xi^4}=-\frac{0.0001}{\xi^4},\qquad \xi\in[0.4,\ 0.8]$$

$$|E(0.60)|<\frac{1}{256}\approx 0.003906$$

Lagrange 插值多项式的一个明显的优点是形式对称，易于编制程序，只需用二重循环就可完成 $L_n(x)$的计算．对大多数插值而言，余项将会随着节点个数增加(即插值多项式次数的提高)而减小．因此一般可以通过增加插值节点的个数，即提高插值多项式的次数来提高插值精度．

但是在使用 Lagrange 插值多项式时，当增加插值节点 x_{n+1}时，原来算出的每一个插值基函数 $l_j(x)(j=0,1,2,\cdots,n)$不能再用，都得重新计算，这就造成计算的浪费．因此在实用中需要构造能充分利用以前计算结果的插值方法．

6.2 Newton 插值法

6.2.1 差商

1. 差商的概念(差商又称为均差)

定义 6.3 设函数 $f(x)$在$[a,b]$上有定义，x_0，x_1，x_2，…是$[a,b]$上互异节点，其函数值为 $f(x_0)$，$f(x_1)$，$f(x_2)$，…. 称

$$f[x_0, x_1]=\frac{f(x_0)-f(x_1)}{x_0-x_1}$$

为函数 $f(x)$在 x_0，x_1 处的一阶差商．称

$$f[x_0, x_1, x_2]=\frac{f[x_0, x_1]-f[x_1, x_2]}{x_0-x_2}$$

为函数 $f(x)$在 x_0，x_1，x_2 处的二阶差商．一般称

$$f[x_0, x_1, \cdots, x_{k-1}, x_k]=\frac{f[x_0, x_1, \cdots, x_{k-1}]-f[x_1, x_2, \cdots, x_k]}{x_0-x_k}$$

为函数 $f(x)$在 x_0，x_1，…，x_k 处的 k 阶差商．

2. 差商的性质

(1) 函数 $f(x)$的 k 阶差商可由节点处的函数值 $f(x_0)$，$f(x_1)$，…，$f(x_k)$的线性组合来表示，且

$$f[x_0, x_1, \cdots, x_{k-1}, x_k]=\sum_{i=0}^{k}\frac{f(x_i)}{P'_{k+1}(x_i)}$$

(2) 差商具有对称性．在 $f(x)$的 k 阶差商中交换节点 x_i，x_j 的位置，差商的值不变．

$$f[x_0, x_1, \cdots, x_i, \cdots, x_j, \cdots, x_k]=f[x_0, x_1, \cdots, x_j, \cdots, x_i, \cdots, x_k]$$

所以 $f(x)$的 k 阶差商也可以定义为

$$f[x_0, x_1, \cdots, x_{k-1}, x_k]=\frac{f[x_0, x_1, \cdots, x_{k-2}, x_k]-f[x_0, x_1, \cdots, x_{k-2}, x_{k-1}]}{x_k-x_{k-1}}$$

(3) 若 $f(x)$的 k 阶差商 $f[x_0, x_1, \cdots, x_{k-1}, x]$是 x 的 m 次多项式，则 $f(x)$的 $k+1$ 阶差商 $f[x_0, x_1, \cdots, x_{k-1}, x_k, x]$是 x 的 $m-1$ 次多项式．特别地，对 n 次多项式 $f(x)$的 k 阶差商，当 $k=n$ 时是常数，当 $k>n$ 时恒为 0.

(4) 差商与导数之间的关系

$$f[x_0, x_1, \cdots, x_k]=\frac{f^{(k)}(\xi_k)}{k!}$$

其中，ξ_k 与节点 x_0，x_1，…，x_k 有关．

6.2.2 Newton 插值多项式

由差商的定义有

$$f(x)=f(x_0)+f[x, x_0](x-x_0)$$
$$f[x, x_0]=f[x_0, x_1]+f[x, x_0, x_1](x-x_1)$$
$$f[x, x_0, x_1]=f[x_0, x_1, x_2]+f[x, x_0, x_1, x_2](x-x_2)$$
$$\vdots$$
$$f[x, x_0, \cdots, x_{n-1}]=f[x_0, x_1, \cdots, x_{n-1}, x_n]+f[x, x_0, \cdots, x_n](x-x_n)$$

依次将后一个等式代入前一个等式就有

$$f(x)=f(x_0)+f[x_0, x_1](x-x_0)+f[x_0, x_1, x_2](x-x_0)(x-x_1)$$
$$+\cdots+f[x_0, x_1, \cdots, x_{n-1}, x_n](x-x_0)(x-x_1)\cdots(x-x_{n-1})$$
$$+f[x, x_0, \cdots, x_n](x-x_0)(x-x_1)\cdots(x-x_{n-1})(x-x_n)$$

记为

$$f(x)=N_n(x)+f[x, x_0, \cdots, x_n]P_{n+1}(x) \tag{6.8}$$

式(6.8)中的 x 取为插值节点，有

$$N_n(x_i)=f(x_i), \quad i=0, 1, 2, \cdots, n$$

即 $N_n(x)$是满足插值条件的 n 次多项式，称为 Newton 插值多项式，其余项为

$$E(x)=f(x)-N_n(x)=f[x, x_0, x_1, \cdots, x_n]P_{n+1}(x) \tag{6.9}$$

由插值多项式的唯一性，虽然 Lagrange 插值多项式与 Newton 插值多项式的构造方式不同，但恒有

$$N_n(x)\equiv L_n(x) \tag{6.10}$$

比较式(6.10)两端 x^n 的系数就有

$$f[x_0, x_1, \cdots, x_n]=\sum_{i=0}^{n}\frac{f(x_i)}{P'_{n+1}(x_i)}$$

这正是差商的性质(1)得出的结论．

仍由式(6.10)可知，这两个插值多项式的余项也应相同．即

$$E(x)=f[x, x_0, x_1, \cdots, x_n]P_{n+1}(x)=\frac{f^{(n+1)}(\xi)}{(n+1)!}P_{n+1}(x)$$

故有

$$f[x, x_0, x_1, \cdots, x_n]=\frac{f^{(n+1)}(\xi)}{(n+1)!}$$

这也是差商性质(4)得出的结论．

在利用 Newton 插值多项式进行插值时，常利用下面的差商表来加以计算：

x_0	$f(x_0)$			
x_1	$f(x_1)$	$f[x_0, x_1]$		
x_2	$f(x_2)$	$f[x_1, x_2]$	$f[x_0, x_1, x_2]$	
x_3	$f(x_3)$	$f[x_2, x_3]$	$f[x_1, x_2, x_3]$	$f[x_0, x_1, x_2, x_3]$
⋮	⋮	⋮	⋮	⋮

Newton 插值多项式的一个显著优点是它的每一项都是按 x 的指数作升幂排列，这样当需要增加节点提高插值多项式次数时，可以充分利用前面已经计算出的结果．

$$N_k(x)=N_{k-1}(x)+f[x_0, x_1, \cdots, x_k](x-x_0)(x-x_1)\cdots(x-x_{k-1})$$

即 k 次 Newton 差商插值多项式是在 $k-1$ 次 Newton 插值多项式的基础上增加了修正项

$$f[x_0, x_1, \cdots, x_k](x-x_0)(x-x_1)\cdots(x-x_{k-1})$$

作补偿或修正，从而提高了插值的精度.

例 6.4 已知 $\sin x$ 在 $x=0°, 30°, 45°, 60°, 90°$的数表 6.2.

表 6.2

x	0°	30°	45°	60°	90°
$\sin x$	0	0.50000	0.70711	0.86603	1

求 $\sin 10°$，$\sin 40°$的近似值.

解 构造如表 6.3 所示差商表.

表 6.3

x_i	$f(x_i)$	一阶差商	二阶差商	三阶差商	四阶差商
0°	0.00000				
30°	0.50000	0.01667			
45°	0.70711	0.01381	−0.0000635		
60°	0.86603	0.01060	−0.0001070	−0.000000726	
90°	1.00000	0.00447	−0.0001362	−0.000000485	0.00000000267

$N_1(10)=0+0.01667\times 10=0.16667$

$N_2(10)=N_1(10)-0.0000635\times 10\times(-20)=0.17938$

$N_3(10)=N_2(10)-0.000000726\times 10\times(-20)\times(-35)=0.17430$

$N_4(10)=\cdots=0.17336$

精确值 $\sin 10°=0.173648$.

类似地可计算 $N_4(40)=0.64281$，$\sin 40°=0.642788$.

在实用中，当节点个数比较多时，常利用被插值点 x 的附近节点作低次插值，逐步增加插值节点个数，提高插值多项式的次数来提高精度。考虑相邻两次多项式值之差

$$|N_k(x)-N_{k-1}(x)|=|f[x_0, x_1, \cdots, x_k](x-x_0)(x-x_1)\cdots(x-x_{k-1})|$$

随着节点个数的增加，多项式次数的提高，该值将不断地减小，当该绝对值达到精度要求或其值在增加时停止计算。

例 6.5 设有如表 6.4 所示的数据，求 $f(0.596)$的近似值.

表 6.4

x_i	0.40	0.55	0.65	0.80	0.90	1.05
$f(x_i)$	0.41075	0.57815	0.69675	0.88811	1.02652	1.25382

解 有如表 6.5 所示的差商表.

表 6.5

x_i	$f(x_i)$	一阶差商	二阶差商	三阶差商	四阶差商	五阶差商
0.55	0.57815					
0.65	0.69675	1.18600				
0.40	0.41075	1.14400	0.28000			
0.80	0.88811	1.19340	0.32933	0.19730		
0.90	1.02652	1.38410	0.38140	0.21303	0.03146	
1.05	1.25382	1.51583	0.52692	0.22860	0.03114	−0.00049

$N_0(0.596)=0.57815$

$N_1(0.596)=N_0(0.596)+1.186(0.596-0.55)=0.632706$

$N_2(0.596)=N_1(0.596)+0.28(0.596-0.55)(0.596-0.65)=0.6320105$

$N_3(0.596)=N_2(0.596)-0.000096=0.6319145$

$N_4(0.596)=N_3(0.596)+0.0000312=0.6319457$

$N_5(0.596)=N_4(0.596)-1.4794\times10^{-8}=0.6319457$

*6.3 差分插值

很多情况插值节点是等距的，这时 Newton 差商插值可简化为差分插值．

*6.3.1 差分的概念

定义 6.4 设节点是等距节点，步长为 h.

称 $\Delta f(x)=f(x+h)-f(x)$为 $f(x)$的一阶向前差分．

称 $\Delta^k f(x)=\Delta^{k-1}f(x+h)-\Delta^{k-1}f(x)(k=1,2,\cdots)$为 $f(x)$的 k 阶向前差分.

称$\nabla f(x)=f(x)-f(x-h)$为 $f(x)$的一阶向后差分．

称$\nabla^k f(x)=\nabla^{k-1}f(x)-\nabla^{k-1}f(x-h)$，$(k=1,2,\cdots)$为 $f(x)$的 k 阶向后差分.

称 $\delta f(x)=f\left(x+\frac{h}{2}\right)-f\left(x-\frac{h}{2}\right)$为 $f(x)$的一阶中心差分．

称 $\delta^k f(x)=\delta^{k-1}f\left(x+\frac{h}{2}\right)-\delta^{k-1}f\left(x-\frac{h}{2}\right)$为 $f(x)$的 k 阶中心差分．

并规定 $\Delta^0 f(x)=f(x)$，$\nabla^0 f(x)=f(x)$，$\delta^0 f(x)=f(x)$.

*6.3.2 差分的性质

差分与微分的性质有很多相似之处，这里为叙述的方便，仅以向前差分为例.

(1)差分可表示成函数值的线性组合，且

$$\Delta^k f(x)=\sum_{i=0}^{k}(-1)^{k-i}\binom{k}{i}f(x+ih)$$

其中，$\binom{k}{i}=\frac{k!}{i!\ (k-i)!}$.

(2) 常数的差分为0.

(3) 若 $f(x)$ 是 x 的 m 次多项式，则 $f(x)$ 在点 x 处的 k 阶差分 $\Delta^k f(x)$ 在 $0\leqslant k\leqslant m$ 时是 x 的 $m-k$ 次多项式，当 $k>m$ 时，$\Delta^k f(x)\equiv 0$.

(4) 差分与差商的关系. 当节点是等距节点时，即 $x_i=x_0+ih$，有

$$f[x_0, x_1, \cdots, x_i]=\frac{\Delta^i f(x_0)}{i!\ h^i}$$

(5)
$$\nabla^k f(x_i)=\Delta^k f(x_{i-k})$$

*6.3.3 常用差分插值多项式

1. Newton 向前插值公式

设节点是等距节点，即 $x_i=x_0+ih(i=0, 1, 2, \cdots, n)$，当 x 靠近表头时，用 Newton 向前插值公式. 令 $x=x_0+th$，$t\in[0, n]$，则有

$$\begin{aligned}N_n(x)&=N_n(x_0+th)\\&=f(x_0)+f[x_0, x_1](x-x_0)+f[x_0, x_1, x_2](x-x_0)(x-x_1)\\&\quad+\cdots+f[x_0, x_1, \cdots, x_n](x-x_0)(x-x_1)\cdots(x-x_{n-1})\\&=f(x_0)+\frac{\Delta f(x_0)}{h}th+\frac{\Delta^2 f(x_0)}{2!\ h^2}t(t-1)h^2+\cdots\\&\quad+\frac{\Delta^n f(x_0)}{n!\ h^n}t(t-1)\cdots(t-n+1)h^n\\&=\sum_{i=0}^{n}\frac{t(t-1)\cdots(t-i+1)}{i!}\Delta^i f(x_0)\end{aligned}\tag{6.11}$$

余项

$$E_n(x_0+th)=\frac{t(t-1)\cdots(t-n)}{(n+1)!}h^{n+1}f^{(n+1)}(\xi)\tag{6.12}$$

2. Newton 向后插值

当 x 靠近表尾时，用 Newton 向后插值，令 $x=x_n+th$，$t\in[-n, 0]$，则有

$$\begin{aligned}N_n(x)&=N_n(x_n+th)\\&=f(x_n)+f[x_n, x_{n-1}](x-x_n)+f[x_n, x_{n-1}, x_{n-2}](x-x_n)(x-x_{n-1})\\&\quad+\cdots+f[x_n, x_{n-1}, \cdots, x_0](x-x_n)(x-x_{n-1})\cdots(x-x_1)\end{aligned}$$

$$
=\sum_{i=0}^{n}\frac{t(t+1)\cdots(t+i-1)}{i!}\nabla^{i}f(x_n)
$$

$$
=\sum_{i=0}^{n}\frac{t(t+1)\cdots(t+i-1)}{i!}\Delta^{i}f(x_{n-i}) \tag{6.13}
$$

余项

$$
E_n(x_n+th)=\frac{t(t-1)\cdots(t-n)}{(n+1)!}h^{n+1}f^{(n+1)}(\xi) \tag{6.14}
$$

常用表 6.6 所示的差分表进行插值.

表 6.6

x_i	$f(x_i)$	$\Delta f(x_i)$	$\Delta^2 f(x_i)$	$\Delta^3 f(x_i)$	$\Delta^4 f(x_i)$
x_0	$f(x_0)$				
		$\Delta f(x_0)$			
x_1	$f(x_1)$		$\Delta^2 f(x_0)$		
		$\Delta f(x_1)$		$\Delta^3 f(x_0)$	
x_2	$f(x_2)$		$\Delta^2 f(x_1)$		$\Delta^4 f(x_0)$
		$\Delta f(x_2)$		$\Delta^3 f(x_1)$	
x_3	$f(x_3)$		$\Delta^2 f(x_2)$		
		$\Delta f(x_3)$			
x_4	$f(x_4)$				

例 6.6 已知 $f(x)=\sqrt[3]{x}$ 在 $x_i=0, 1, 2, \cdots, 6$ 的值，求 $\sqrt[3]{1.3}$，$\sqrt[3]{5.6}$，$\sqrt[3]{3.5}$ 的近似值.

解 构造差分表如表 6.7 所示.

表 6.7

x	$f(x)$	$\Delta f(x)$	$\Delta^2 f(x)$	$\Delta^3 f(x)$	$\Delta^4 f(x)$	$\Delta^5 f(x)$	$\Delta^6 f(x)$
0	0.00000						
		1.0000					
1	1.00000		−0.74008				
		0.25992		0.66248			
2	1.25992		−0.07759		−0.62207		
		0.18232		0.04042		0.59626	
3	1.44225		−0.03718		−0.02582		−0.57789
		0.14515		0.01460		0.01836	
4	1.58740		−0.02258		−0.00745		
		0.12257		0.00715			
5	1.70998		−0.01543				
		0.10714					
6	1.81712						

$$
\begin{aligned}
\sqrt[3]{1.3} \xlongequal{\text{向前差分}} & 1.0000+0.3\times 0.25992+\frac{0.3\times(0.3-1)}{2!}\times(-0.07759) \\
& +\frac{0.3\times(0.3-1)(0.3-2)}{3!}\times 0.04042 \\
& +\frac{0.3\times(0.3-1)(0.3-2)(0.3-3)}{4!}\times(-0.02582) \\
& +\frac{0.3\times(0.3-1)(0.3-2)(0.3-3)(0.3-4)}{5!}\times 0.01836=1.09011
\end{aligned}
$$

$$\sqrt[3]{5.6}\xlongequal{\text{向后差分}}1.81712-0.4\times0.10714+\frac{-0.4(-0.4+1)}{2!}\times(-0.01544)$$
$$+\frac{-0.4(-0.4+1)(-0.4+2)}{3!}\times0.00715$$
$$+\frac{-0.4(-0.4+1)(-0.4+2)(-0.4+3)}{4!}\times(-0.00745)$$
$$+\frac{-0.4(-0.4+1)(-0.4+2)(-0.4+3)(-0.4+4)}{5!}\times0.01836$$
$$=1.77542$$

准确值$\sqrt[3]{1.3}=1.0913928$，$\sqrt[3]{5.6}=1.7758080$.

对$\sqrt[3]{3.5}$可用中心差分插值，请读者自己完成.

差分插值避免了差商插值的除法计算，既减小了计算工作量，又减小了舍入误差的累积．差分插值在历史上构造各类数学用表发挥过巨大作用．

*6.4　Hermite 插值

在应用中，不少的实际插值问题不仅要求 $y(x)$在节点处与 $f(x)$具有相同的函数值，而且要求 $y(x)$在部分节点处与 $y(x)$具有相同的一阶甚至高阶导数值，这类插值统称为 Hermite 插值．Hermite 插值条件的组合很多，研究得较多的是带一阶导数条件的插值．本书就称一阶导数条件的插值为 Hermite 插值．

*6.4.1　带一阶导数的 Hermite 插值

(1) Hermite 插值条件．要求 $y(x)$在节点处与 $f(x)$具有相同的函数值，且要求 $y(x)$在部分节点处与 $y(x)$具有相同的一阶导数值，此时的插值条件为

$$\begin{cases} y(x_i)=f(x_i), & i=0,1,2,\cdots,n \\ y'(x_{k_i})=f'(x_{k_i}), & i=0,1,2,\cdots,r \end{cases} \tag{6.15}$$

其中，x_{k_0}，x_{k_1}，…，x_{k_r}是节点 x_0，x_1，…，x_n 中的 $r+1$ 个节点，插值条件式(6.11)共有 $n+r+2$ 个条件．

定义 6.5　若 $y(x)\in M_{n+r+1}$且满足插值条件(6.15)，则称 $y(x)$是 Hermite 插值多项式．

(2) Hermite 插值多项式存在唯一性．

定理 6.3　Hermite 插值多项式存在且唯一．

证明略．

设 Hermite 插值多项式 $y(x)$形如

$$y(x)=\sum_{j=0}^{n}h_j(x)f(x_j)+\sum_{j=0}^{r}\bar{h}_{k_j}f'(x_{k_j}) \tag{6.16}$$

其中，$h_j(x)$，$\bar{h}_{k_j}(x)$是次数不超过 $n+r+1$ 次的多项式，称之为 Hermite 插值基函数.

引入记号

$$P_{n+1}(x)=(x-x_0)(x-x_1)\cdots(x-x_n)$$
$$P_{r+1}(x)=(x-x_{k_0})(x-x_{k_1})\cdots(x-x_{k_r})$$

令

$$l_{jn}(x)=\frac{P_{n+1}(x)}{(x-x_j)P'_{n+1}(x_j)},\quad j=0,1,2,\cdots,n$$
$$l_{jr}(x)=\frac{P_{r+1}(x)}{(x-x_j)P'_{r+1}(x_j)},\quad j=k_0,k_1,\cdots,k_r$$

Hermite 插值基函数可取为

$$h_j(x)=\begin{cases}[1-(x-x_j)(l'_{jn}(x_j)+l'_{jr}(x_j))]l_{jn}(x)l_{jr}(x), & j=k_0,k_1,\cdots,k_r\\ l_{jn}(x)\dfrac{P_{r+1}(x)}{P_{r+1}(x_j)}, & j=0,1,2,\cdots,n\text{ 但 }j\neq k_0,k_1,\cdots,k_r\end{cases}$$
$$\bar{h}_j(x)=(x-x_j)l_{jn}(x)l_{jr}(x),\quad j=k_0,k_1,\cdots,k_r$$

(3) Hermite 插值多项式的余项.

定理 6.4 设 $f(x)$在$[a,b]$上具有直到 $n+r+2$ 阶导数，则 Hermite 插值多项式的余项为

$$E(x)=\frac{f^{(n+r+2)}(\xi)}{(n+r+2)!}P_{n+1}(x)P_{r+1}(x),\quad \forall x\in[a,b],\ \xi\in[a,b] \tag{6.17}$$

证明略.

(4) 带完全一阶导数的 Hermite 插值.

特别当 $n=r$ 时，Hermite 插值多项式(6.16)就为

$$\mathrm{H}(x)=\sum_{j=0}^{n}h_j(x)f(x_j)+\sum_{j=0}^{n}\bar{h}_j(x)f'(x_j) \tag{6.18}$$

其中

$$h_j(x)=[1-2(x-x_j)l'_j(x_j)]l_j^2(x)$$
$$\bar{h}_j(x)=(x-x_j)l_j^2(x),\quad j=0,1,2,\cdots,n$$

式中，$l_j(x)$为 Lagrange 插值基函数. 且 $l'_j(x_j)=\sum\limits_{\substack{i=0\\ i\neq j}}^{n}\dfrac{1}{x_j-x_i}$.

余项为

$$E(x)=\frac{f^{(2n+2)}(\xi)}{(2n+2)!}P_{n+1}^2(x) \tag{6.19}$$

例 6.7 给出 $\ln x$ 的数据如表 6.8 所示，用 Hermite 插值多项式求 $\ln 0.6$ 的近似值，并估计其误差.

表 6.8

x_i	0.40	0.50	0.70	0.80
$f(x_i)=\ln x_i$	−0.916291	−0.693147	−0.356675	−0.223144
$f'(x_i)=1/x_i$	2.50	2.00	1.43	1.25

解 $h_0(0.60)=\left[1-2(0.6-0.4)\left(\frac{1}{0.4-0.5}+\frac{1}{0.4-0.7}+\frac{1}{0.4-0.8}\right)\right]$

$$\times\left[\frac{(0.6-0.5)(0.6-0.7)(0.6-0.8)}{(0.4-0.5)(0.4-0.7)(0.4-0.8)}\right]^2=\frac{11}{54}$$

同理

$$h_1(0.60)=\frac{8}{27},\quad h_2(0.60)=\frac{8}{27},\quad h_3(0.60)=\frac{11}{54}$$

$$\bar{h}_0(0.60)=(0.6-0.4)\left[\frac{(0.6-0.5)(0.6-0.7)(0.6-0.8)}{(0.4-0.5)(0.4-0.7)(0.4-0.8)}\right]^2=\frac{1}{180}$$

同理

$$\bar{h}_1(0.60)=\frac{2}{45},\quad \bar{h}_2(0.60)=-\frac{2}{45},\quad \bar{h}_3(0.60)=-\frac{1}{180}$$

由式(6.18)有

$$\mathrm{H}_7(0.60)=\sum_{j=0}^{3}h_j(0.6)f(x_j)+\sum_{j=0}^{3}\bar{h}_j(0.6)f'(x_j)=-0.510824$$

比较准确值 ln0.60=−0.510826 和 Lagrange 插值 $L_3(0.6)=-0.509976$，可见 Hermite 插值比 Lagrange 插值好得多．误差估计

$$E(0.6)=\frac{f^{(8)}(\xi)}{8\,!}P_4^2(0.6)$$

$$=\frac{1}{8!}\left(-\frac{7!}{\xi^8}\right)[(0.6-0.4)(0.6-0.5)(0.6-0.7)(0.6-0.8)]^2,\quad \xi\in[0.4,0.8]$$

$$|E(0.6)|\leqslant\frac{0.0004^2}{8\times(0.4)^8}=3.0125\times10^{-5}$$

*6.4.2 两种常用的三次 Hermite 插值

1. 两点三次 Hermite 插值

已知 x_0，x_1 的函数值 y_0，y_1 和导数值 y'_0，y'_1，求一个三次多项式$\mathrm{H}_3(x)$，使之满足

$$\mathrm{H}_3(x_0)=y_0,\quad \mathrm{H}_3(x_1)=y_1;\quad \mathrm{H}'_3(x_0)=y'_0,\quad \mathrm{H}'_3(x_1)=y'_1$$

在式(6.18)和式(6.19)中令 $n=1$，得

$$\mathrm{H}_3(x)=\left(1+2\frac{x-x_0}{x_1-x_0}\right)\left(\frac{x-x_1}{x_0-x_1}\right)^2y_0+\left(1+2\frac{x-x_1}{x_0-x_1}\right)\left(\frac{x-x_0}{x_1-x_0}\right)^2y_1$$

$$+(x-x_0)\left(\frac{x-x_1}{x_0-x_1}\right)^2 y'_0+(x-x_1)\left(\frac{x-x_0}{x_1-x_0}\right)^2 y'_1 \tag{6.20}$$

及误差估计式

$$E(x)=\frac{f^{(4)}(\xi)}{4!}(x-x_0)^2(x-x_1)^2 \tag{6.21}$$

2. 三点三次 Hermite 插值

已知 x_0，x_1，x_2 的函数值 y_0，y_1，y_2 和中间一点的导数值 y'_1，求一个三次多项式 $H_3(x)$，使之满足

$$H_3(x_0)=y_0,\quad H_3(x_1)=y_1,\quad H_3(x_2)=y_2,\quad H'_3(x_1)=y'_1$$

由式(6.16)和式(6.17)的推导方法

$$h_0(x)=\frac{(x-x_1)^2(x-x_2)}{(x_0-x_1)^2(x_0-x_2)}$$

$$h_1(x)=\left[1-(x-x_1)\left(\frac{1}{x_1-x_0}+\frac{1}{x_1-x_2}\right)\right]\frac{(x-x_0)(x-x_2)}{(x_1-x_0)(x_1-x_2)}$$

$$h_2(x)=\frac{(x-x_0)(x-x_1)^2}{(x_2-x_0)(x_2-x_1)^2}$$

$$\bar{h}_1(x)=(x-x_1)\frac{(x-x_0)(x-x_2)}{(x_1-x_0)(x_1-x_2)}$$

得 Hermite 插值多项式

$$\begin{aligned}H_3(x)=&\frac{(x-x_1)^2(x-x_2)}{(x_0-x_1)^2(x_0-x_2)}y_0\\&+\left[1-(x-x_1)\left(\frac{1}{x_1-x_0}+\frac{1}{x_1-x_2}\right)\right]\frac{(x-x_0)(x-x_2)}{(x_1-x_0)(x_1-x_2)}y_1\\&+\frac{(x-x_0)(x-x_1)^2}{(x_2-x_0)(x_2-x_1)^2}y_2+\frac{(x-x_0)(x-x_1)(x-x_2)}{(x_1-x_0)(x_1-x_2)}y'_1\end{aligned} \tag{6.22}$$

同样可得余值项表达式

$$E(x)=\frac{f^{(4)}(\xi)}{4!}(x-x_0)(x-x_1)^2(x-x_2) \tag{6.23}$$

例 6.8 给出 $\sin x$ 的数据如表 6.9 所示，用三次 Hermite 插值式(6.20)和式(6.22)求 $\sin 40°$的近似值，精确到 6 位小数，并估计其误差.(精确值 $\sin 40°=0.6427876.$)

表 6.9

x_i	30°	45°	60°
$\sin x_i$	0.500000	0.707107	0.866025
$\cos x_i$	0.866025	0.707107	0.500000

解 (1) 用两点三次 Hermite 插值计算.

$$H_3(x)=\left(1+2\,\frac{40-30}{45-30}\right)\left(\frac{40-45}{30-45}\right)^2\times 0.5$$

$$+\left(1+2\,\frac{40-45}{30-45}\right)\left(\frac{40-30}{45-30}\right)^2\times 0.707107+(40-30)\left(\frac{40-45}{30-45}\right)^2$$

$$\times 0.866025+(40-45)\left(\frac{40-30}{45-30}\right)^2\times 0.707107$$

$$=0.1296296+0.5237828+0.0167944-0.0274252$$

$$=0.642782$$

$$E(40°)\leqslant\frac{1}{4}(x-x_0)^2\,(x-x_1)^2=\frac{1}{4}\left(2\,\frac{\pi}{9}-\frac{\pi}{6}\right)^2\,\left(2\,\frac{\pi}{9}-\frac{\pi}{4}\right)^2=0.00005799$$

(2) 用三点三次 Hermite 插值计算.

$$H_3(x)=\frac{40-60}{30-60}\left(\frac{40-45}{30-45}\right)^2\times 0.5$$

$$+\left[1-(40-45)\left(\frac{1}{45-30}+\frac{1}{45-60}\right)\right]\frac{(40-30)(40-60)}{(45-30)(45-60)}$$

$$\times 0.707107+\frac{40-30}{60-30}\left(\frac{40-45}{60-45}\right)^2\times 0.866025$$

$$+\frac{(40-30)(40-45)(40-60)}{(45-30)(45-60)}\times 0.707107$$

$$=0.0370370+0.6285394+0.0320750-0.0548504=0.642801$$

$$|E(40°)|\leqslant\frac{1}{4}\,|(x-x_0)(x-x_1)^2(x-x_2)|$$

$$=\frac{1}{4}\left|\left(2\,\frac{\pi}{9}-\frac{\pi}{6}\right)\left(2\,\frac{\pi}{9}-\frac{\pi}{4}\right)^2\left(2\,\frac{\pi}{9}-\frac{\pi}{3}\right)\right|=0.000116$$

可见两点或三点的三次 Hermite 插值效果已相当不错.

6.5 分段插值

6.5.1 Runge 振荡现象

由 Lagrange 插值多项式的余项公式

$$|E(x)|=\left|\frac{f^{(n+1)}(\xi)}{(n+1)!}P_{n+1}(x)\right|\leqslant\frac{M}{(n+1)!}\,|P_{n+1}(x)| \tag{6.24}$$

其中，$M=\max\limits_{a\leqslant x\leqslant b}|f^{(n+1)}(x)|$. 从式(6.24)看出，当 M 随 n 的增大变化不大时，$|E(x)|$ 将会随 n 的增大而减小. 所以在很多时候，可以通过增加插值节点的个数，即提高插值多项式的次数来提高精度. 但这并不总是可行的，如例 6.9 所示.

例 6.9　设有函数

$$f(x)=\frac{1}{1+x^2}$$

该函数在$(-\infty, +\infty)$上具有任意阶的导数，在$[-5, 5]$上取等距节点$x_i=-5+i(i=0, 1, 2, \cdots, 10)$进行 Lagrange 插值，插值效果如图 6.4 所示．

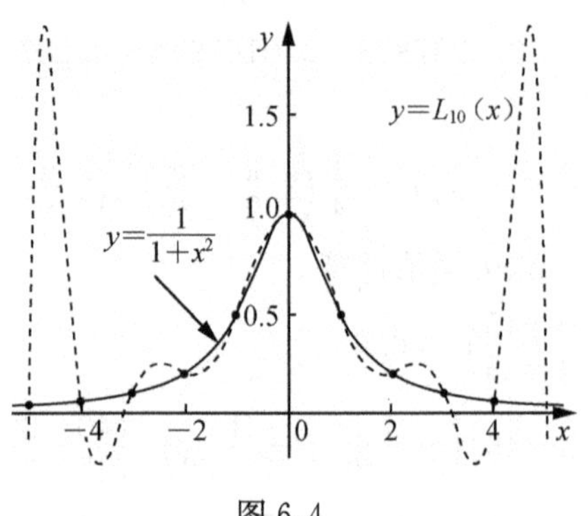

图 6.4

插值多项式在$(-3.63, 3.63)$内与$f(x)$有较好的近似，但在该区间之外，特别是$x=\pm 5$附近，误差很大，称之为 Runge 振荡现象．而且随着n的增大，振荡越来越厉害．

对于例 6.9，增加插值节点并没有提高精度，反而使误差更大．为避免 Runge 振荡现象的发生，并不提倡用高次多项式进行插值，而宁可用低次多项式作分段插值．

6.5.2 分段线性插值

定义 6.6　设已知节点$a=x_0<x_1<\cdots<x_n=b$上的函数值$f(x_0)$，$f(x_1)$，…，$f(x_n)$，若有一折线函数$y(x)$满足：

(1) $y(x)$在$[a, b]$上连续；

(2) $y(x_i)=f(x_i)$，$i=0, 1, 2, \cdots, n$；

(3) $y(x)$在每个子区间$[x_i, x_{i+1}]$上是线性函数．

则称$y(x)$是$f(x)$的分段线性插值函数．

由插值多项式的唯一性，$y(x)$在每个小区间$[x_i, x_{i+1}]$上可表示为

$$y(x)=\frac{x-x_{i+1}}{x_i-x_{i+1}}f(x_i)+\frac{x-x_i}{x_{i+1}-x_i}f(x_{i+1}), \quad x_i\leqslant x\leqslant x_{i+1} \tag{6.25}$$

定理 6.5　设$f''(x)$在$[a, b]$上存在，$y(x)$是$f(x)$的分段性插值函数，令$h=\max\limits_{0\leqslant i\leqslant n-1}(x_{i+1}-x_i)$，$M=\max\limits_{x\in[a,b]}|f''(x)|$，则有：

(1) $\lim\limits_{h\to 0}y(x)=f(x)$；

(2) $|E(x)| = |f(x)-y(x)| \leqslant \frac{M}{8}h^2$.

证明 $|E_i(x)| = \frac{|f''(\xi_i)|}{2}|(x-x_i)(x-x_{i+1})| \leqslant \frac{M}{2}\frac{[(x-x_i)+(x_{i+1}-x)]^2}{4}$

$$= \frac{M}{8}h_i^2 \leqslant \frac{M}{8}h^2$$

所以

$$|E_i(x)| \leqslant \frac{M}{8}h^2 \to 0, \quad h \to 0$$

$$\lim_{h\to 0} y(x) = f(x)$$

6.5.3 分段三次 Hermite 插值

为方便起见，今后用 $C^k[a, b]$表示区间$[a, b]$上具有 k 阶连续导数的函数集合．若 $f(x)\in C^k[a, b]$，称 $f(x)$在$[a, b]$上 k 阶光滑．一阶光滑与我们日常生活中的光滑概念是一致的．

在节点 x_i 处，分段线性插值多项式不具有光滑性．为了使插值多项式具有光滑性，采用分段三次 Hermite 插值．

定义 6.7 设有节点 $a=x_0<x_1<\cdots<x_n=b$，插值函数 $\mathrm{H}(x)$满足：

(1) $\mathrm{H}(x)$在$[a, b]$上具有连续的一阶导数；

(2) $\mathrm{H}(x_i)=f(x_i)$，$\mathrm{H}'(x_i)=f'(x_i)$， $i=0, 1, 2, \cdots, n$；

(3) $\mathrm{H}(x)$在每个小区间$[x_i, x_{i+1}]$上是三次多项式．

则称 $\mathrm{H}(x)$为分段三次 Hermite 插值多项式．

仍由插值多项式的唯一性，当 $x\in[x_i, x_{i+1}]$时，分段三次 Hermite 插值多项式为

$$\mathrm{H}(x) = \left(1-2\frac{x-x_i}{x_i-x_{i+1}}\right)\left(\frac{x-x_{i+1}}{x_i-x_{i+1}}\right)^2 f(x_i) + \left(1-2\frac{x-x_{i+1}}{x_{i+1}-x_i}\right)\left(\frac{x-x_i}{x_{i+1}-x_i}\right)^2 f(x_{i+1})$$
$$+ (x-x_i)\left(\frac{x-x_{i+1}}{x_i-x_{i+1}}\right)^2 f'(x_i) + (x-x_{i+1})\left(\frac{x-x_i}{x_{i+1}-x_i}\right)^2 f'(x_{i+1})$$

定理 6.6 设 $f^{(4)}(x)$在$[a, b]$上连续，$\mathrm{H}(x)$是 $f(x)$的分段三次 Hermite 插值多项式，令 $h=\max\limits_{0\leqslant i\leqslant n-1}(x_{i+1}-x_i)$，$M=\max\limits_{x\in[a,b]}|f^{(4)}(x)|$，则

(1) $\lim\limits_{h\to 0}\mathrm{H}(x)=f(x)$；

(2) $|E(x)| = |f(x)-\mathrm{H}(x)| \leqslant \frac{M}{384}h^4$.

证明略．

例 6.10 根据函数 $f(x)=\sqrt{x}$ 的数据(表 6.10).

表 6.10

x	1	4	9	16
$f(x)$	1	2	3	4
$f'(x)$	$\frac{1}{2}$	$\frac{1}{4}$	$\frac{1}{6}$	$\frac{1}{8}$

分别用两点一次插值，二次插值，三次插值计算$\sqrt{5}$的近似值，并比较其精度．

解　取最接近 $x=5$ 的两个节点的数据进行插值．

(1) 一次插值．插值条件为 $y(4)=2$，$y(9)=3$.

$$\sqrt{5}\approx L_1(5)=\frac{5-9}{4-9}\times 2+\frac{5-4}{9-4}\times 3=2.2$$

(2) 二次插值．插值条件为 $y(4)=2$，$y(9)=3$；$y'(4)=\frac{1}{4}$．

$$\sqrt{5}\approx \mathrm{H}_2(5)=\left(1-\frac{5-4}{4-9}\right)\frac{5-9}{4-9}\times 2+\left(\frac{5-4}{9-4}\right)^2\times 3+\frac{(5-4)(5-9)}{4-9}\times\frac{1}{4}=2.24$$

(3) 三次插值．插值条件为 $y(4)=2$，$y(9)=3$；$y'(4)=\frac{1}{4}$，$y'(9)=\frac{1}{6}$.

$$\begin{aligned}\mathrm{H}_3(x)=&\left(1-2\times\frac{5-4}{4-9}\right)\left(\frac{5-9}{4-9}\right)^2\times 2+\left(1-2\times\frac{5-9}{9-4}\right)\left(\frac{5-4}{9-4}\right)^2\times 3\\&+(5-4)\left(\frac{5-9}{4-9}\right)^2\times\frac{1}{4}+(5-9)\left(\frac{5-4}{9-4}\right)^2\times\frac{1}{6}=2.2373\end{aligned}$$

准确值$\sqrt{5}=2.236068$.

6.6　样条插值

前面介绍的分段线性插值和分段三次 Hermite 插值多项式具有一定实用性，但分段线性插值多项式在节点处不具有光滑性，虽然分段三次 Hermite 插值多项式满足了光滑性，但插值条件要求给出节点处的一阶导数值，这在应用中产生了一定的困难．现希望仅给出节点处函数值的插值条件和边界条件就能构造出具有二阶连续导数的插值函数．这就是本节将介绍的样条插值函数．

样条(spline)一词来源于工程中的样条曲线，它是弹性充分好的木条或金属条．工程师为了从一些离散的数据点得到光滑的曲线，就用样条将这些点连接起来，让样条自然弯曲所产生的曲线作为所需数据处的近似光滑曲线．

6.6.1　样条插值的基本概念

定义 6.8　设 Δ 是$[a, b]$的一个划分

$$\Delta\text{：}a=x_0<x_1<\cdots<x_n=b$$

若函数 $S(x)$满足：

(1) $S(x)\in C^2[a,b]$；

(2) $S(x_i)=f(x_i)$，　$i=0,1,2,\cdots,n$；　(6.26)

(3) $S(x)$在每个子区间$[x_i,x_{i+1}]$($i=0,1,2,\cdots,n-1$)上都是次数不超过三次的多项式，且至少在一个子区间上为三次多项式．则称 $S(x)$为关于划分 Δ 的一个三次样条函数．实用中三次样条插值使用最为普遍．

除了式(6.26)的 $n+1$ 个函数值条件外，为了构造唯一的三次样条插值函数，还需补充两个插值条件．常在区间$[a,b]$的端点处各补充一个条件，称之为边界条件．常见的有以下三种边界条件：

(1) 第一边界条件 $S'(a)=f'(a)$，$S'(b)=f'(b)$.

(2) 第二边界条件 $S''(a)=f''(a)$，$S''(b)=f''(b)$.

特别地，当 $S''(a)=0$，$S''(b)=0$ 时，称之为自然边界条件．

(3) 第三边界条件(周期边界条件).

当 $f(x)$是以 $b-a$ 为周期的周期函数时，$S(x)$也必须是以 $b-a$ 为周期的周期函数．相应的边界条件为

$$S^{(k)}(a+0)=S^{(k)}(b-0),\quad k=0,1,2$$

6.6.2 三转角插值法

设 $S(x)$在节点 x_i($i=0,1,\cdots,n$)处的一阶导数值为 $S'(x_i)=m_i$. 其中，m_i 是待定参数，m_i 在材料力学中解释为细梁在截面 x_i 处的转角．由插值多项式的唯一性，此时的三次样条函数，就是分段三次 Hermite 插值多项式．故当 $x\in[x_i,x_{i+1}]$时，有

$$S(x)=\frac{(x-x_{i+1})^2[h_{i+1}+2(x-x_i)]}{h_{i+1}^3}f_i+\frac{(x-x_i)^2[h_{i+1}+2(x_{i+1}-x)]}{h_{i+1}^3}f_{i+1}$$
$$+\frac{(x-x_{i+1})^2(x-x_i)}{h_{i+1}^2}m_i+\frac{(x-x_i)^2(x-x_{i+1})}{h_{i+1}^2}m_{i+1}\tag{6.27}$$

对 $S(x)$在$[x_i,x_{i+1}]$上求导有

$$S''(x)=\frac{6x-2x_i-4x_{i+1}}{h_{i+1}^2}m_i+\frac{6x-4x_i-2x_{i+1}}{h_{i+1}^2}m_{i+1}+\frac{6(x_i+x_{i+1}-2x)}{h_{i+1}^3}(f_{i+1}-f_i)\tag{6.28}$$

$$S''(x_i+0)=-\frac{4}{h_{i+1}}m_i-\frac{2}{h_{i+1}}m_{i+1}+\frac{6}{h_{i+1}^2}(f_{i+1}-f_i)\tag{6.29}$$

在式(6.28)中用 $i-1$ 代替 i，得 $S''(x)$在$[x_{i-1},x_i]$上的表达式．且

$$S''(x_i-0)=\frac{2}{h_i}m_{i-1}+\frac{4}{h_i}m_i-\frac{6}{h_i^2}(f_i-f_{i-1})\tag{6.30}$$

由 $S''(x_i+0)=S''(x_i-0)$($i=1,2,\cdots,n-1$)得

$$\frac{1}{h_i}m_{i-1}+2\left(\frac{1}{h_i}+\frac{1}{h_{i+1}}\right)m_i+\frac{1}{h_{i+1}}m_{i+1}=3\left(\frac{f_{i+1}-f_i}{h_{i+1}^2}+\frac{f_i-f_{i-1}}{h_i^2}\right),\quad i=1,2,\cdots,n-1$$

记

$$\lambda_i=\frac{h_{i+1}}{h_i+h_{i+1}},\quad \mu_i=\frac{h_i}{h_i+h_{i+1}}$$

$$g_i=3\left(\lambda_i f[x_{i-1},x_i]+\mu_i f[x_i,x_{i+1}]\right),\quad i=1,2,\cdots,n-1$$

则有方程组

$$\lambda_i m_{i-1}+2m_i+\mu_i m_{i+1}=g_i,\quad i=1,2,\cdots,n-1 \tag{6.31}$$

式(6.31)有 $n+1$ 个待定参数 m_0，m_1，…，m_n，但方程只有 $n-1$ 个，故需要利用边界条件来增加两个方程.

第一边界条件 $S'(a)=f'(a)=m_0$，$S'(b)=f'(b)=m_n$，由式(6.31)有方程组

$$\begin{pmatrix} 2 & \mu_1 & & & \\ \lambda_2 & 2 & \mu_2 & & \\ & \ddots & \ddots & \ddots & \\ & & \lambda_{n-2} & 2 & \mu_{n-2} \\ & & & \lambda_{n-1} & 2 \end{pmatrix}\begin{pmatrix} m_1 \\ m_2 \\ \vdots \\ m_{n-2} \\ m_{n-1} \end{pmatrix}=\begin{pmatrix} g_1-\lambda f'(a) \\ g_2 \\ \vdots \\ g_{n-2} \\ g_{n-1}-\mu_{n-1}f'(b) \end{pmatrix} \tag{6.32}$$

第二边界条件 $S'(a)=f''(a)$，$S''(b)=f''(b)$，在式(6.29)中取 $i=0$，式(6.30)中取 $i=n$，有

$$\begin{cases} 2m_0+m_1=3f[x_0,x_1]-\dfrac{h_1}{2}f''(a) \\ m_{n-1}+2m_n=3f[x_{n-1},x_n]+\dfrac{h_n}{2}f''(b) \end{cases}$$

与式(6.31)联立得方程组

$$\begin{pmatrix} 2 & 1 & & & \\ \lambda_1 & 2 & \mu_1 & & \\ & \ddots & \ddots & \ddots & \\ & & \lambda_{n-1} & 2 & \mu_{n-1} \\ & & & 1 & 2 \end{pmatrix}\begin{pmatrix} m_0 \\ m_1 \\ \vdots \\ m_{n-1} \\ m_n \end{pmatrix}=\begin{pmatrix} 3f[x_0,x_1]-\dfrac{h_1}{2}f''(a) \\ g_1 \\ \vdots \\ g_{n-1} \\ 3f[x_{n-1},x_n]+\dfrac{h_n}{2}f''(b) \end{pmatrix} \tag{6.33}$$

第三边界条件由 $m_0=m_n$，$m_1=m_{n+1}$，在式(6.31)中取 $i=1$，$i=n$，有

$$\begin{cases} 2m_1+\mu_1 m_2+\lambda_1 m_n=g_1 \\ \mu_n m_1+\lambda_n m_{n-1}+2m_2=g_n \end{cases}$$

其中，$\lambda_n=\dfrac{h_1}{h_1+h_n}$，$\mu_n=\dfrac{h_n}{h_1+h_n}$. 得方程组

$$\begin{pmatrix} 2 & \mu_1 & & & \lambda_1 \\ \lambda_2 & 2 & \mu_2 & & \\ & \ddots & \ddots & \ddots & \\ & & \lambda_{n-1} & 2 & \mu_{n-1} \\ \mu_n & & & \lambda_n & 2 \end{pmatrix} \begin{pmatrix} m_1 \\ m_2 \\ \vdots \\ m_{n-1} \\ m_n \end{pmatrix} = \begin{pmatrix} g_1 \\ g_2 \\ \vdots \\ g_{n-1} \\ g_n \end{pmatrix} \tag{6.34}$$

式(6.32)和式(6.33)是三对角方程组，并且具有对角线优势，如第2章所述，可很容易地用追赶法求解．式(6.34)是周期性三对角方程组，也具有对角线优势，可用直接法或迭代法求解．解出 $m_i(i=0, 1, 2, \cdots, n)$后，代入式(6.27)即得到分段的三次样条插值函数 $S(x)$，即可用于插值计算．

例 6.11 用三转角插值法求自然边界条件下的以下数据的样条函数，见表6.11，并计算 $f(3)$，$f(4.5)$的值．

表 6.11

x_i	1	2	4	5
$f(x_i)$	1	3	4	2

解 由方程组(6.32)可得

$$\begin{pmatrix} 2 & 1 & 0 & 0 \\ \frac{2}{3} & 2 & \frac{1}{3} & 0 \\ 0 & \frac{1}{3} & 2 & \frac{2}{3} \\ 0 & 0 & 1 & 2 \end{pmatrix} \begin{pmatrix} m_0 \\ m_1 \\ m_2 \\ m_3 \end{pmatrix} = \begin{pmatrix} 6 \\ \frac{9}{2} \\ -\frac{7}{2} \\ -6 \end{pmatrix}$$

解之有

$$m_0=\frac{17}{8}, \quad m_1=\frac{7}{4}, \quad m_2=-\frac{5}{4}, \quad m_3=-\frac{19}{8}$$

由式(6.28)得样条插值函数为

$$S(x)=\begin{cases} -\frac{1}{8}x^3+\frac{3}{8}x^2+\frac{7}{4}x-1, & 1\leqslant x\leqslant 2 \\ -\frac{1}{8}x^3+\frac{3}{8}x^2+\frac{7}{4}x-1, & 2\leqslant x\leqslant 4 \\ \frac{3}{8}x^3-\frac{45}{8}x^2+\frac{103}{4}x-33, & 4\leqslant x\leqslant 5 \end{cases}$$

$$f(3)\approx-\frac{1}{8}\times 3^3+\frac{3}{8}\times 3^2+\frac{7}{4}\times 3-1=\frac{17}{4}=4.25$$

$$f(4.5)\approx\frac{3}{8}(4.5)^3-\frac{45}{8}(4.5)^2+\frac{103}{4}(4.5)-33=3.1406$$

习　题　6

6.1　填空题.

(1) 设 $f(x)=x^5+x^3+x+1$，则 $f[0,1]$________，$f[0,1,2]=$________，$f[0,1,2,3,4,5]=$________，$f[0,1,2,3,4,5,6]=$________；

(2) 设 $l_0(x)$，$l_1(x)$，…，$l_n(x)$是以节点 0，1，2，…，n 的 Lagrange 插值基函数，则 $\sum_{j=0}^{n} jl_j(x)=$__________，$\sum_{j=0}^{n} jl_j(k)=$__________；

(3) 设 $f(0)=0$，$f(1)=16$，$f(2)=46$，则 $f[0,1]=$________，$f[0,1,2]=$________，$f(x)$的二次 Newton 插值多项式为________.

6.2　已知函数 $f(x)=e^{-x^2}$ 的数据如下：

x_i	−0.6	−0.4	−0.2	0	0.2	0.4	0.6
$f(x_i)$	0.697676	0.852114	0.960789	1	0.960789	0.852114	0.697676

试用二次、三次插值计算 $x=0.35$，$x=0.55$ 的近似函数值，使其精度尽量地高.

6.3　利用 $\sin x$ 在 $x=0$，$\frac{\pi}{6}$，$\frac{\pi}{4}$，$\frac{\pi}{3}$，$\frac{\pi}{2}$处的值，求 $\sin\frac{\pi}{5}$的近似值，并估计误差.

6.4　利用数据

x_i	0	0.2	0.4	0.6	0.8	1.0
$f(x_i)$	0	0.19956	0.39646	0.58813	0.77210	0.94608

计算积分 $f(x)=\int_0^x \frac{\sin t}{t}dt$ 当 $f(x)=0.45$ 时 x 的取值.

6.5　试用 Newton 插值求经过点(−3，−1)，(0，2)，(3，−2)，(6，10)的三次插值多项式.

6.6　求满足 $P(x_0)=f(x_0)$，$P(x_1)=f(x_1)$，以及 $P'(x_0)=f'(x_0)$的次数不超过二次的插值多项式 $P(x)$，并给出其误差表达式.

6.7　设 x_i 是互异节点，$l_j(x)$是 Lagrange 插值基函数($j=0,1,2,\cdots,n$)，证明：

(1) $\sum_{j=0}^{n} l_j(x)\equiv 1$；

(2) $\sum_{j=0}^{n} x_j^k l_j(x)\equiv x^k$，　$k=0,1,2,\cdots,n$；

(3) $\sum_{j=0}^{n}(x_j-x)^k l_j(x)\equiv 0$，　$k=0，1，2，\cdots，n$.

6.8 设有如下数据：

x_i	0	1	2	3	4
$f(x_i)$	3	6	11	18	27

试计算此表中函数的差分表，并分别利用 Newton 向前、向后插值公式求出它的插值多项式.

6.9 试构造一个三次 Hermite 插值多项式使其满足

$$f(0)=1,\quad f'(0)=0.5,\quad f(1)=2,\quad f'(1)=0.5$$

6.10 已知函数 $f(x)$的数据表

x_i	0.0	0.2	0.4	0.6	0.8
$f(x_i)$	1.0000	1.22140	1.49182	1.82212	2.22554

分别用 Newton 向前插值公式和向后插值公式求 $x=0.05$，$x=0.42$，$x=0.75$ 时的近似值.

6.11 对函数 $f(x)=\sin x$ 进行分段线性插值，要求误差不超过 0.5×10^{-5}，问步长 h 应如何选取.

6.12 设有数据

x_i	0.25	0.30	0.39	0.45	0.53
$f(x_i)$	0.5000	0.5477	0.6245	0.6708	0.7280

用三转角插值法求满足下述条件的三次样条插值函数：

(1) $S'(0.25)=1.0000$，$S'(0.53)=0.6868$；

(2) $S''(0.25)=-2$，$S''(0.53)=0.6479$.

6.13 证明定理 6.6.

第7章　最佳平方逼近与数据拟合

7.1　逼近的概念

函数逼近也是用较简单的函数 $y(x)$ 近似代替函数 $f(x)$. 如果函数 $f(x)$ 是连续函数，通常就称为函数逼近，如果 $f(x)$ 是一个离散的数表，则常称为数据拟合.

第6章讲的插值实质上也是一种函数逼近，它的近似代替准则是：插值函数 $y(x)$ 与被插值函数 $f(x)$ 在插值节点处具有相同的函数值，甚至还有相同的导数值．但在非节点处，其误差可能很大，如出现的Runge振荡现象．

本章讨论的函数逼近是使整体误差达到最小．常用误差的范数来定义整体误差.

定义 7.1　设 $f(x)$，$g(x)\in C[a, b]$，称

$$(f, g)=\int_a^b f(x)g(x)\mathrm{d}x$$

为 $f(x)$，$g(x)$ 在 $[a, b]$ 上的内积．

定义 7.2　$f(x)$ 在 $C[a, b]$ 上的范数定义为

$$\|f\|_1=\int_a^b |f(x)|\mathrm{d}x$$

$$\|f\|_2=\left[\int_a^b f^2(x)\mathrm{d}x\right]^{\frac{1}{2}}$$

$$\|f\|_\infty=\max_{x\in[a, b]}|f(x)|$$

定义 7.3　设 X 是线性赋范空间，Φ 是 X 的一个子集，若对 X 中给定的函数 f，在 Φ 中存在一函数 y^*，使 $\|f-y^*\|=\min\limits_{y\in\Phi}\|f-y\|$，则称 y^* 是 Φ 中对 f 的最佳逼近。

若 $\|f-y^*\|_\infty=\min\limits_{y\in\Phi}\|f-y\|_\infty$，则称 y^* 是 Φ 中对 f 的最佳一致逼近．

若 $\|f-y^*\|_2=\min\limits_{y\in\Phi}\|f-y\|_2$，则称 y^* 是 Φ 中对 f 的最佳平方逼近．

7.2　最佳平方逼近

7.2.1　函数的最佳平方逼近

为了计算的方便，将最佳平方逼近定义如下．

定义 7.4　设 $f(x)\in C[a,b]$，若存在 $y^*(x)\in\Phi=\text{span}\{\varphi_0,\varphi_1,\cdots,\varphi_m\}$，使

$$\|f-y^*\|_2^2=\min_{y\in\Phi}\|f-y\|_2^2=\min_{y\in\Phi}\int_a^b[f(x)-y(x)]^2\mathrm{d}x$$

则称 y^* 是 $f(x)$在 Φ 中的最佳平方逼近函数．

定理 7.1　$f(x)$在 Φ 中的最佳平方逼近函数存在且唯一．

证明　令 $y(x)=\sum_{j=0}^{m}a_j\varphi_j(x)$，定义 $m+1$ 元函数．

$$H(a_0,a_1,\cdots,a_m)=\|f-y\|_2^2=\int_a^b\left[f(x)-\sum_{j=0}^{m}a_j\varphi_j(x)\right]^2\mathrm{d}x$$

在最小值点处有$\dfrac{\partial H}{\partial a_i}=0$，$i=0,1,2,\cdots,m$. 即

$$-2\int_a^b\left[f(x)-\sum_{j=0}^{m}a_j\varphi_j(x)\right]\varphi_i(x)\mathrm{d}x=0$$

故有

$$\sum_{j=0}^{m}(\varphi_i,\varphi_j)a_j=(f,\varphi_i),\quad i=0,1,2,\cdots,m \tag{7.1}$$

由此有方程组(7.2)，称之为法方程，也称为正则方程．

$$\begin{pmatrix}(\varphi_0,\varphi_0)&(\varphi_0,\varphi_1)&\cdots&(\varphi_0,\varphi_m)\\(\varphi_1,\varphi_0)&(\varphi_1,\varphi_1)&\cdots&(\varphi_1,\varphi_m)\\\vdots&\vdots&&\vdots\\(\varphi_m,\varphi_0)&(\varphi_m,\varphi_1)&\cdots&(\varphi_m,\varphi_m)\end{pmatrix}\begin{pmatrix}a_0\\a_1\\\vdots\\a_m\end{pmatrix}=\begin{pmatrix}(f,\varphi_0)\\(f,\varphi_1)\\\vdots\\(f,\varphi_m)\end{pmatrix} \tag{7.2}$$

当 $\varphi_0,\varphi_1,\cdots,\varphi_m$ 线性无关时，方程组(7.2)的系数行列式不等于0. 由 Cramer 法则，方程组(7.2)存在唯一的一组解 $a_0^*,a_1^*,\cdots,a_m^*$. 故有

$$y^*(x)=\sum_{j=0}^{m}a_j^*\varphi_j(x)$$

由方程组(7.1)有$(f-y^*,\varphi_i)=0(i=0,1,2,\cdots,m)$，平方误差为

$$\|E(x)\|_2^2=\|f(x)-y^*(x)\|_2^2=(f-y^*,f-y^*)$$
$$=(f-y^*,f)-(f-y^*,\sum_{j=0}^{m}a_j^*\varphi_j)=\|f\|_2^2-\sum_{j=0}^{m}(f,\varphi_j)a_j^*$$

7.2.2　最佳平方逼近多项式

本章只讨论[0，1]区间上的最佳平方逼近多项式，对一般区间$[a,b]$上的函数 $f(x)$，可作变换 $x=a+(b-a)t$，化为 $f(a+(b-a)t)$，$t\in[0,1]$，再作逼近处理．这样可减少积分运算．

设 $f(x)\in C[0,1]$，$\Phi=\mathrm{span}\{1, x, x^2, \cdots, x^m\}$，则

$$y(x)=a_0+a_1x+a_2x^2+\cdots+a_mx^m$$

$$(\varphi_i, \varphi_j)=\int_0^1 x^{i+j}\mathrm{d}x=\frac{1}{i+j+1}$$

$$(f, \varphi_i)=\int_0^1 f(x)x^i\mathrm{d}x=d_i$$

此时，正规方程的系数矩阵为

$$\boldsymbol{H}=\begin{pmatrix} 1 & \frac{1}{2} & \frac{1}{3} & \cdots & \frac{1}{m+1} \\ \frac{1}{2} & \frac{1}{3} & \frac{1}{4} & \cdots & \frac{1}{m+2} \\ \frac{1}{3} & \frac{1}{4} & \frac{1}{5} & \cdots & \frac{1}{m+3} \\ \vdots & \vdots & \vdots & & \vdots \\ \frac{1}{m+1} & \frac{1}{m+2} & \frac{1}{m+3} & \cdots & \frac{1}{2m+1} \end{pmatrix}$$

是一个 Hilbert 矩阵，可不作积分直接写出．

例 7.1　设 $f(x)=\mathrm{e}^x$，求 $f(x)$在$[0, 1]$上的一次和二次最佳平方逼近多项式．

解

$$d_0=\int_0^1 \mathrm{e}^x\mathrm{d}x=\mathrm{e}-1\approx 1.71828$$

$$d_1=\int_0^1 x\mathrm{e}^x\mathrm{d}x=1$$

$$d_2=\int_0^1 x^2\mathrm{e}^x\mathrm{d}x=\mathrm{e}-2\approx 0.71828$$

一次多项式逼近时，正规方程为

$$\begin{pmatrix} 1 & \frac{1}{2} \\ \frac{1}{2} & \frac{1}{3} \end{pmatrix}\begin{pmatrix} a_0 \\ a_1 \end{pmatrix}=\begin{pmatrix} 1.71828 \\ 1 \end{pmatrix}$$

解之有

$$a_0=0.87313, \quad a_1=1.69031$$

最佳一次平方逼近多项式为

$$y_1(x)=0.87313+1.69031x$$

余项

$$\|E\|_2^2=\|f\|_2^2-\sum_{k=0}^{1}a_kd_k=0.00394$$

二次多项式逼近时，正规方程为

$$\begin{pmatrix} 1 & \frac{1}{2} & \frac{1}{3} \\ \frac{1}{2} & \frac{1}{3} & \frac{1}{4} \\ \frac{1}{3} & \frac{1}{4} & \frac{1}{5} \end{pmatrix} \begin{pmatrix} a_0 \\ a_1 \\ a_2 \end{pmatrix} = \begin{pmatrix} 1.71828 \\ 1 \\ 0.71828 \end{pmatrix}$$

解之有

$$a_0 = 1.01299$$
$$a_1 = 0.85112$$
$$a_2 = 0.83918$$

最佳二次平方逼近多项式为

$$y_2(x) = 1.01299 + 0.85112x + 0.83918x^2$$

余项

$$\| E \|_2^2 = \| f \|_2^2 - \sum_{k=0}^{2} a_k d_k = 0.0000278$$

最佳一次平方逼近多项式的逼近效果图如图 7.1 所示，而最佳二次平方逼近多项式已基本与 $f(x)=\mathrm{e}^x$ 图像重合．

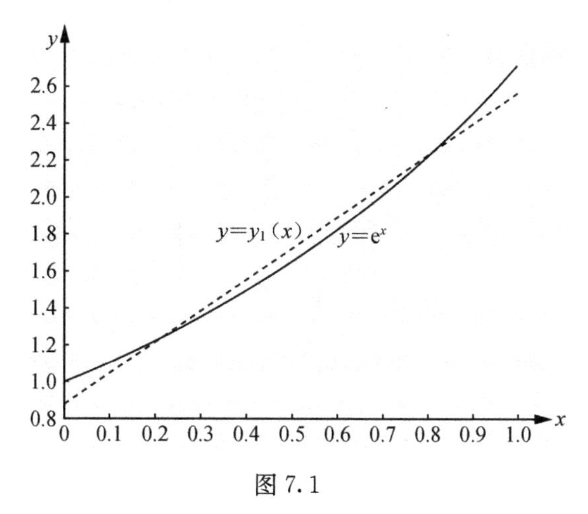

图 7.1

例 7.2　在[−1，1]上，分别求函数 $f(x)=|x|$ 在 $\Phi_1=\mathrm{span}\{1, x, x^3\}$，$\Phi_2=\mathrm{span}\{1, x^2, x^4\}$中的最佳平方逼近函数．

解　(1) 令 $\varphi_0=1$，$\varphi_1=x$，$\varphi_2=x^3$，则由式(7.2)得

$$(\varphi_0, \varphi_0)=\int_{-1}^{1} 1\mathrm{d}x=2, \quad (\varphi_0, \varphi_1)=(\varphi_1, \varphi_0)=\int_{-1}^{1} x\mathrm{d}x=0$$

$$(\varphi_2, \varphi_0)=(\varphi_0, \varphi_2)=\int_{-1}^{1} x^3\mathrm{d}x=0, \quad (\varphi_1, \varphi_1)=\int_{-1}^{1} x^2\mathrm{d}x=\frac{2}{3}$$

$$(\varphi_2, \varphi_1)=(\varphi_1, \varphi_2)=\int_{-1}^{1} x^4\mathrm{d}x=\frac{2}{5}, \quad (\varphi_2, \varphi_2)=\int_{-1}^{1} x^6\mathrm{d}x=\frac{2}{7}$$

$$(f, \varphi_0)=\int_{-1}^{1} |x|\mathrm{d}x=2\int_{0}^{1} x\mathrm{d}x=1$$

$$(f, \varphi_1)=\int_{-1}^{1} x|x|\mathrm{d}x=0, \quad (f, \varphi_2)=\int_{-1}^{1} x^3|x|\mathrm{d}x=0$$

可得正规方程为

$$\begin{pmatrix} 2 & 0 & 0 \\ 0 & \frac{2}{3} & \frac{2}{5} \\ 0 & \frac{2}{5} & \frac{2}{7} \end{pmatrix} \begin{pmatrix} a_0 \\ a_1 \\ a_2 \end{pmatrix} = \begin{pmatrix} 1 \\ 0 \\ 0 \end{pmatrix}$$

解之有

$$a_0=\frac{1}{2}, \quad a_1=a_2=0$$

因此最佳平方逼近函数为

$$y_1(x)\equiv\frac{1}{2}$$

平方误差为

$$\| f-y_1 \|_2^2 = \| f \|_2^2-\sum_{j=0}^{2} a_j(f, \varphi_j)=\int_{-1}^{1} |x|^2\mathrm{d}x-\frac{1}{2}=\frac{1}{6}$$

(2) 令 $\varphi_0=1$，$\varphi_1=x^2$，$\varphi_2=x^4$，有

$$(\varphi_0, \varphi_0)=\int_{-1}^{1} 1\mathrm{d}x=2, \quad (\varphi_0, \varphi_1)=(\varphi_1, \varphi_0)=\int_{-1}^{1} x^2\mathrm{d}x=\frac{2}{3}$$

$$(\varphi_2, \varphi_0)=(\varphi_0, \varphi_2)=(\varphi_1, \varphi_1)=\int_{-1}^{1} x^4\mathrm{d}x=\frac{2}{5}$$

$$(\varphi_2, \varphi_1)=(\varphi_1, \varphi_2)=\int_{-1}^{1} x^6\mathrm{d}x=\frac{2}{7}, \quad (\varphi_2, \varphi_2)=\int_{-1}^{1} x^8\mathrm{d}x=\frac{2}{9}$$

$$(f, \varphi_0)=\int_{-1}^{1} |x|\mathrm{d}x=2\int_{0}^{1} x\mathrm{d}x=1, \quad (f, \varphi_1)=\int_{-1}^{1} x^2|x|\mathrm{d}x=2\int_{0}^{1} x^3\mathrm{d}x=\frac{1}{2}$$

$$(f, \varphi_2)=\int_{-1}^{1} x^4|x|\mathrm{d}x=2\int_{0}^{1} x^5\mathrm{d}x=\frac{1}{3}$$

则正规方程为

$$\begin{pmatrix} 2 & \frac{2}{3} & \frac{2}{5} \\ \frac{2}{3} & \frac{2}{5} & \frac{2}{7} \\ \frac{2}{5} & \frac{2}{7} & \frac{2}{9} \end{pmatrix} \begin{pmatrix} a_0 \\ a_1 \\ a_2 \end{pmatrix} = \begin{pmatrix} 1 \\ \frac{1}{2} \\ \frac{1}{3} \end{pmatrix}$$

解之有

$$a_0 = 0.11719, \quad a_1 = 1.64060, \quad a_2 = -0.82031$$

最佳平方逼近为

$$y_2(x) = 0.11719 + 1.64060x^2 - 0.82031x^4$$

误差为

$$\| f - y_2 \|_2^2 = \| f \|_2^2 - \sum_{j=0}^{2} a_j(f, \varphi_j) = 0.00262$$

逼近效果如图 7.2 所示.

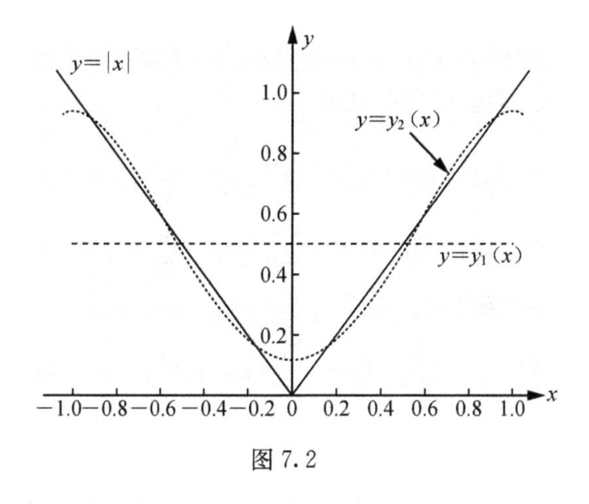

图 7.2

7.3 数据拟合

设函数 $f(x)$ 是一组数据 $(x_i, f_i)(i=0, 1, 2, \cdots, n)$. 现寻求一个函数 $y(x)$ 来逼近数据 (x_i, f_i)，使其在节点 x_i 处的整体误差能达到最小.

对插值函数 $y(x)$ 来说，在节点 x_i 处有 $y(x_i)=f_i(i=0, 1, 2, \cdots, n)$，但在非节点处可能产生很大的误差；而且数据 f_i 是通过实验、测量或计算而得，本身就带有误差，所以在节点处即使准确成立也没有多大的实际意义."拟合"函数 $y(x)$ 在节点 x_i 处与数据 f_i 允许有一定的误差，但从整组数据来说误差能够达到最小.

7.3.1 最小二乘函数拟合

定义 7.5 对 $f(x)$ 的一组数据 $(x_i, f_i)(i=0, 1, 2, \cdots, n)$，若存在函数

$$y(x) \in \Phi_m = \text{span}\{\varphi_0, \varphi_1, \cdots, \varphi_m\}$$

使

$$\sum_{i=0}^{n} [f_i - y(x_i)]^2 = \min_{\varphi \in \Phi_m} \sum_{i=0}^{n} [f_i - \varphi(x_i)]^2$$

则称 $y(x)$ 是 $f(x)$ 在函数类 Φ_m 中的最小二乘逼近函数，简称为最小二乘逼近．求最小二乘函数 $y(x)$ 的方法称为最小二乘法．

定义 7.6 设函数 $f(x)$，$g(x)$ 在每个点 $x_i(i=0, 1, 2, \cdots, n)$ 处均有定义．称

$$(f, g) = \sum_{i=0}^{n} f(x_i) g(x_i)$$

为 $f(x)$，$g(x)$ 在点集 $\{x_i\}$ 上的内积．

若 $(f, g)=0$，则称 $f(x)$，$g(x)$ 在点集 $\{x_i\}$ 上正交，记为 $f \perp g$.

定理 7.2 最小二乘逼近存在且唯一．

证明 记 $\varphi(x) = \sum_{j=0}^{m} a_j \varphi_j(x)$，$y(x) = \sum_{j=0}^{m} a_j^* \varphi_j(x)$，定义 $m+1$ 元函数

$$H(a_0, a_1, \cdots, a_m) = \sum_{i=0}^{n} \left[f_i - \sum_{j=0}^{m} a_j \varphi_j(x_i)\right]^2$$

由多元函数极值的必要条件有

$$\frac{\partial H}{\partial a_k} = -2 \sum_{i=0}^{n} \left[f_i - \sum_{j=0}^{m} a_j \varphi_j(x_i)\right] \varphi_k(x_i) = 0$$

则有方程组

$$\sum_{j=0}^{m} (\varphi_k, \varphi_j) a_j = (f, \varphi_k), \quad k=0, 1, 2, \cdots, m \tag{7.3}$$

其中，$(f, \varphi_k) = \sum_{i=0}^{n} f_i \varphi_k(x_i)$，称式(7.3)为法方程，也称为正则方程．矩阵形式为

$$\begin{pmatrix} (\varphi_0, \varphi_0) & (\varphi_0, \varphi_1) & \cdots & (\varphi_0, \varphi_m) \\ (\varphi_1, \varphi_0) & (\varphi_1, \varphi_1) & \cdots & (\varphi_1, \varphi_m) \\ \vdots & \vdots & & \vdots \\ (\varphi_m, \varphi_0) & (\varphi_m, \varphi_1) & \cdots & (\varphi_m, \varphi_m) \end{pmatrix} \begin{pmatrix} a_0 \\ a_1 \\ \vdots \\ a_m \end{pmatrix} = \begin{pmatrix} (f, \varphi_0) \\ (f, \varphi_1) \\ \vdots \\ (f, \varphi_m) \end{pmatrix} \tag{7.4}$$

当 $\varphi_0, \varphi_1, \cdots, \varphi_m$ 线性无关时，方程组有唯一的解 $a_0^*, a_1^*, \cdots, a_m^*$，故 $y(x) = \sum_{j=0}^{m} a_j^* \varphi_j(x)$．由式(7.3)有 $(f-y, \varphi_k)=0(k=0, 1, 2, \cdots, m)$，数据

拟合的平方误差为

$$\| E(x) \|_2^2 = (f-y,\ f) - \sum_{j=0}^{m}(f-y,\ \varphi_j)a_j^* = \| f \|_2^2 - \sum_{j=0}^{m} a_j^*(f,\ \varphi_j)$$

7.3.2 多项式拟合

数据拟合最简单最常用的情况是用多项式函数作数据拟合，记

$$\Phi_m = \mathrm{span}\{1,\ x,\ x^2,\ \cdots,\ x^m\}, \quad m<n$$

为不超过 m 次的多项式集合，此时

$$(\varphi_k,\ \varphi_j) = \sum_{i=0}^{n} x_i^{k+j}, \quad k,\ j=0,\ 1,\ 2,\ \cdots,\ m \tag{7.5}$$

$$(f,\ \varphi_k) = \sum_{i=0}^{n} f_i x_i^k, \quad k,\ j=0,\ 1,\ 2,\ \cdots,\ m \tag{7.6}$$

正规方程为

$$\begin{pmatrix} n+1 & \sum_{i=0}^{n} x_i & \sum_{i=0}^{n} x_i^2 & \cdots & \sum_{i=0}^{n} x_i^m \\ \sum_{i=0}^{n} x_i & \sum_{i=0}^{n} x_i^2 & \sum_{i=0}^{n} x_i^3 & \cdots & \sum_{i=0}^{n} x_i^{m+1} \\ \sum_{i=0}^{n} x_i^2 & \sum_{i=0}^{n} x_i^3 & \sum_{i=0}^{n} x_i^4 & \cdots & \sum_{i=0}^{n} x_i^{m+2} \\ \vdots & \vdots & \vdots & & \vdots \\ \sum_{i=0}^{n} x_i^m & \sum_{i=0}^{n} x_i^{m+1} & \sum_{i=0}^{n} x_i^{m+2} & \cdots & \sum_{i=0}^{n} x_i^{2m} \end{pmatrix} \begin{pmatrix} a_0 \\ a_1 \\ a_2 \\ \vdots \\ a_m \end{pmatrix} = \begin{pmatrix} \sum_{i=0}^{n} f_i \\ \sum_{i=0}^{n} f_i x_i \\ \sum_{i=0}^{n} f_i x_i^2 \\ \vdots \\ \sum_{i=0}^{n} f_i x_i^m \end{pmatrix} \tag{7.7}$$

例 7.3　设有如下数据(表 7.1)：

表 7.1

x_i	1	3	4	5	6	7	8	9	10
f_i	10	5	4	2	1	1	2	3	4

利用最小二乘法求该组数据的多项式拟合曲线

解　将表中的数据点描绘在坐标纸上，可以看出这些点近似为一条抛物线．故拟合曲线可取为

$$y_2(x) = a_0 + a_1 x + a_2 x^2$$

构造数据如表 7.2 所示．

表 7.2

i	x_i	f_i	x_i^2	x_i^3	x_i^4	$x_i f_i$	$x_i^2 f_i$
1	1	10	1	1	1	10	10
2	3	5	9	27	81	15	45
3	4	4	16	64	256	16	64
4	5	2	25	125	625	10	50
5	6	1	36	216	1296	6	36
6	7	1	49	343	2401	7	49
7	8	2	64	512	4096	16	128
8	9	3	81	729	6561	27	243
9	10	4	100	1000	10000	40	400
求和	53	32	381	3017	25317	147	1025

正规方程组为

$$\begin{pmatrix} 9 & 53 & 381 \\ 53 & 381 & 3017 \\ 381 & 3017 & 25317 \end{pmatrix} \begin{pmatrix} a_0 \\ a_1 \\ a_2 \end{pmatrix} = \begin{pmatrix} 32 \\ 147 \\ 1025 \end{pmatrix}$$

解之得

$$a_0 = 13.4597, \quad a_1 = -3.6053, \quad a_2 = 0.2676$$

所求的二次多项式拟合曲线方程为

$$y_2(x) = 13.4597 - 3.6053\,x + 0.2676\,x^2$$

对该例的数据用二次多项式拟合就可以得到较好的效果，如图 7.3 所示．

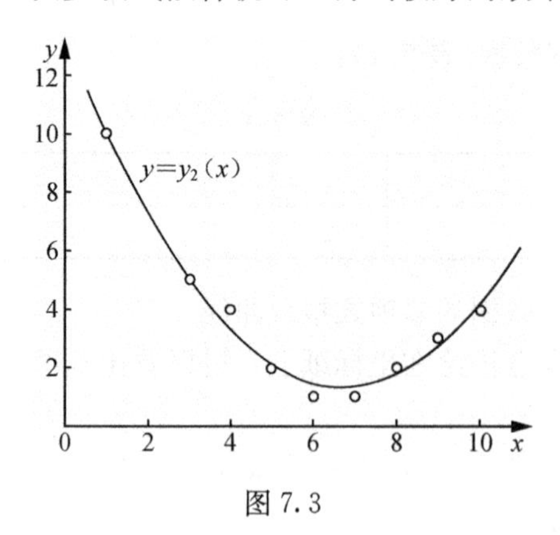

图 7.3

在应用中当数据点较多时，如何确定拟合多项式的次数，一个较常用的方法是逐次增加拟合多项式的次数，以寻求效果较好的拟合多项式．

例 7.4　设有数据如表 7.3 所示．求其拟合多项式．

表 7.3

x_i	0	0.25	0.50	0.75	1.00
f_i	1.0000	1.2840	1.6487	2.1170	2.7183

解　(1) 先求一次拟合多项式 $y_1(x)=a_0+a_1x$，构造数据如表 7.4 所示．

表 7.4

i	x_i	f_i	x_i^2	x_i^3	x_i^4	x_if_i	$x_i{}^2f_i$
1	0	1.0000	0	0	0	0	0
2	0.25	1.2840	0.0625	0.0156	0.0039	0.3210	0.0803
3	0.50	1.6487	0.2500	0.1250	0.0625	0.8244	0.4122
4	0.75	2.1170	0.5625	0.4219	0.3164	1.5878	1.1908
5	1.00	2.7183	1.0000	1.0000	1.0000	2.7183	2.7183
求和	2.5	8.7680	1.8750	1.5625	1.3828	5.4515	4.4016

正规方程为

$$\begin{pmatrix} 5 & 2.5 \\ 2.5 & 1.875 \end{pmatrix}\begin{pmatrix} a_0 \\ a_1 \end{pmatrix}=\begin{pmatrix} 8.7680 \\ 5.4515 \end{pmatrix}$$

解之有

$$a_0=0.8997,\quad a_1=1.7078$$

拟合多项式为

$$y_1(x)=a_0+a_1x$$

平方误差

$$\begin{aligned}\|E_1\|_2^2&=\|f\|_2^2-\sum_{j=0}^{1}a_j(f,\ \varphi_j)\\&=17.2377-0.8997\times8.7680-1.7078\times5.4515\\&=3.92\times10^{-2}\end{aligned}$$

(2) 求二次拟合多项式 $y_2(x)=a_0+a_1x+a_2x^2$，正规方程组为

$$\begin{pmatrix} 5 & 2.5 & 1.875 \\ 2.5 & 1.875 & 1.5625 \\ 1.875 & 1.5625 & 1.3828 \end{pmatrix}\begin{pmatrix} a_0 \\ a_1 \\ a_2 \end{pmatrix}=\begin{pmatrix} 8.7680 \\ 5.4515 \\ 4.4016 \end{pmatrix}$$

解之得

$$a_0=1.0051,\quad a_1=0.8643,\quad a_2=0.8435$$

拟合曲线方程为

$$y_2(x)=1.0051+0.8643x+0.8435x^2$$

平方误差

$$\|E_2\|_2^2=\|f\|_2^2-\sum_{j=0}^{2}a_j(f,\ \varphi_j)$$
$$=17.2377-1.0051\times 8.7680-0.8643\times 5.4515-0.8435\times 4.4016$$
$$=2.76\times 10^{-4}$$

显然用 $y_2(x)$ 作多项式拟合的曲线的效果已相当好．

对某些数据可作适当的变换，转化为线性拟合问题．如表 7.5 所示．

表 7.5

曲线拟合方程	变量转换关系	变换后的线性拟合方程
$y=ax^b$	$Y=\ln y,\quad X=\ln x$	$Y=\ln a+bX$
$y=ax^b+c$	$Y=y,\quad X=x^b$	$Y=aX+c$
$y=ae^{bx}$	$Y=\ln y,\quad X=x$	$Y=\ln a+bX$
$y=a+b\ln x$	$Y=y,\quad X=\ln x$	$Y=a+bX$
$y=\dfrac{x}{ax+b}$	$Y=\dfrac{1}{y},\quad X=\dfrac{1}{x}$	$Y=a+bX$
$y=\dfrac{e^{a+bx}}{1+e^{a+bx}}$	$Y=\ln\dfrac{y}{1-y},\quad X=x$	$Y=a+bX$

例 7.5 表 7.6 头两行是已知数据，求一个形如 $y=ae^{bx}$ 的经验公式(a，b 为常数)，并将拟合值 $\bar{y}_i$ 和误差 e_i 填入表中 3，4 行．

表 7.6

x_i	1	2	3	4	5	6	7	8
y_i	15.3	20.5	27.4	36.6	49.1	65.6	87.8	117.6
$\bar{y}_i$	15.30	20.48	27.40	36.66	49.05	65.64	87.83	117.52
e_i	−0.0034	0.0232	0.0010	−0.0614	0.0451	−0.0381	−0.0273	0.0824

解 两边取对数有 $\ln y=\ln a+bx$，令 $Y=\ln y$，$A=\ln a$，则有

$$Y=A+bx$$

构造数据如表 7.7 所示．

表 7.7

x_i	y_i	Y_i	x_i^2	x_iY_i
1	15.3	2.7279	1	2.7279
2	20.5	3.0204	4	6.0408
3	27.4	3.3105	9	9.9315
4	36.6	3.6000	16	14.4000
5	49.1	3.8939	25	19.4695

续表

x_i	y_i	Y_i	x_i^2	x_iY_i
6	65.6	4.1836	36	25.1016
7	87.8	4.4751	49	31.3257
8	117.6	4.7673	64	38.1384
36	—	29.9787	204	147.1354

正规方程为

$$\begin{pmatrix} 8 & 36 \\ 36 & 204 \end{pmatrix} \begin{pmatrix} A \\ b \end{pmatrix} = \begin{pmatrix} 29.9787 \\ 147.1354 \end{pmatrix}$$

解之有

$$A = 2.4368, \quad b = 0.2912$$

故

$$a = \mathrm{e}^A = 11.4369$$

拟合的经验公式为

$$y = 11.4369\mathrm{e}^{0.2912x}$$

拟合效果如图 7.4 所示．

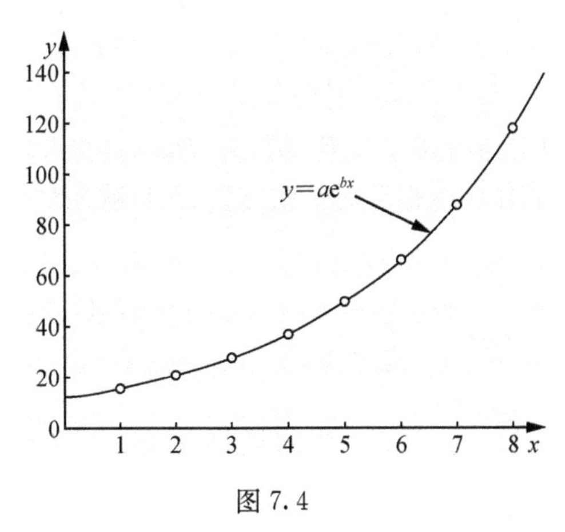

图 7.4

*7.3.3　用正交多项式作曲线拟合

从例 7.4 可知，当需提高拟合多项式的次数时，法方程中的每个方程需增加一项，且还需增加一个方程，新方程的解与原来所求得的值毫不相关．也即当需提高拟合多项式的次数时，所有的多项式系数需得重新计算，这将增加很大的工作量．另外，法方程的系数矩阵可能是病态矩阵．为了方便起见，设所有的节点均在区间[0，1]内，且均匀分布．即取$x_i=\frac{i}{n}(i=0, 1, 2, \cdots, n)$．此时

$$(\varphi_k, \varphi_j)=\sum_{i=0}^{n}\left(\frac{i}{n}\right)^{k+j}=n\sum_{i=1}^{n}\left(\frac{i}{n}\right)^{k+j}\cdot\frac{1}{n}\approx n\int_0^1 x^{k+j}\mathrm{d}x$$

$$=\frac{n}{k+j+1} \quad j, k=0, 1, 2, \cdots, m$$

即法方程的系数矩阵近似为$m+1$阶 Hilbert 矩阵$\boldsymbol{H}$的n倍：

$$n\boldsymbol{H}=n\begin{pmatrix} 1 & \frac{1}{2} & \frac{1}{3} & \cdots & \frac{1}{m+1} \\ \frac{1}{2} & \frac{1}{3} & \frac{1}{4} & \cdots & \frac{1}{m+2} \\ \frac{1}{3} & \frac{1}{4} & \frac{1}{5} & \cdots & \frac{1}{m+3} \\ \vdots & \vdots & \vdots & & \vdots \\ \frac{1}{m+1} & \frac{1}{m+2} & \frac{1}{m+3} & \cdots & \frac{1}{2m+1} \end{pmatrix}$$

而 Hilbert 矩阵是病态矩阵，使得求解法方程会产生很大的计算误差．为了克服上述问题，常用正交函数系作曲线拟合．

定义 7.7 设函数系$P_0(x)$，$P_1(x)$，…，$P_k(x)$，…满足

$$(P_k, P_j)=\sum_{i=0}^{n}P_k(x_i)P_j(x_i)=0, \quad j\neq k$$

其中，$P_k(x)$是一个k次多项式，则称函数系$\{P_k(x)\}$在点集$\{x_i\}$上正交．

当利用正交多项式作曲线拟合时，法方程(7.4)就是对角型方程组，其解为

$$a_j=\frac{(f, \varphi_j)}{(\varphi_j, \varphi_j)}=\frac{\sum_{i=0}^{n}f_i\varphi_j(x_i)}{\sum_{i=0}^{n}\varphi_j^2(x_i)}, \quad j=0, 1, 2, \cdots, m$$

拟合曲线为$y_m(x)=\sum_{j=0}^{m}a_j\varphi_j(x)$，当需增加一项$\varphi_{m+1}(x)$时，只需求$a_{m+1}=\frac{(f, \varphi_{m+1})}{(\varphi_{m+1}, \varphi_{m+1})}$，拟合曲线为

$$y_{m+1}(x)=y_m(x)+a_{m+1}\varphi_{m+1}(x)=\sum_{j=0}^{m+1}a_j\varphi_j(x)$$

在离散点集$\{x_i\}$上生成正交多项式序列$\{P_k(x)\}$，常用的有两种方法．

方法 1 从线性无关的多项式 1，x，x^2，…，x^k，…出发，利用 Gram-Schmidt 正交化方法构造正交多项式序列

$$P_k(x)=x^k-\sum_{j=0}^{k-1}\alpha_{jk}P_j(x), \quad k=0, 1, 2, \cdots, m$$

其中，$P_k(x)$是首项系数为 1 的 k 次多项式，$P_0(x)=1$，且

$$\alpha_{jk}=\frac{(x^k,\ P_j)}{(P_j,\ P_j)}=\frac{\sum_{i=0}^{n}x^kP_j(x_i)}{\sum_{i=0}^{n}P_j^2(x_i)},\quad j=0,1,2,\cdots,k-1;\ k=0,1,2,\cdots,m$$

方法 2　利用相邻三项递推关系的方法

$$P_{k+1}(x)=(x-\alpha_{k+1})P_k(x)-\beta_kP_{k-1}(x),\quad k=0,1,2,\cdots,m$$

其中，$P_0(x)=1$，$P_{-1}(x)=0$，且

$$\alpha_{k+1}=\frac{(xP_k,\ P_k)}{(P_k,\ P_k)}=\frac{\sum_{i=0}^{n}x_iP_k^2(x_i)}{\sum_{i=0}^{n}P_k^2(x_i)},\quad \beta_k=\frac{(P_k,\ P_k)}{(P_{k-1},\ P_{k-1})}=\frac{\sum_{i=0}^{n}P_k^2(x_i)}{\sum_{i=0}^{n}P_{k-1}^2(x_i)}$$

例 7.6　利用正交多项式的方法对例 7.4 的数据逐次作曲线拟合 .

解　利用方法 2 构造正交多项式序列 .

(1) 一次拟合 .

$$P_0(x)=1,\quad \alpha_1=\frac{(xP_0,\ P_0)}{(P_0,\ P_0)}=0.5,\quad P_1(x)=x-0.5$$

$$a_0^*=\frac{(f,\ P_0)}{(P_0,\ P_0)}=1.75360,\quad a_1^*=\frac{(f,\ P_1)}{(P_1,\ P_1)}=1.70784$$

$$y_1(x)=a_0^*P_0(x)+a_1^*P_1(x)=0.89968+1.70784x$$

(2) 二次拟合 .

$$\alpha_2=\frac{(xP_1,\ P_1)}{(P_1,\ P_1)}=0.5,\quad \beta_1=\frac{(P_1,\ P_1)}{(P_0,\ P_0)}=0.125$$

$$P_2(x)=(x-\alpha_2)P_1(x)-\beta_1P_0(x)=(x-0.5)^2-0.125$$

$$a_2^*=\frac{(f,\ P_2)}{(P_2,\ P_2)}=0.84366$$

$$\begin{aligned}y_2(x)&=1.75360P_0(x)+1.70784P_1(x)+0.84366P_2(x)\\&=1.00514+0.86424x+0.84366x^2\end{aligned}$$

与例 7.4 的计算结果是相吻合的 .

习　题　7

7.1　填空题 .

(1) 设 $f(x)=x$，$x\in[-1,\ 1]$，则 $\|f\|_1=$________，$\|f\|_2=$________，$\|f\|_\infty=$________；

(2) $\boldsymbol{x}=(-1,\ 0,\ 1)^{\mathrm{T}}$，$\boldsymbol{y}=(0,\ 1,\ 0)^{\mathrm{T}}$，作一次多项式拟合时，正规方程组为________，一次最小二乘多项式为 $y_1=$________；

(3) 求二次平方逼近多项式时，若 $f(x)\in C[-1,1]$，正规方程组的系数矩阵为________，若 $f(x)\in C[0,2]$，正规方程组的系数矩阵________.

7.2　某企业产值与供电负荷增长情况如下表：

年份	2010 年	2011 年	2012 年	2013 年	2014 年
企业产值 x/10 万元	7	9	12	15	19
用电量 y/万千瓦时	1.2	1.6	2.2	2.9	3.3
拟合值 y_1/万千瓦时					

(1) 用最小二乘原理求一次多项式拟合；

(2) 计算拟合值填入上表的空格，看是否与实际值基本吻合；

(3) 企业计划 2015 年实现产值 240(万元)，计划需要多少供电量(万千瓦时)?

7.3　由于化肥的大量使用，某河流的氨氮污染逐年严重，测量数据如下：

年份 x(从 2010 年算起)	0	1	2	3	4
氨氮 y/(mg/L)	0.23	0.51	0.77	1.02	1.30
拟合值 y_1/(mg/L)					

(1) 用一次多项式拟合出经验公式 $y=a+bx$；

(2) 计算拟合值填入上表的空格，看是否与实际值基本吻合；

(3) 照这样发展下去，$x=5$(2015 年)和 $x=6$(2016 年)时，氨氮污染的预测值应为多少?

7.4　已知某小水库库容与水位有如下实测数据：

x_i/m	6	8	10	12	14	16
f_i/km^3	4.6	4.9	5.5	6.8	8.1	10.2
拟合值						

作最小二乘二次多项式拟合，并计算拟合值填入上表第三行.

7.5　对某品牌的电热沐浴器进行保温测试，当室温保持为 20℃时，水温加热到 80℃切断电源，每隔 6h 测量水温，时间 x 和水温 y 有如下数据表：

时间 x/h	0	6	12	18	24
水温 y/℃	80	62	49	40	34

根据传热理论，应有公式 $y=ae^{bx}+20$.

(1) 拟合出经验公式

$$Y=ae^{bx}$$

令 $Y=y-20$，a，b 是待定参数.

(2) 按以上公式，当时间分别为 1h，2h，5h 时，水温为多少？

7.6　已知数据如下表：

x_i	−1.00	−0.75	−0.50	−0.25	0	0.25	0.50	0.75	1.00
f_i	0.2209	0.3295	0.8826	1.4392	2.0003	2.5645	3.1334	3.7061	4.2836

试用一次、二次、三次、多项式拟合上述数据，并计算平方误差进行比较．

7.7　已知 $f(x)=\ln(x+2)$，$x\in[-1, 1]$，求 $f(x)$在$[-1, 1]$上的最佳一次和二次平方逼近多项式，并估计误差．

7.8　求 $f(x)=\sin\pi x$ 在$[0, 1]$上的最佳二次平方逼近多项式．

7.9　设 $f(x)=|x-1|$，$x\in[0, 2]$，在下列空间中求 $f(x)$的最佳平方逼近多项式：

(1) $\Phi_1=\mathrm{span}\{1, x\}$；

(2) $\Phi_2=\mathrm{span}\{1, (x-1)^2\}$.

第 8 章　数值积分与数值微分

8.1 求积公式

8.1.1 问题的提出

在工程应用中常会遇到定积分的计算，由 Newton-Leibniz 公式，设 $F(x)$是$f(x)$在$[a, b]$上的原函数，则有

$$\int_a^b f(x)\mathrm{d}x = F(b) - F(a) \tag{8.1}$$

但在使用式(8.1)时，要求 $f(x)$在$[a, b]$上连续，且积分区间$[a, b]$是有限区间．因此在应用中定积分的计算将会出现以下困难：

(1) $f(x)$不是连续函数，甚至也不是解析函数，而是通过实验、测量或计算而得出的一组数据．

(2) $f(x)$的原函数不能用初等函数表示，如 $f(x)$为以下函数：

$$e^{x^2},\ \sqrt{1+x^3},\ \sin x^2,\ \frac{\sin x}{x},\ \cdots$$

(3) $f(x)$的原函数的表达式相当复杂，求值困难．如

$$\int_{\sqrt{3}}^{\pi} \frac{1}{1+x^4}\mathrm{d}x$$

$$= \left\{\frac{1}{4\sqrt{2}}\ln\frac{x^2+\sqrt{2}x+1}{x^2-\sqrt{2}x+1} + \frac{1}{2\sqrt{2}}\left[\arctan(\sqrt{2}x+1) + \arctan(\sqrt{2}x-1)\right]\right\}\Bigg|_{\sqrt{3}}^{\pi}$$

所以在应用中，需要构造一种积分方法，避免求原函数的计算，使其在误差范围内，计算积分时既能节省工作量，又方便可行，这就是数值积分所要解决的问题.

8.1.2 数值积分的基本思想

数值积分的基本思想是用被积函数 $f(x)$在积分区间$[a, b]$上某些点处的函数值的线性组合来近似代替定积分，即有求积公式

$$\int_a^b f(x)\mathrm{d}x = \sum_{j=0}^{n} A_j f(x_j) + E(f) \tag{8.2}$$

其中，$x_j \in [a, b]$称为求积节点，A_j 称为求积系数，它与求积节点 x_j 有关，与$f(x)$的具体表达形式无关．$E(f)$称为余项．

8.1.3　代数精度

定义 8.1　若求积公式(8.2)对所有次数不超过 r 次的多项式均能准确成立($E(f)=0$)，而至少有一个 $r+1$ 次多项式不能准确成立．则称求积公式(8.2)具有 r 次的代数精度．

定理 8.1　对任意给定的 $n+1$ 个相异节点

$$a \leqslant x_0 < x_1 < \cdots < x_n \leqslant b$$

总存在相应的求积系数 A_0，A_1，…，A_n 使求积公式(8.2)至少具有 n 次的代数精度．

证明　在求积公式(8.2)中分别令 $f(x)=1$，x，x^2，…，x^n，则可得求积系数 A_0，A_1，A_2，…，A_n 的线性方程组

$$\begin{cases} A_0+A_1+\cdots+A_n=b-a \\ A_0x_0+A_1x_1+\cdots+A_nx_n=\dfrac{1}{2}(b^2-a^2) \\ A_0x_0^2+A_1x_1^2+\cdots+A_nx_n^2=\dfrac{1}{3}(b^3-a^3) \\ \quad\vdots \\ A_0x_0^n+A_1x_1^n+\cdots+A_nx_n^n=\dfrac{1}{n+1}(b^{n+1}-a^{n+1}) \end{cases} \tag{8.3}$$

方程组(8.3)的系数行列式是 Vandermonde 行列式．由于节点是相异节点，故方程组(8.3)的系数行列式不等于 0．由 Cramer 法则，方程组有一组唯一的解

$$A_0, A_1, \cdots, A_n$$

8.1.4　插值型求积公式

可以用求解方程组(8.3)的方法来构造求积公式，称之为待定系数法．但当 n 比较大时，求解方程组(8.3)将产生很大的计算误差．受到前面多项式插值的启发，利用插值多项式近似代替被积函数的方法来构造求积公式，称之为插值型求积公式．

以求积节点 x_j 为插值节点对 $f(x)$进行 Lagrange 插值，有

$$f(x)=\sum_{j=0}^{n} l_j(x)f(x_j)+\frac{f^{(n+1)}(\xi)}{(n+1)!}P_{n+1}(x) \tag{8.4}$$

其中，$l_j(x)=\prod\limits_{\substack{i=0\\i\neq j}}^{n}\dfrac{x-x_i}{x_j-x_i}$，$P_{n+1}(x)=\prod\limits_{i=0}^{n}(x-x_i)$．对式(8.4)两端在$[a, b]$上积分有

$$\int_a^b f(x)\mathrm{d}x=\sum_{j=0}^{n}\left[\int_a^b l_j(x)\mathrm{d}x\right]f(x_j)+\int_a^b \frac{f^{(n+1)}(\xi)}{(n+1)!}P_{n+1}(x)\mathrm{d}x$$

令

$$A_j = \int_a^b l_j(x)\mathrm{d}x\,, \quad j=0,\ 1,\ 2,\ \cdots,\ n$$

$$E(f) = \frac{1}{(n+1)!}\int_a^b f^{(n+1)}(\xi)P_{n+1}(x)\mathrm{d}x\,, \quad \xi\in(a,\ b)$$

当 $f(x)\in C^{n+1}[a,\ b]$时，$P_{n+1}(x)$不变号时，由积分中值定理有

$$E(f) = \frac{f^{(n+1)}(\eta)}{(n+1)!}\int_a^b P_{n+1}(x)\mathrm{d}x\,,\ \eta\in(a,\ b)$$

故有求积公式

$$\int_a^b f(x)\mathrm{d}x = \sum_{j=0}^{n} A_j f(x_j) + E(f)$$

当 $f(x)\in M_n$ 时，$f^{(n+1)}(x)\equiv 0\Rightarrow E(f)=0$，即求积公式至少具有 n 次代数精度．于是有近似公式

$$\int_a^b f(x)\mathrm{d}x \approx \sum_{j=0}^{n} A_j f(x_j) \tag{8.5}$$

称 $E(f)$为截断误差．

8.2 Newton-Cotes 公式

8.2.1 Newton-Cotes 公式介绍

将区间$[a,\ b]$ n 等分，步长 $h=\dfrac{b-a}{n}$，求积节点为 $x_i=a+ih(i=0,\ 1,\ 2,\ \cdots,n)$. 令 $x=a+th$，则 Lagrange 插值基函数为

$$l_j(x) = \prod_{\substack{i=0\\ i\neq j}}^{n} \frac{x-x_i}{x_j-x_i} = \prod_{\substack{i=0\\ i\neq j}}^{n} \frac{t-i}{j-i}\,, \quad j=0,\ 1,\ 2,\ \cdots,\ n$$

求积系数 A_j 可表示为

$$A_j = \int_a^b l_j(x)\mathrm{d}x = \frac{(-1)^{n-j}h}{j!\ (n-j)!}\int_0^n \prod_{\substack{i=0\\ i\neq j}}^{n}(t-i)\mathrm{d}t, \quad j=0,\ 1,\ 2,\ \cdots,\ n$$

令

$$C_j = \frac{A_j}{b-a} = \frac{(-1)^{n-j}}{n\cdot j!\ (n-j)!}\int_0^n \prod_{\substack{i=0\\ i\neq j}}^{n}(t-i)\mathrm{d}t$$

称 C_j 为 Cotes 系数，则求积公式可化为

$$\int_a^b f(x)\mathrm{d}x = (b-a)\sum_{j=0}^{n} C_j f(x_j) + \frac{f^{(n+1)}(\eta)}{(n+1)!}\int_a^b \prod_{i=0}^{n}(x-x_i)\mathrm{d}x$$

若令 $f(x)\equiv 1$，可得 $\sum\limits_{j=0}^{n} C_j \equiv 1$.

8.2.2　常见的 Newton-Cotes 公式

1. 梯形公式（$n=1$）

$$C_0=-\int_0^1(t-1)\mathrm{d}t=\frac{1}{2},\quad C_1=\int_0^1 t\mathrm{d}t=\frac{1}{2}$$

$$E(f)=\frac{f''(\eta)}{2}\int_a^b(x-a)(x-b)\mathrm{d}x=-\frac{f''(\eta)}{12}h^3$$

故有求积公式

$$\int_a^b f(x)\mathrm{d}x\approx\frac{b-a}{2}[f(a)+f(b)]$$

截断误差

$$E(f)=-\frac{h^3}{12}f''(\eta)$$

其几何意义是用梯形的面积近似代替曲边梯形的面积，如图 8.1 所示．

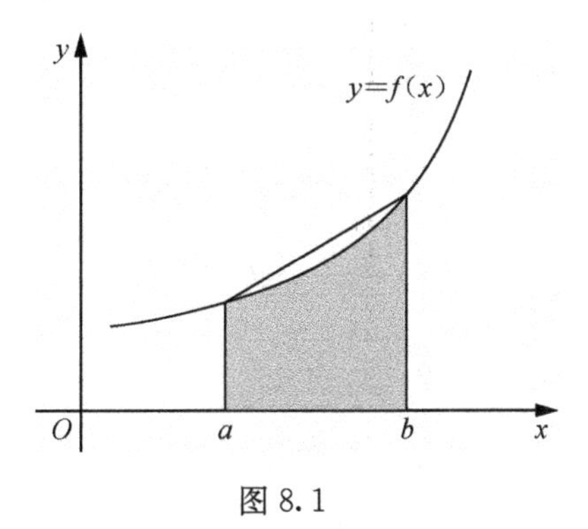

图 8.1

2. Simpson 公式（$n=2$，抛物形公式）

$$C_0=\frac{1}{4}\int_0^2(t-1)(t-2)\mathrm{d}t=\frac{1}{6}$$

$$C_1=-\frac{1}{2}\int_0^2 t(t-2)\mathrm{d}t=\frac{4}{6}$$

$$C_2=\frac{1}{4}\int_0^2 t(t-1)\mathrm{d}t=\frac{1}{6}$$

求积公式

$$\int_a^b f(x)\mathrm{d}x\approx\frac{b-a}{6}\left[f(a)+4f\left(\frac{a+b}{2}\right)+f(b)\right]$$

其几何意义是用抛物线围成的曲边梯形的面积近似代替以 $f(x)$ 为曲边所围成的曲边梯形的面积，如图 8.2 所示．

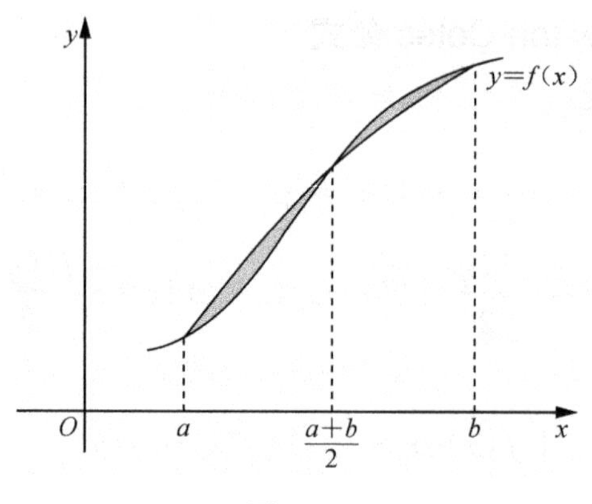

图 8.2

定理 8.2 设 $f(x)\in C^4[a, b]$，则 Simpson 积分公式的余项为

$$E(f)=-\frac{h^5}{90}f^{(4)}(\eta), \quad \eta\in(a, b)$$

3. Cotes 公式($n=4$)

$$\int_a^b f(x)\mathrm{d}x\approx\frac{b-a}{90}[7f(x_0)+32f(x_1)+12f(x_2)+32f(x_3)+7f(x_4)]$$

$$E(f)=-\frac{8}{945}h^7f^{(6)}(\eta)$$

其中，$x_i=a+i\frac{b-a}{4}(i=0, 1, 2, 3, 4)$.

表 8.1 是常见的 Newton-Cotes 系数及余项.

表 8.1

n	C_0	C_1	C_2	C_3	C_4	C_5	C_6	$E(f)$	代数精度
1	$\frac{1}{2}$	$\frac{1}{2}$						$-\frac{h^3}{12}f''(\eta)$	1
2	$\frac{1}{6}$	$\frac{4}{6}$	$\frac{1}{6}$					$-\frac{h^5}{90}f^{(4)}(\eta)$	3
3	$\frac{1}{8}$	$\frac{3}{8}$	$\frac{3}{8}$	$\frac{1}{8}$				$-\frac{3h^5}{80}f^{(4)}(\eta)$	3
4	$\frac{7}{90}$	$\frac{32}{90}$	$\frac{12}{90}$	$\frac{32}{90}$	$\frac{7}{90}$			$-\frac{8h^7}{945}f^{(6)}(\eta)$	5
5	$\frac{19}{288}$	$\frac{75}{288}$	$\frac{50}{288}$	$\frac{50}{288}$	$\frac{75}{288}$	$\frac{19}{288}$		$-\frac{275h^7}{12096}f^{(6)}(\eta)$	5
6	$\frac{41}{840}$	$\frac{216}{840}$	$\frac{27}{840}$	$\frac{272}{840}$	$\frac{27}{840}$	$\frac{216}{840}$	$\frac{41}{840}$	$-\frac{9h^9}{1400}f^{(8)}(\eta)$	7

当 $n=8$ 和 $n\geqslant 10$ 时，Newton-Cotes 系数有正有负.

定理 8.3 当 n 为偶数时，$n+1$ 个求积节点的 Newton-Cotes 公式具有 $n+1$ 次的代数精度.

证明略．

以上定理说明，当 n 取偶数时，可获得较高的代数精度．例如，Simpson 公式有 3 次代数精度，Cotes 公式有 5 次代数精度，都是比较常用的．

例 8.1　给定积分 $\int_{0.5}^{1}\sqrt{x}\,\mathrm{d}x$，分别用梯形公式、Simpson 公式、Cotes 公式作近似计算．

解　(1) 梯形公式．

$$\int_{0.5}^{1}\sqrt{x}\,\mathrm{d}x \approx \frac{0.5}{2}(\sqrt{0.5}+\sqrt{1})=0.42677670$$

(2) Simpson 公式．

$$\int_{0.5}^{1}\sqrt{x}\,\mathrm{d}x \approx \frac{0.5}{6}(\sqrt{0.5}+4\sqrt{0.75}+\sqrt{1})=0.43093403$$

(3) Cotes 公式．

$$\int_{0.5}^{1}\sqrt{x}\,\mathrm{d}x \approx \frac{0.5}{90}(7\sqrt{0.5}+32\sqrt{0.625}+12\sqrt{0.75}+32\sqrt{0.875}+7\sqrt{1})$$
$$=0.43096407$$

(4) 由 Newton-Leibniz 公式得准确值．

$$\int_{0.5}^{1}\sqrt{x}\,\mathrm{d}x=\frac{2}{3}x^{\frac{3}{2}}\Big|_{0.5}^{1}=0.43096441$$

8.3　复化求积公式

由于高次 Newton-Cotes 公式的求积系数有正有负，将使数值积分产生很大的计算误差，引起数值计算的不稳定．而且高次插值将可能出现振荡现象，因此在应用中一般不使用高次的 Newton-Cotes 公式作数值积分．

受分段插值的启示，对数值积分也常采用分段求积，称之为复化求积．其基本思想是将$[a, b]$分成 n 个小区间，在每个小区间上利用低次的 Newton-Cotes 公式作数值积分，再求和得到积分值．将区间$[a, b]$$n$ 等分，步长 $h=\frac{b-a}{n}$，分点为

$$x_i=a+ih,\quad i=0, 1, \cdots, n$$

为计算的方便，常取 $n=2^k(k=0, 1, 2, \cdots)$.

$$\int_a^b f(x)\mathrm{d}x=\sum_{i=0}^{n-1}\int_{x_i}^{x_{i+1}} f(x)\mathrm{d}x \tag{8.6}$$

8.3.1　复化梯形公式

在式(8.6)中，对每个子区间$[x_i, x_{i+1}]$上的积分 $\int_{x_i}^{x_{i+1}} f(x)\mathrm{d}x$ 使用梯形求积

公式有

$$T_n=\frac{h}{2}\sum_{i=0}^{n-1}[f(x_i)+f(x_{i+1})]=\frac{h}{2}\left[f(a)+f(b)+2\sum_{i=1}^{n-1}f(x_i)\right] \tag{8.7}$$

称式(8.7)为复化梯形公式．用 T_n表示将$[a, b]n$ 等分的复化梯形公式．进一步将每个子区间$[x_i, x_{i+1}]$对分为两个子区间$[x_i, x_{i+\frac{1}{2}}]$，$[x_{i+\frac{1}{2}}, x_{i+1}]$，即将$[a, b]2n$ 等分，此时有

$$\int_a^b f(x)\mathrm{d}x=\sum_{i=0}^{n-1}\left[\int_{x_i}^{x_{i+\frac{1}{2}}}f(x)\mathrm{d}x+\int_{x_{i+\frac{1}{2}}}^{x_{i+1}}f(x)\mathrm{d}x\right]$$

复化梯形公式为

$$\begin{aligned}T_{2n}&=\sum_{i=0}^{n-1}\left\{\frac{h}{4}[f(x_i)+f(x_{i+\frac{1}{2}})]+\frac{h}{4}[f(x_{i+\frac{1}{2}})+f(x_{i+1})]\right\}\\&=\frac{h}{4}\sum_{i=0}^{n-1}[f(x_i)+f(x_{i+\frac{1}{2}})]+\frac{h}{2}\sum_{i=1}^{n-1}f(x_{i+\frac{1}{2}})\end{aligned}$$

记 $U_n=h\sum\limits_{i=0}^{n-1}f(x_{i+\frac{1}{2}})$ ，则有

$$T_{2n}=\frac{1}{2}[T_n+U_n] \tag{8.8}$$

同理有

$$T_{4n}=\frac{1}{2}[T_{2n}+U_{2n}]$$

复化梯形公式 T_n 的余项为

$$E_n(f)=-\frac{h^3}{12}\sum_{i=0}^{n-1}f''(\eta_i)=-\frac{(b-a)}{12}h^2\times\frac{1}{n}\sum_{i=0}^{n-1}f''(\eta_i),\quad \eta_i\in(x_i, x_{i+1})$$

当 $f(x)\in C^2[a, b]$时，由闭区间上连续函数的介值定理，存在 $\eta\in(a, b)$使

$$f''(\eta)=\frac{1}{n}\sum_{i=0}^{n-1}f''(\eta_i)$$

故复化梯形公式的余项为

$$E_n(f)=-\frac{b-a}{12}h^2f''(\eta),\quad \eta\in(a, b) \tag{8.9}$$

8.3.2 复化 Simpson 公式

在式(8.6)中对每个子区间$[x_i, x_{i+1}]$上的积分 $\int_{x_i}^{x_{i+1}}f(x)\mathrm{d}x$ 使用 Simpson 公式，得复化 Simpson 公式

$$S_n=\frac{h}{6}\sum_{i=0}^{n-1}[f(x_i)+4f(x_{i+\frac{1}{2}})+f(x_{i+1})]$$

$$=\frac{1}{3}\cdot\frac{h}{2}\sum_{i=0}^{n-1}[f(x_i)+f(x_{i+1})]+\frac{2}{3}h\sum_{i=0}^{n-1}f(x_{i+\frac{1}{2}})=\frac{1}{3}T_n+\frac{2}{3}U_n \tag{8.10}$$

其余项为

$$E_n(f)=-\frac{(b-a)}{180}\left(\frac{h}{2}\right)^4 f^{(4)}(\eta),\quad \eta\in(a,b),\quad f(x)\in C^4[a,b] \tag{8.11}$$

由式(8.8)有

$$S_n=\frac{4T_{2n}-T_n}{3}=\frac{4T_{2n}-T_n}{4-1} \tag{8.12}$$

同理有

$$S_{2n}=\frac{4T_{4n}-T_{2n}}{4-1}$$

8.3.3　复化 Cotes 公式

在式(8.6)右端对每个子区间$[x_i, x_{i+1}]$上的积分$\int_{x_i}^{x_{i+1}}f(x)\mathrm{d}x$使用 Cotes 公式，得复化 Cotes 公式

$$\begin{aligned}C_n&=\frac{h}{90}\sum_{i=0}^{n-1}[7f(x_i)+32f(x_{i+\frac{1}{4}})+12f(x_{i+\frac{1}{2}})+32f(x_{i+\frac{3}{4}})+7f(x_{i+1})]\\&=\frac{h}{90}\Big\{7[f(a)+f(b)]+14\sum_{i=1}^{n-1}f(x_i)\\&\quad+\sum_{i=0}^{n-1}[32f(x_{i+\frac{1}{4}})+12f(x_{i+\frac{1}{2}})+32f(x_{i+\frac{3}{4}})]\Big\}\end{aligned} \tag{8.13}$$

也有

$$C_n=\frac{4^2S_{2n}-S_n}{4^2-1}=\frac{16S_{2n}-S_n}{15} \tag{8.14}$$

Cotes 公式余项为

$$E_n(f)=-\frac{2(b-a)}{945}\left(\frac{h}{4}\right)^6 f^{(6)}(\eta),\quad \eta\in(a,b),\quad f(x)\in C^6[a,b] \tag{8.15}$$

例 8.2　对积分$I=\int_0^1\frac{\sin x}{x}\mathrm{d}x$，为使其精度达到$10^{-4}$.

(1) 若用复化梯形公式，应将 [0，1]多少等分?

(2) 若用复化 Simpson 公式，应将[0，1]多少等分?

解　被积函数可以表示为

$$f(x)=\frac{\sin x}{x}=\int_0^1\cos tx\,\mathrm{d}t$$

$$f^{(k)}(x)=\int_0^1 \frac{\mathrm{d}^k}{\mathrm{d}x^k}(\cos tx)\mathrm{d}t=\int_0^1 t^k\cos\left(tx+\frac{k\pi}{2}\right)\mathrm{d}t$$

$$|f^{(k)}(x)|\leqslant\int_0^1\left|t^k\cos\left(tx+\frac{k\pi}{2}\right)\right|\mathrm{d}t\leqslant\int_0^1 t^k\mathrm{d}t=\frac{1}{k+1}$$

(1) $$|E_n(f)|=\left|-\frac{1-0}{12}h^2f''(\eta)\right|\leqslant\frac{h^2}{12}\cdot\frac{1}{2+1}=\frac{h^2}{36}\leqslant 10^{-4}$$

$$n=\frac{1}{h}\geqslant\frac{1}{6}\times 10^2=16.67$$

取 $n=17$ 即可.

(2) $|E_n(f)|=\left|-\frac{1-0}{180}\left(\frac{h}{2}\right)^4f^{(4)}(\eta)\right|\leqslant\frac{h^4}{14400}\leqslant 10^{-4}$，　$n=\frac{1}{h}\geqslant\frac{10}{\sqrt{120}}\approx 1$

取 $n=1$ 即可.

*8.3.4 变步长方法

按例 8.2 的方法作数值积分的方法称为定步长积分法. 定步长法首先需确定一个适当的步长，即确定区间$[a, b]$的等分数 n. 但步长的选取是一个问题，步长取大了，难以保证精度，步长取小了，将会增加计算工作量. 因此实用中常用变步长的方法作数值积分.

变步长法也称为逐次折半方法，取 $n=2^k(k=0, 1, 2, \cdots)$反复使用复化求积公式，直到相邻两次计算结果之差的绝对值达到误差精度为止，设误差精度为 ε，即下列条件为判别计算终止的条件：

$$|T_{2^k}-T_{2^{k-1}}|<\varepsilon$$
$$|S_{2^k}-S_{2^{k-1}}|<\varepsilon$$
$$|C_{2^k}-C_{2^{k-1}}|<\varepsilon$$

例 8.3 对积分 $I=\int_0^1\frac{\sin x}{x}\mathrm{d}x$，利用变步长方法求其近似值，使其精度达到 $\varepsilon=10^{-6}$.

解 取 $n=2^k$ $(k=0, 1, 2, \cdots)$.

(1) 复化梯形公式.

$T_1=\frac{1}{2}[f(0)+f(1)]=0.9207355$，$U_1=f\left(\frac{1}{2}\right)=0.9588510$

$T_2=\frac{1}{2}[T_1+U_1]=0.9397933$，　$U_2=\frac{1}{2}\left[f\left(\frac{1}{4}\right)+f\left(\frac{3}{4}\right)\right]=0.9492337$

$T_4=\frac{1}{2}[T_2+U_2]=0.9445135$，　$\cdots$

继续以上的计算过程，计算结果见表 8.2.

表 8.2

k	T_n	k	T_n
0	0.9207355	6	0.9460769
1	0.9397933	7	0.9460815
2	0.9445135	8	0.9460827
3	0.9456909	9	0.9460830
4	0.9459850	10	0.9460830
5	0.9460586		

(2) 复化 Simpson 公式.

由表 8.2 中的数据和递推公式的计算结果如表 8.3 所示.

表 8.3

k	S_n
0	0.9461459
1	0.9460869
2	0.9460833
3	0.9460831
4	0.9460831

(3) 复化 Cotes 公式.

由表 8.3 中的数据和递推公式可得计算结果如表 8.4 所示.

表 8.4

k	C_n
0	0.9460830
1	0.9460831
2	0.9460831

8.4　Romberg 求积公式

*8.4.1　Richardson 外推法

在工程计算中，函数 $y=f(x)$在 $x=0$ 处的值 $f(0)$有时是无法求出的，只能通过实验、测量等方法，逐次求出 $f(h)$，$f\left(\frac{h}{2}\right)$，$f\left(\frac{h}{4}\right)$，… 来逼近 $f(0)$. 但 h 越小，实验的难度就越大. 因此我们希望从已有的数据 $f(h)$，$f\left(\frac{h}{2}\right)$，…构造出

一个能很快收敛于 $f(0)$ 的数列，Richardson 外推法就是构造该数列的一种方法．

设 $f(x)$ 在 $x=0$ 处的 Maclaurin 级数为

$$f(h)=f(0)+f'(0)h+f''(0)\frac{h^2}{2}+\cdots$$

$$f\left(\frac{h}{2}\right)=f(0)+f'(0)\frac{h}{2}+f''(0)\frac{h^2}{8}+\cdots$$

若 $f'(0)\neq 0$，则用 $f(h)$，$f\left(\frac{h}{2}\right)$ 来逼近 $f(0)$ 的截断误差为 h 的同阶无穷小．

令

$$f_1(h)=2f\left(\frac{h}{2}\right)-f(h)$$

则有

$$f_1\left(\frac{h}{2}\right)=f(0)-f''(0)\frac{h^2}{16}-f'''(0)\frac{h^3}{64}-\cdots$$

若 $f''(0)\neq 0$，则用 $f_1(h)$，$f_1\left(\frac{h}{2}\right)$ 来逼近 $f(0)$，其截断误差为 h^2 的同阶无穷小．令

$$f_2(h)=\frac{4f_1\left(\frac{h}{2}\right)-f_1(h)}{3}=f(0)+f'''(0)\frac{h^3}{48}+\cdots$$

若 $f'''(0)\neq 0$，则用 $f_2(h)$ 逼近 $f(0)$ 的截断误差的阶为 h^3 的同阶无穷小．这种加速收敛方法就是 Richardson 外推法的一个特例．

8.4.2 Romberg 积分法

Romberg 积分法是根据 Richardson 外推法的思想利用变步长的复化梯形公式推导出的数值积分方法，其计算公式为

$$\begin{cases} T_0(h)=T(h) \\ T_m(h)=\dfrac{T_{m-1}\left(\frac{h}{2}\right)-\left(\frac{1}{2}\right)^{2m}T_{m-1}(h)}{1-\left(\frac{1}{2}\right)^{2m}}=\dfrac{4^m T_{m-1}\left(\frac{h}{2}\right)-T_{m-1}(h)}{4^m-1} \end{cases} \tag{8.16}$$

其中，$T_0(h)$ 是将 $[a, b]$ n 等分后构造的复化梯形公式．

Romberg 积分公式(8.16)中的 $T_1(h)$ 是复化 Simpson 公式，$T_2(h)$ 是复化 Cotes 公式，$m\geqslant 3$ 时的 $T_m(h)$ 与复化 Newton-Cotes 公式就没有直接的联系了，仅是一种递推技巧而已．

为了计算方便，将区间 $[a, b]$ 进行 $n=2^i$ 等分，用 $T_{0,i}$ 表示将区间 $[a, b]$ 进行 2^i 等分后的复化梯形公式的计算值，则由 Romberg 积分公式(8.16)产生的序列的计算步骤为：

(1) 在 $[a, b]$ 上，由梯形公式

$$T_{0,0}=\frac{b-a}{2}[f(a)+f(b)]$$

$$U_{0,0}=(b-a)f\left(\frac{a+b}{2}\right)$$

(2) 计算

$$T_{0,1}=\frac{1}{2}[T_{0,0}+U_{0,0}]$$

$$T_{1,0}=\frac{4T_{0,1}-T_{0,0}}{4-1}$$

(3) 设已计算出 $T_{0,i-1}$，则先计算

$$U_{0,\ i-1}=\frac{b-a}{2^{i-1}}\sum_{j=1}^{2^{i-1}}f\left(a+(2j-1)\ \frac{b-a}{2^i}\right)$$

$$T_{0,i}=\frac{1}{2}[T_{0,i-1}+U_{0,i-1}]$$

(4)　$T_{m,k}=\dfrac{4^m T_{m-1,k+1}-T_{m-1,k}}{4^m-1}$，　$m=1,\ 2,\ \cdots,\ i$；　$k=i-m$

(5) 若 $|T_{i,0}-T_{i-1,0}|<\varepsilon$，则停止计算，输出 $T_{i,0}$；否则 $i\leftarrow i+1$，转(3).

以上(3)，(4)两步可用 Romberg 积分表来表示．如表 8.5 所示．

表 8.5　Romberg 积分表

i \ m	0	1	2	3	…	$i-1$	i
0	$T_{0,0}$						
1	$T_{0,1}$	$T_{1,0}$					
2	$T_{0,2}$	$T_{1,1}$	$T_{2,0}$				
3	$T_{0,3}$	$T_{1,2}$	$T_{2,1}$	$T_{3,0}$			
⋮							
$i-1$	$T_{0,i-1}$	$T_{1,i-2}$	$T_{2,i-3}$	$T_{3,i-4}$	…	$T_{i-1,0}$	
i	$T_{0,i}$	$T_{1,i-1}$	$T_{2,i-2}$	$T_{3,i-3}$	…	$T_{i-1,1}$	$T_{i,0}$

例 8.4　用 Romberg 积分法计算 $\int_0^1 \frac{\sin x}{x}\mathrm{d}x$，精度 $\varepsilon=10^{-6}$.

解　由表 8.2 中复化梯形公式的数据，再利用 Romberg 积分公式(8.16)得计算结果如表 8.6 所示．

表 8.6

i \ m	0	1	2	3
0	0.9207355			
1	0.9397933	0.9461459		
2	0.9445135	0.9460869	0.9460830	
3	0.9456909	0.9460833	0.9460831	0.9460831

例 8.5 利用 Romberg 积分法求 $\int_0^1 \frac{4}{1+x^2}\mathrm{d}x$.

解 计算结果如表 8.7 所示.

表 8.7

i \ m	0	1	2	3	4
0	3.00000				
1	3.10000	3.13333			
2	3.13118	3.14157	3.14212		
3	3.13899	3.14159	3.14159	3.14159	
4	3.14094	3.14159	3.14159	3.14159	3.14159

8.5 Gauss 求积公式

8.5.1 Gauss 求积公式及其性质

对求积公式

$$\int_a^b f(x)\mathrm{d}x = \sum_{j=0}^{n} A_j f(x_j) + E(f) \tag{8.2}$$

前面介绍的求积公式是给定求积节点 x_j ($j=0, 1, 2, \cdots, n$)(Newton-Cotes 公式是等距节点)，再由求积节点来构造求积系数 A_j ($j=0, 1, 2, \cdots, n$)，从而得到的数值积分公式. 其代数精度为 n 或 $n+1$. 我们现在希望能选择求积节点，从而确定求积系数，使式(8.2)的代数精度能有所提高.

定义 8.2 若求积公式(8.2)具有 $2n+1$ 次的代数精度，则称该求积公式为 Gauss 型求积公式，相应的求积节点 x_j 称为 Gauss 点.

构造 Gauss 型求积公式也可以用待定系数法，在式(8.2)的两端取 $f(x)=1, x, x^2, \cdots, x^{2n+1}$，得方程组

$$\begin{cases} A_0+A_1+A_2+\cdots+A_n=b-a \\ A_0x_0+A_1x_1+A_2x_2+\cdots+A_nx_n=\dfrac{b^2-a^2}{2} \\ A_0x_0^2+A_1x_1^2+A_2x_2^2+\cdots+A_nx_n^2=\dfrac{b^3-a^3}{3} \\ \qquad\vdots \\ A_0x_0^{2n+1}+A_1x_1^{2n+1}+A_2x_2^{2n+1}+\cdots+A_nx_n^{2n+1}=\dfrac{b^{2n+2}-a^{2n+2}}{2n+2} \end{cases} \tag{8.17}$$

可以证明该方程组有解，求解此方程组便得求积节点 x_j 和求积系数 A_j.

例 8.6　对积分

$$\int_{-1}^{1}f(x)\mathrm{d}x=A_0f(x_0)+A_1f(x_1)$$

构造其 Gauss 型求积公式 .

解　取 $f(x)=1$，x，x^2，x^3，代入等式两端得方程组

$$\begin{cases} A_0+A_1=2 \\ A_0x_0+A_1x_1=0 \\ A_0x_0^2+A_1x_1^2=\dfrac{2}{3} \\ A_0x_0^3+A_1x_1^3=0 \end{cases}$$

解之得

$$A_0=A_1=1,\quad x_0=-\frac{\sqrt{3}}{3},\quad x_1=\frac{\sqrt{3}}{3}$$

故有求积公式

$$\int_{-1}^{1}f(x)\mathrm{d}x=f\left(-\frac{\sqrt{3}}{3}\right)+f\left(\frac{\sqrt{3}}{3}\right)$$

几何解释如图 8.3 所示 .

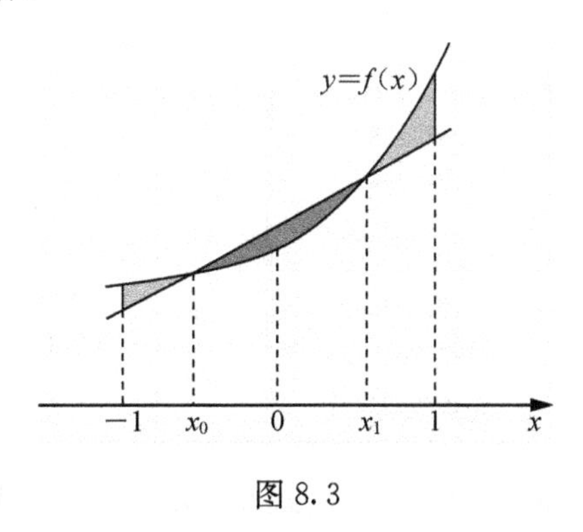

图 8.3

用待定系数法构造 Gauss 型求积公式时，由于方程组(8.17)是非线性方程

组，当 n 较大时，求解该方程组很困难，因此需从其他途径来构造 Gauss 型求积公式．实际中应用的 Gauss 型求积公式是用正交多项式理论构造的，理论和过程都比较复杂．以下仅列出公式供应用．

8.5.2 常见的 Gauss 型求积公式

1. Gauss-Legendre 求积公式

Legendre 多项式是$[-1, 1]$上以 $\rho(x)\equiv 1$ 的正交多项式序列

$$P_n(x)=\frac{1}{2^n\cdot n!}\frac{\mathrm{d}^n}{\mathrm{d}x^n}[(x^2-1)^n]$$

以 $n+1$ 次 Legendre 多项式 $P_{n+1}(x)$的零点为求积节点，构造的积分公式称为 Gauss-Legendre 求积公式

$$\int_a^b f(x)\mathrm{d}x=\sum_{j=0}^{n}A_j f(x_j)+E(f) \tag{8.2}$$

其中，节点 x_j 为$n+1$ 次 Legendre 多项式 $P_{n+1}(x)$的 $n+1$ 个零点．求积系数为

$$A_j=\frac{2}{(1-x_j^2)[P'_{n+1}(x_j)]^2},\quad j=0, 1, 2, \cdots, n \tag{8.18}$$

见表 8.8，余项为

$$E(f)=\frac{2^{2n+3}[(n+1)!]^4}{(2n+3)[(2n+2)!]^3}f^{(2n+2)}(\eta),\quad \eta\in(-1, 1) \tag{8.19}$$

表 8.8 Gauss-Legendre 求积公式的求积节点和求积系数表

$n+1$	求积节点 x_j	求积系数 A_j
2	±0.5773502692	1
3	±0.7745966692	0.5555555556
	0	0.8888888889
4	±0.8611363116	0.3478548451
	±0.3399810436	0.6521451549
5	±0.9061798459	0.2369268851
	±0.5384693101	0.4786286705
	0	0.5688888889
6	±0.9324695142	0.1713244924
	±0.6612093865	0.3607615730
	±0.2386191861	0.4679591837
7	±0.9491079123	0.1294849662
	±0.7415311856	0.2797053918
	±0.4058451514	0.3818300505
	0	0.4179591837
8	±0.9602898565	0.1012285363
	±0.7966664774	0.2223810345
	±0.5255324099	0.3137066459
	±0.1834346425	0.3626837834

例 8.7 分别利用 Newton-Cotes 公式及 Gauss-Legendre 公式计算积分

$$\int_{-1}^{1}\sqrt{x+1.5}\,\mathrm{d}x$$

解

(1) 准确值

$$\int_{-1}^{1}\sqrt{x+1.5}\,dx \approx \frac{2}{3}(x+1.5)^{\frac{3}{2}}\bigg|_{-1}^{1}=2.399529$$

(2) 两点 Gauss-Legendre 公式

$$\int_{-1}^{1}\sqrt{x+1.5}\,dx \approx \sqrt{1.5-0.57735}+\sqrt{1.5+0.57735}=2.401848$$

(3) 两个节点梯形公式

$$\int_{-1}^{1}\sqrt{x+1.5}\,dx \approx \frac{2}{2}(\sqrt{1+1.5}+\sqrt{-1+1.5})=2.288246$$

(4) 三点 Gauss-Legendre 公式

$$\int_{-1}^{1}\sqrt{x+1.5}\,dx \approx 0.555556(\sqrt{1.5-0.774597}+\sqrt{1.5+0.774597})$$
$$+0.888889\sqrt{1.5}=2.399709$$

(5) 三个节点 Simpson 公式

$$\int_{-1}^{1}\sqrt{x+1.5}\,dx \approx \frac{2}{6}(\sqrt{1.5-1}+4\sqrt{1.5+0}+\sqrt{1.5+1})=2.395742$$

对一般的区间$[a,b]$上的积分，可采用变换 $x=\frac{b+a}{2}+\frac{b-a}{2}t$，$t\in[-1,1]$.

$$f(x)=f\left(\frac{b+a}{2}+\frac{b-a}{2}t\right)$$

化为$[-1,1]$上的积分处理，于是有

$$\int_{a}^{b}f(x)\,dx=\frac{b-a}{2}\int_{-1}^{1}f\left(\frac{b+a}{2}+\frac{b-a}{2}t\right)dt$$
$$=\frac{b-a}{2}\sum_{j=0}^{n}A_j f\left(\frac{b+a}{2}+\frac{b-a}{2}t_j\right)+E(f)$$

其中，t_j 是 $n+1$ 次 Legendre 正交多项式 $P_{n+1}(t)$的零点.

例 8.8 利用 Gauss-Legendre 求积公式求积分 $\int_{0}^{\frac{\pi}{2}}\sin x\,dx$.（准确值为 1.）

解 作变换 $x=\frac{\pi}{4}+\frac{\pi}{4}t$，有

$$\int_{0}^{\frac{\pi}{2}}\sin x\,dx=\frac{\pi}{4}\int_{-1}^{1}\sin\frac{\pi(t+1)}{4}\,dt$$

(1) 利用两点 Gauss-Legendre 求积公式，有

$$\int_{0}^{\frac{\pi}{2}}\sin x\,dx \approx \frac{\pi}{4}\sin\left[\frac{\pi}{4}(1-0.577350)\right]+\frac{\pi}{4}\sin\left[\frac{\pi}{4}(1+0.577350)\right]=0.998473$$

(2) 利用三点 Gauss-Legendre 求积公式，有

$$\int_{0}^{\frac{\pi}{2}}\sin x\,dx \approx 0.555556\times\frac{\pi}{4}\times\sin\left(\frac{\pi}{4}(1-0.774597)\right)$$

$$+\frac{\pi}{4}\sin\left(\frac{\pi}{4}(1+0.774597)\right)+0.888889\times\frac{\pi}{4}\sin\frac{\pi}{4}=1.000008$$

2. Gauss-Lobatto 求积公式

Gauss-Legendre 的两个端点并不是求积节点，作复化时效率不高，为此可固定两个端点为求积节点而其他的求积节点可自由调整．这样确定的求积公式称为 Gauss-Lobatto 求积公式．它是 Gauss-Legendre 公式的一种改良，代数精度比 Gauss-Legendre 低，为 $2n-1$，但复化效率比 Gauss-Legendre 公式要高．

Gauss-Lobatto 求积公式为

$$\int_{-1}^{1} f(x)\mathrm{d}x \approx \frac{2}{n(n+1)}[f(-1)+f(1)]+\sum_{k=1}^{n-1} A_k f(x_k) \tag{8.20}$$

当 $n=1$ 时就是梯形公式，$n=2$ 时就是 Simpson 公式，$n\geqslant 3$ 时则不同于其他公式．Gauss-Lobatto 公式的节点和系数表如表 8.9 所示．

表 8.9　Gauss-Lobatto 公式的节点和系数表

$n+1$	求积节点 x_j	求积系数 A_j	代数精度
2	± 1	1	1
3	± 1 0	1/3 4/3	3
4	± 1 ± 0.447214	1/6 5/6	5
5	± 1 0 ± 0.654654	1/10 32/45 49/90	7
6	± 1 ± 0.765055 ± 0.285232	0.1713244924 0.3607615730 0.4679591837	9

3. Gauss-Chebyschev 求积公式

Chebyschev 多项式是$[-1, 1]$上关于权函数 $\rho(x)=\frac{1}{\sqrt{1-x^2}}$的正交多项式．$T_{n+1}(x)$的零点为

$$x_j=\cos\frac{2j+1}{2(n+1)}\pi, \quad j=0, 1, 2, \cdots, n$$

求积系数为

$$A_j=\frac{\pi}{n+1}, \quad j=0, 1, 2, \cdots, n$$

这样，Gauss-Chebyschev 求积公式为

$$\int_{-1}^{1}\frac{f(x)}{\sqrt{1-x^2}}\mathrm{d}x\approx\frac{\pi}{n+1}\sum_{j=0}^{n}f\left(\cos\frac{2j+1}{2(n+1)}\pi\right) \tag{8.21}$$

余项为

$$E(f)=\frac{\pi}{2^{2n+1}(2n+2)!}f^{(2n+2)}(\eta),\quad \eta\in(-1,\ 1) \tag{8.22}$$

例 8.9　计算积分 $\int_{-1}^{1}(1-x^2)^{-\frac{1}{2}}\mathrm{e}^x\mathrm{d}x$，精度要求 $\varepsilon=10^{-6}$.

解　由式(8.22)有

$$|E(f)|\leqslant\frac{\pi\mathrm{e}}{2^{2n+1}(2n+2)!}$$

当 $n=4$ 时

$$\frac{\pi\mathrm{e}}{2^9(10)!}=4.6\times10^{-9}$$

故有

$$\int_{-1}^{1}\frac{\mathrm{e}^x}{\sqrt{1-x^2}}\mathrm{d}x\approx\frac{\pi}{5}\sum_{j=0}^{4}\mathrm{e}^{\cos\frac{2j+1}{10}\pi}=3.977463$$

4. Gauss-Lagurre 求积公式

Lagurre 多项式是$[0,\ +\infty)$上以权函数 $\rho(x)=\mathrm{e}^{-x}$ 正交的多项式，以 $n+1$ 次 Lagurre 多项式 $L_{n+1}(x)$的零点 x_j 为求积节点，其求积系数为

$$A_j=\frac{[(n+1)!]^2}{x_j[L'_{n+1}(x_j)]^2},\quad j=0,\ 1,\ 2,\ \cdots,\ n \tag{8.23}$$

余项表达式为

$$E(f)=\frac{[(n+1)!]^2}{(2n+2)!}f^{(2n+2)}(\eta),\quad \eta\in(0,\ +\infty) \tag{8.24}$$

其中，$L_n(x)=\mathrm{e}^x\frac{\mathrm{d}^n}{\mathrm{d}x^n}(\mathrm{e}^{-x}x^n)$是 n 次 Lagurre 正交多项式，见表 8.10.

表 8.10　Gauss-Lagurre 求积公式的求积节点和求积系数

$n+1$	求积节点 x_j	求积系数 A_j	$n+1$	求积节点 x_j	求积系数 A_j
2	0.5857864376 3.4142135624	0.8535533906 0.1464466094	3	0.4157745568 2.2942803603 6.2899450829	0.7110930099 0.2785177336 0.0103892565

续表

$n+1$	求积节点 x_j	求积系数 A_j	$n+1$	求积节点 x_j	求积系数 A_j
4	0.3225476896 1.7457611012 4.5366202969 9.3950709123	0.6031541043 0.3574186924 0.0388879085 0.0005392947	5	0.2635603197 1.4134030591 3.5964257710 7.0858100059 12.6408008443	0.5217556106 0.3986668111 0.0759424497 0.0036117587 0.0000233700

例 8.10　用 Gauss-Lagurre 求积公式计算 $I=\int_0^{+\infty} e^{-x}\sin x dx$.

解

$$\int_0^{+\infty} e^{-x}\sin x dx \approx \sum_{j=0}^{n} A_j \sin x_j$$

计算结果见表 8.11(节点个数为 $n+1$).

表 8.11

$n+1$	2	3	4	5
I	0.432459	0.496030	0.504879	0.498903

准确值为 $\int_0^{\infty} e^{-x}\sin x dx = 0.5$.

5. Gauss-Hermite 求积公式

Hermite 多项式是$(-\infty, +\infty)$上关于权函数 $\rho(x)=e^{-x^2}$ 正交的多项式，以 $n+1$次 Hermite 多项式 $H_{n+1}(x)$的零点 x_j 为求积节点，求积系数为

$$A_j=\frac{2^{n+2}(n+2)!\sqrt{\pi}}{H_{n+2}(x_j)H'_{n+1}(x_j)}, \quad j=0, 1, 2, \cdots, n \tag{8.25}$$

见表 8.12. 余项为

$$E(f)=\frac{(n+1)!\sqrt{\pi}}{2^{n+1}(2n+2)!}f^{(2n+2)}(\eta), \quad \eta\in(-\infty, \infty) \tag{8.26}$$

表 8.12　Gauss-Hermite 求积公式的求积节点和求积系数

$n+1$	求积节点 x_j	求积系数 A_j	$n+1$	求积节点 x_j	求积系数 A_j
2	±0.7071067812	0.8862269255	5	±2.0201828705 ±0.9585724646 0	0.0199532421 0.3936193232 0.9453087205
3	±1.2247448714 0	0.2954089752 1.1816359006			
4	±1.6506801239 ±0.5246476233	0.0813128355 0.8049040900	6	±2.3506049737 ±1.3358490740 ±0.4360774119	0.0045300099 0.1570673203 0.7246295952

续表

$n+1$	求积节点 x_j	求积系数 A_j	$n+1$	求积节点 x_j	求积系数 A_j
7	±2.6519613568	0.0009717812	8	±2.9306374203	0.0001996041
	±1.6735516288	0.0545151828		±1.9816567567	0.0170779830
	±0.8162878829	0.4256072526		±1.1571937124	0.2078023258
	0	0.8102646176		±0.3811869902	0.6611470126

例 8.11　用 Gauss-Hermite 求积公式计算 $I=\int_{-\infty}^{+\infty} e^{-x^2}\sin^2 x\mathrm{d}x$.

解

$$\int_{-\infty}^{+\infty} e^{-x^2}\sin^2 x\mathrm{d}x \approx \sum_{j=0}^{n} A_j \sin^2 x_j$$

取 $n=1$，3，5，7，计算结果如表 8.13 所示.

表 8.13

$n+1$	2	4	6	8
I	0.748026	0.565510	0.560255	0.560202

准确值

$$\int_{-\infty}^{+\infty} e^{-x^2}\sin^2 x\mathrm{d}x = \frac{\sqrt{\pi}(1-e^{-1})}{2} \approx 0.56020228$$

*8.5.3　复化 Gauss 型求积公式

以 Gauss-Legendre 求积公式为例，将区间$[a, b]$等分为 m 个小区间，$a=x_0<x_1<\cdots<x_m=b$，步长为 h.

$$\int_a^b f(x)\mathrm{d}x = \sum_{i=0}^{m-1}\int_{x_i}^{x_{i+1}} f(x)\mathrm{d}x$$

在每个子区间$[x_i, x_{i+1}]$上运用 $n+1$ 个点的 Gauss-Legendre 求积公式，作代换

$$x=\frac{x_i+x_{i+1}}{2}+\frac{x_{i+1}-x_i}{2}t=a+\frac{2i+1}{2}h+\frac{h}{2}t, \quad t\in[-1, 1]$$

则

$$f(x)=f\left(a+\frac{2i+1}{2}h+\frac{h}{2}t\right)$$

则复化的 $n+1$ 个节点的 Gauss-Legendre 求积公式为

$$\int_a^b f(x)\mathrm{d}x \approx \frac{h}{2}\sum_{j=0}^{n} A_j\left[\sum_{i=0}^{m-1} f\left(a+\frac{2i+1}{2}h+\frac{h}{2}t_j\right)\right] \tag{8.27}$$

其中，t_j，A_j 分别是 $n+1$ 个节点的 Gauss-Legendre 求积公式的节点和系数值.
余项

$$E(f)=\frac{(b-a)^{2n+3}}{m^{2n+2}}\cdot\frac{[(n+2)!]^4}{(2n+3)[(2n+2)!]^3}f^{(2n+2)}(\eta),\qquad \eta\in(a,\ b) \tag{8.28}$$

例 8.12 计算 $\int_1^3 \frac{1}{x}dx$，取 $m=2$，$n=1$，2 应用复化 Gauss-Legendre 公式.

解

$$m=2,\ n=1,\ \int_1^3 \frac{1}{x}dx\approx 1.097713$$

$$m=2,\ n=2,\ \int_1^3 \frac{1}{x}dx\approx 1.098586$$

准确值

$$\int_1^3 \frac{1}{x}dx=\ln 3=1.098612289$$

8.6 数值微分

8.6.1 数据的数值微分

设函数 $f(x)$ 给出了一组数据 $(x_i,\ f(x_i))$ $(i=0,\ 1,\ 2,\ \cdots,\ n)$，且

$$a=x_0<x_1<\cdots<x_n=b$$

对 $f(x)$ 进行 Lagrange 插值

$$f(x)=\sum_{j=0}^{n} l_j(x)f(x_j)+E(f)$$

其中，$l_j(x)$ 为 Lagrange 插值基函数，对上式两端同时求 k 阶导数 $(0\leqslant k\leqslant n)$，有

$$f^{(k)}(x)=\sum_{j=0}^{n} l_j^{(k)}(x)f(x_j)+(E(x))^{(k)}$$

故有近似计算公式

$$f^{(k)}(x)\approx L_n^{(k)}(x)=\sum_{j=0}^{n} l_j^{(k)}(x)f(x_j),\qquad k=0,\ 1,\ 2,\ \cdots,\ n$$

若节点是等距节点，设步长为 h，则常见的数值微分公式有

(1) 两点公式 $(n=1)$.

$$\begin{cases} f'(x_0)=\dfrac{1}{h}[f(x_1)-f(x_0)]-\dfrac{h}{2}f''(\eta) \\ f'(x_1)=\dfrac{1}{h}[f(x_1)-f(x_0)]+\dfrac{h}{2}f''(\eta) \end{cases} \tag{8.29}$$

(2) 三点公式 $(n=2)$.

$$\begin{cases} f'(x_0)=\dfrac{1}{2h}[-3f(x_0)+4f(x_1)-f(x_2)]+\dfrac{h^2}{3}f'''(\eta) \\ f'(x_1)=\dfrac{1}{2h}[f(x_2)-f(x_0)]-\dfrac{h^2}{6}f'''(\eta) \\ f'(x_2)=\dfrac{1}{2h}[f(x_0)-4f(x_1)+3f(x_2)]+\dfrac{h^2}{3}f'''(\eta) \end{cases} \tag{8.30}$$

$$\begin{cases} f''(x_0)=\dfrac{1}{h^2}[f(x_0)-2f(x_1)+f(x_2)]-hf'''(\eta_1)+\dfrac{h^2}{6}f^{(4)}(\eta_2) \\ f''(x_1)=\dfrac{1}{h^2}[f(x_0)-2f(x_1)+f(x_2)]-\dfrac{h^2}{12}f^{(4)}(\eta) \\ f''(x_2)=\dfrac{1}{h^2}(f(x_0)-2f(x_1)+f(x_2))+hf'''(\eta_1)-\dfrac{h^2}{6}f^{(4)}(\eta_2) \end{cases} \tag{8.31}$$

8.6.2 函数的数值微分

函数的数值微分常用的方法是差商代替微商．

(1) 向前差商：

$$f'(x)=\frac{f(x+h)-f(x)}{h}-\frac{h}{2}f''(\xi) \tag{8.32}$$

(2) 向后差商：

$$f'(x)=\frac{f(x)-f(x-h)}{h}+\frac{h}{2}f''(\xi) \tag{8.33}$$

(3) 中心差商：

$$f'(x)=\frac{f(x+h)-f(x-h)}{2h}-\frac{h^2}{6}f'''(\xi) \tag{8.34}$$

(4) 二阶中心差商：

$$f''(x)=\frac{f(x+h)-2f(x)+f(x-h)}{h^2}-\frac{h^2}{12}f^{(4)}(\xi) \tag{8.35}$$

差商近似代替微商的误差除取决于函数本身的解析性质外，还取决于 h 的大小，从理论上说 h 越小，截断误差越小，精度越高．但实际计算中，当 h 过小时，将出现两个相近的数作减法运算而损失有效数位，此时舍入误差上升到主要地位，从而产生较大的计算误差．

例 8.13　用中心差商公式计算 $f(x)=\sqrt{x}$ 在 $x=2$ 处的一阶导数．

解

$$f'(2)\approx\frac{\sqrt{2+\frac{h}{2}}-\sqrt{2-\frac{h}{2}}}{h}$$

取 5 位有效数字得计算结果如表 8.14 所示．

表 8.14

h	近似值	误差	h	近似值	误差
2	0.3660	−0.012477	1	0.3564	−0.002847
0.2	0.3537	−0.000147	0.1	0.3536	−0.000047
0.02	0.3535	0.000053	0.01	0.3540	−0.000447
0.002	0.3550	−0.001447	0.001	0.3500	0.003553
0.0002	0.3500	0.003553	0.0001	0.3000	0.053553

准确值

$$f'(2)=\frac{1}{2\sqrt{2}}=0.353553$$

从表中的数据可知，$h=0.01$ 时近似效果较好，当 h 减小时近似效果变差．对计算式作恒等变换后

$$f'(2)\approx\frac{1}{\sqrt{2+\frac{h}{2}}+\sqrt{2-\frac{h}{2}}}$$

取 $h=0.1$，则有

$$f'(2)\approx 0.35359.$$

习　题　8

8.1　填空题．

(1) $n+1$ 个点的插值型数值积分公式 $\int_a^b f(x)\mathrm{d}x\approx\sum_{j=0}^{n}A_jf(x_j)$ 的代数精度至少是________，最高不超过________；

(2) 梯形公式有_______次代数精度，Simpson 公式有_______次代数精度；

(3) 求积公式 $\int_0^h f(x)\mathrm{d}x\approx\frac{h}{2}[f(0)+f(h)]+\alpha h^2[f'(0)-f'(h)]$ 中的参数 $\alpha=$_______时，才能保证该求积公式的代数精度达到最高，最高代数精度为_______．

8.2　确定下列求积公式的求积系数和求积节点，使其代数精度尽量高，并指出其最高代数精度．

(1) $\int_0^{2h}f(x)\mathrm{d}x\approx A_0f(0)+A_1f(h)+A_2f(2h)$；

(2) $\int_{-1}^{1}f(x)\mathrm{d}x\approx A[f(-1)+2f(x_1)+3f(x_2)]$；

(3) $\int_{-1}^{1}f(x)\mathrm{d}x=A_1f(-1)+A_2f\left(-\frac{1}{3}\right)+A_3f\left(\frac{1}{3}\right)$；

(4) $\int_{-1}^{1}f(x)\mathrm{d}x\approx A_1f(x_1)+A_2f(0)+A_3f(1)$；

(5) $\int_0^2 f(x)\mathrm{d}x\approx f(x_1)+f(x_2)$.

8.3　分别利用复化梯形公式，复化 Simpson 公式，复化 Cotes 公式计算下列积分：

(1) $\int_0^1 \frac{x}{4+x^2}\mathrm{d}x$，　$n=8$；

(2) $\int_0^1 \sqrt{x}\,\mathrm{d}x$，　$n=10$；

(3) $\int_0^1 \mathrm{e}^{-x^2}\mathrm{d}x$，　$n=10$；

(4) $\int_0^{\frac{\pi}{6}} \sqrt{4-\sin^2 x}\,\mathrm{d}x$，　$n=6$；

(5) $\int_0^{\frac{\pi}{2}} \frac{\sin x}{x}\mathrm{d}x$，　$n=8$.

8.4　用 Romberg 公式计算积分.

(1) $\frac{2}{\sqrt{\pi}}\int_0^1 \mathrm{e}^{-x^2}\mathrm{d}x$，精度要求 $\varepsilon=10^{-5}$；

(2) $\int_0^4 \sqrt{1+\cos^4 x}\,\mathrm{d}x$，精度要求 $\varepsilon=10^{-5}$.

8.5　分别取节点数为 2，3，4，利用 Gauss-Legendre 求积公式计算积分.

(1) $\int_{-4}^4 \frac{1}{1+x^2}\mathrm{d}x$；　(2) $\int_0^1 \mathrm{e}^{-x}\mathrm{d}x$；　(3) $\int_1^3 \frac{1}{x}\mathrm{d}x$.

8.6　利用 Gauss 型求积公式，分别取节点数 2，3，4 计算积分.

(1) $\int_0^{+\infty} \mathrm{e}^{-x}\sqrt{x}\,\mathrm{d}x$；　(2) $\int_{-\infty}^{+\infty} \mathrm{e}^{-x^2}\sqrt{1+x^2}\,\mathrm{d}x$.

8.7　用节点数为 4 的 Gauss-Laguerre 求积公式和 Gauss-Hermite 求积公式计算积分

$$I=\int_0^{+\infty} \mathrm{e}^{-x^2}\mathrm{d}x$$

的近似值，并与准确值 $I=\frac{\sqrt{\pi}}{2}$ 作比较.

8.8　分别用两点公式与三点公式求 $f(x)=\frac{1}{(1+x)^2}$ 在 $x=1.0$，$x=1.2$ 的导数值，并估计误差，其中 $f(x)$ 的数据由下表给出：

x_i	1.0	1.1	1.2	1.3
$f(x_i)$	0.2500	0.2268	0.2066	0.1890

8.9　已知 $f(x)=\mathrm{e}^{-x}$ 的数据如下：

x_i	2.5	2.6	2.7	2.8	2.9
$f(x_i)$	12.1825	13.4637	14.8797	16.4446	18.1741

取 $h=0.1$，$h=0.2$，分别用二点、三点公式计算 $x=2.7$ 处的一阶和二阶导数值.

第 9 章　常微分方程的数值解法

9.1 引　　言

许多应用问题中得出的数学模型，包含常微分方程或常微分方程组，然而只有极少数的微分方程能够用初等方法求出其解析解，多数微分方程只能求出其近似解．近似方法有两类，一类称为近似解析法，如级数解法、逐次逼近法；另一类称为数值解法，其基本思想是求出解在一些离散点处的近似值．常微分方程的数值解法很容易在计算机上实现，应用十分广泛．

由于高阶的常微分方程可以转化为一阶的常微分方程组，而一阶常微分方程组又可写成向量形式的一阶常微分方程．因此本章主要介绍一阶常微分方程初值问题的数值解．

$$\begin{cases} \dfrac{\mathrm{d}y}{\mathrm{d}x}=f(x,\ y), & a\leqslant x\leqslant b \\ y(a)=y_0 \end{cases} \tag{9.1}$$

为了使数值解法得出的近似解具有实际意义，就必须保证问题(9.1)的解存在且唯一．

定理 9.1　设常微分方程初值问题(9.1)中的二元函数 $f(x,\ y)$满足：

(1) 在区域 $D=\{(x,\ y)\mid a\leqslant x\leqslant b,\ -\infty<y<+\infty\}$上连续；

(2) 在 D 上关于 y 满足 Lipschitz 条件，即存在常数 L，使

$$|f(x,\ y)-f(x,\ y^*)|\leqslant L|y-y^*|,\quad \forall(x,\ y),\ (x,\ y^*)\in D$$

其中，L 称为 Lipschitz 常数．则初值问题(9.1)在区间$[a,\ b]$上存在唯一连续可微的解

$$y=y(x)$$

以后我们总是假定初值问题满足定理 9.1 的条件．数值解法的具体做法是在区间$[a,\ b]$内插入 $n-1$ 个点 x_1，x_2，…，x_{n-1}，使

$$a=x_0<x_1<\cdots<x_{n-1}<x_n=b$$

记 $h_i=x_{i+1}-x_i$，h_i 称为从 x_i 到 x_{i+1}的步长，在节点$\{x_i\}$上利用数值方法求得 $y(x_i)$的近似值 y_i. 如无特殊要求，常取步长 h_i 为等距步长，记为 h.

定义 9.1　计算 x_{i+1}处的近似值 y_{i+1}时只用到了前面一个点 x_i 处的信息 y_i，称此类方法为单步法；若计算 y_{i+1}时用到了前面多个点 x_i，x_{i-1}，…处的信息 y_i，y_{i-1}，…则称为多步法．

定义 9.2　如果计算公式右端也含有 y_{i+1}，则此公式不能直接计算出 y_{i+1}，而需要每步解一个方程．这样的方法称为隐式方法；如果计算公式右端不含有 y_{i+1}，则此公式可以直接计算出 y_{i+1}，称此类方法为显式方法．一般来说，显式方法计算量小，但隐式方法稳定性好．

定义 9.3　若 $\forall y(x) \in M_r$，M_r 是不高于 r 次多项式的集合，微分方程数值解法的计算公式均能准确成立，但至少有一个 $r+1$ 次多项式使计算公式不能准确成立，则称计算公式是 r 阶的．

定义 9.4　记 $y(x_{i+1})$ 为准确值，y_{i+1} 为以准确值 $y(x_k)(k=0, 1, 2, \cdots, i)$ 计算的近似值，称

$$T_i = y(x_{i+1}) - y_{i+1}$$

为近似值 y_{i+1} 的局部截断误差．当公式是 r 阶时，有

$$y(x_{i+1}) - y_{i+1} = Ch_i^{r+1}$$

称 C 为渐近误差常数．

9.2　Euler 方　法

Euler 方法的精度较低，但由于 Euler 方法的推导比较简单，而且能说明一般的数值计算公式构造时的技巧和思想，因此我们从 Euler 方法开始讨论常微分方程的数值解法．

9.2.1　Euler 方法的推导

将 $[a, b]$ n 等分，步长 $h=\dfrac{b-a}{n}$，节点 $x_i = a + ih(i=0, 1, 2, \cdots, n-1)$，又设方程(9.1)存在唯一的解 $y(x)$，且 $y(x)$ 充分连续可微，现用 Taylor 展开推导 Euler 方法．

在点 x_i 处将 $y(x_{i+1})$ 进行 Taylor 展开有

$$y(x_{i+1}) = y(x_i) + hy'(x_i) + \frac{h^2}{2!}y''(\xi_i), \quad \xi_i \in (x_i, x_{i+1})$$

略去误差项 $\dfrac{h^2}{2!}y''(\xi_i)$ 得到近似关系式

$$y(x_{i+1}) \approx y(x_i) + hf(x_i, y(x_i))$$

则有数值计算公式

$$\begin{cases} y_{i+1} = y_i + hf(x_i, y_i), & i=0, 1, \cdots, n-1 \\ y_0 = y(a) \end{cases} \tag{9.2}$$

局部截断误差

$$T_i = \frac{h^2}{2} y''(\xi_i) \tag{9.3}$$

式(9.2)称为初值问题(9.1)的 Euler 方法．它是一阶单步显式方法．

用数值微分方法和数值积分法也可推导出 Euler 方法．

9.2.2 几何意义

对式(9.2)，如图 9.1 所示，设 $y=y(x)$ 是式(9.1)的解，线段 $\overline{AB}$ 为曲线在点 A 处的切线，式(9.2)的几何意义是利用线段 $\overline{AB}$ 来近似代替曲线段 $\overset{\frown}{AD}$. 局部截断误差为线段 $\overline{BD}$，而且 $\overline{BD}$ 的值与 h 的大小和 $y''(x_i)$ 的值有关．如图 9.2 所示，Euler 方法的几何意义是用折线段 $P_0P_1P_2\cdots$ 近似代替方程(9.1)的解曲线 $y=y(x)$.

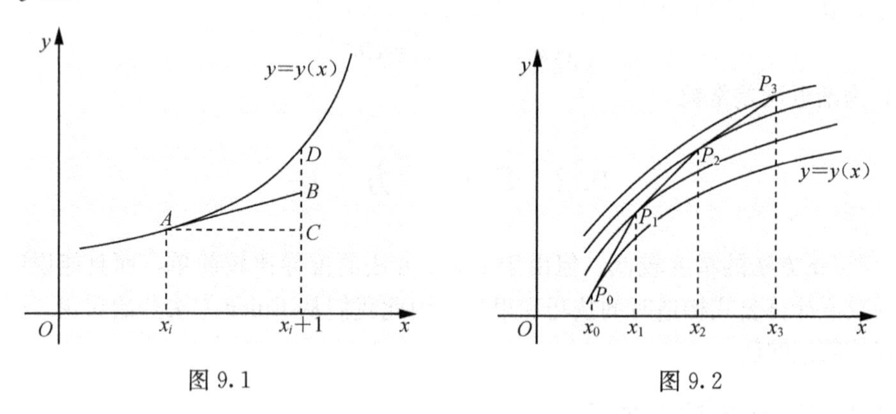

图 9.1　　　　图 9.2

9.2.3 Euler 方法的改进

1. *中点方法*

在区间 $[x_{i-1}, x_{i+1}]$ 上对 $y'(x)=f(x, y(x))$ 积分有

$$y(x_{i+1}) = y(x_{i-1}) + \int_{x_{i-1}}^{x_{i+1}} f(x, y(x))\,\mathrm{d}x$$

对右端的积分项使用数值积分的中矩形公式有

$$\begin{aligned} y(x_{i+1}) &= y(x_{i-1}) + 2hf(x_i, y(x_i)) + \frac{h^3}{3} f''(\xi_i, y(\xi_i)) \\ &= y(x_{i-1}) + 2hf(x_i, y(x_i)) + \frac{h^3}{3} y'''(\xi_i) \end{aligned}$$

由此有

$$y_{i+1} = y_{i-1} + 2hf(x_i, y_i) \tag{9.4}$$

局部截断误差

$$T_i = \frac{h^3}{3} y'''(\xi_i), \quad \xi_i \in (x_{i-1}, x_{i+1})$$

式(9.4)称为中点公式，它是二步二阶显式方法．

2. 梯形方法

在$[x_i, x_{i+1}]$上对 $y'(x)=f(x, y(x))$积分有

$$y(x_{i+1})=y(x_i)+\int_{x_i}^{x_{i+1}} f(x, y(x))\mathrm{d}x$$

对右端积分项使用数值积分的梯形公式有

$$\begin{aligned}y(x_{i+1})&=y(x_i)+\frac{h}{2}[f(x_i, y(x_i))+f(x_{i+1}, y(x_{i+1}))]-\frac{h^3}{12}f''(\xi_i, y(\xi_i))\\&=y(x_i)+\frac{h}{2}[f(x_i, y(x_i))+f(x_{i+1}, y(x_{i+1}))]-\frac{h^3}{12}y'''(\xi_i)\end{aligned}$$

由此有

$$y_{i+1}=y_i+\frac{h}{2}[f(x_i, y_i)+f(x_{i+1}, y_{i+1})] \tag{9.5}$$

局部截断误差为

$$T_i=-\frac{h^3}{12}y'''(\xi_i), \quad \xi_i\in(x_i, x_{i+1})$$

式(9.5)称为梯形公式，它是单步二阶隐式方法．隐式方法常用迭代法来求其解，迭代格式为，对 $i=0, 1, 2, \cdots, n-1$，有

$$y_{i+1}^{(k+1)}=y_i+\frac{h}{2}[f(x_i, y_i)+f(x_{i+1}, y_{i+1}^{(k)})], \quad k=0, 1, 2\cdots \tag{9.6}$$

定理 9.2　若 $f(x, y)$在区域 $D=\{(x, y) \mid a\leqslant x\leqslant b, -\infty<y<+\infty\}$上关于 y 满足 Lipschitz 条件且$\frac{hL}{2}<1$，则迭代公式(9.6)产生的序列$\{y_{i+1}^{(k)}\}$收敛于方程(9.5)的解 y_{i+1}.

3. Euler 预测-校正法

应用中常用 Euler 公式(9.2)得出的解作为初值，再用梯形公式(9.5)迭代一次所得的值作为 y_{i+1}的近似值，称之为预测-校正法，计算公式为

$$\begin{cases}\bar{y}_{i+1}=y_i+hf(x_i, y_i) & (9.7)\\ y_{i+1}=y_i+\dfrac{h}{2}[f(x_i, y_i)+f(x_{i+1}, \bar{y}_{i+1})] & (9.8)\end{cases}$$

称式(9.7)为预测式，式(9.8)为校正式．

算法(Euler 预测-校正法)：

输入：端点 a，b，等分数 n，初始值 $y(a)$；

输出：y_i，$i=0, 1, 2, \cdots, n$.

(1) $h=\frac{b-a}{n}$，$x=a$，$y=y(a)$，输出(x, y)；

(2) 对 $i=1, 2, \cdots, n$，做到第 4 步；

(3)
$$y_P=y+hf(x, y),\quad y_C=y+hf(x+h, y_p)$$
$$y=\frac{1}{2}(y_P+y_C),\quad x=a+ih$$

(4) 输出(x, y);

(5) 停机.

例 9.1 设有微分方程

$$\begin{cases}\dfrac{\mathrm{d}y}{\mathrm{d}x}=y-\dfrac{2x}{y}, & x\in[0, 1]\\ y(0)=1\end{cases}$$

分别用 Euler 法、Euler 预测-校正法作数值计算，并比较其计算结果(取 $h=0.1$).

解 (1)作为对比，给出微分方程的解析解为

$$y=\sqrt{1+2x}$$

(2)Euler 法的计算公式为

$$\begin{cases}y_{i+1}=y_i+0.1\left(y_i-\dfrac{2x_i}{y_i}\right)=1.1y_i-\dfrac{0.2x_i}{y_i}, & i=0, 1, 2, \cdots, 9\\ y_0=1\end{cases}$$

(3) Euler 预测-校正法的计算公式为

$$\begin{cases}\bar{y}_{i+1}=y_i+0.1\left(y_i-\dfrac{2x_i}{y_i}\right)=1.1y_i-\dfrac{0.2x_i}{y_i}\\ y_{i+1}=y_i+\dfrac{0.1}{2}\left[\left(y_i-\dfrac{2x_i}{y_i}\right)+\left(\bar{y}_{i+1}-\dfrac{2x_{i+1}}{\bar{y}_{i+1}}\right)\right], & i=0, 1, 2, \cdots, 9\end{cases}$$

计算结果见表 9.1.

表 9.1

x_i	Euler 法	预测-校正法	准确值
0.1	1.100000	1.095909	1.095445
0.2	1.191818	1.184097	1.183216
0.3	1.277438	1.266201	1.264911
0.4	1.358213	1.343360	1.341641
0.5	1.435133	1.416402	1.414214
0.6	1.508966	1.485956	1.483240
0.7	1.580338	1.552514	1.549193
0.8	1.649783	1.616475	1.612452
0.9	1.717779	1.678166	1.673320
1.0	1.784771	1.737867	1.732051

可见两种方法精度都不高，但预测-校正法稍好. 以上方法都只是二阶以下

方法，一般称为低阶方法，为提高计算精度，下面推导高阶方法．

9.3　Runge-Kutta 方法

Runge-Kutta 方法的基本思想是利用 $f(x, y)$在某些点上函数值的线性组合来计算 $y(x_{i+1})$处的近似值 y_{i+1}，根据截断误差所要达到的误差阶数来构造相应的计算公式，达到提高精度的目的．Runge-Kutta 方法也简写为 R-K 方法．

9.3.1　R-K 方法的构造

R-K 方法的一般形式

$$\begin{cases} y_{i+1} = y_i + \sum_{j=1}^{p} \omega_j K_j \\ K_j = hf(x_i + \alpha_j h,\ y_i + \sum_{l=1}^{j-1} \beta_{jl} K_l), \quad j = 2, 3, \cdots, p \end{cases} \tag{9.9}$$

其中，$\alpha_1 = 0$，ω_j，α_j，β_{jl}是待定参数．

对给定的 ω_j，α_j，β_{jl}，计算公式(9.9)是求解微分方程(9.1)的单步显式法，一般每步需要计算 p 次 $f(x, y)$的值，称之为 p 级 R-K 方法．假设 $y_i = y(x_i)$是准确的，R-K 方法的局部截断误差为

$$T_i = y(x_{i+1}) - y_{i+1} = y(x_{i+1}) - y(x_i) - \sum_{j=1}^{p} \omega_j K_j$$

若 $T_i = o(h^m)$，则称方法是 m 阶的．

现以 $p=2$ 为例来推导 R-K 公式

$$\begin{cases} y_{i+1} = y_i + \omega_1 K_1 + \omega_2 K_2 \\ K_1 = hf(x_i,\ y_i) \\ K_2 = hf(x_i + \alpha_2 h,\ y_i + \beta_{21} K_1) \end{cases}$$

将 $f(x_i + \alpha_2 h,\ y_i + \beta_{21} K_1)$在$(x_i,\ y_i)$处，进行 Taylor 展开有

$$\begin{aligned} y_{i+1} &= y_i + h(\omega_1 + \omega_2) f + \omega_2 h^2 (\alpha_2 f'_x + \beta_{21} f f'_y) \\ &\quad + \frac{1}{2} \omega_2 h^3 (\alpha_2^2 f''_{x^2} + 2\alpha_2 \beta_{21} f''_{xy} f + \beta_{21} f''_{y^2} f^2) + o(h^3) \end{aligned}$$

将 $y(x_{i+1})$在 x_i 处进行 Taylor 展开有

$$\begin{aligned} y(x_{i+1}) &= y(x_i) + hy'(x_i) + \frac{h^2}{2!} y''(x_i) + \frac{h^3}{3!} y'''(x_i) + o(h^3) \\ &= y(x_i) + hf + \frac{h^2}{2!} [f'_x + f'_y f] \\ &\quad + \frac{h^3}{6} [f''_{x^2} + 2f''_{xy} f + f''_{y^2} f^2 + f'_x (f'_x + f'_y f)] + o(h^3) \end{aligned}$$

其中，f 及偏导数均是在$(x_i,\ y(x_i))$处的取值，局部截断误差为

$$T_i=h(1-\omega_1-\omega_2)f+h^2\left[\left(\frac{1}{2}-\omega_2\alpha_2\right)f'_x+\left(\frac{1}{2}-\beta_{21}\omega_2\right)f'_yf\right]$$
$$+h^3\left[\left(\frac{1}{6}-\frac{1}{2}\omega_2\alpha_2^2\right)f''_{x^2}+\left(\frac{1}{3}-\alpha_2\beta_{21}\omega_2\right)f''_{xy}f+\left(\frac{1}{6}-\frac{1}{2}\omega_2\beta_{21}^2\right)f''_{y^2}f^2\right.$$
$$\left.+\frac{1}{6}f'_y(f'_x+f'_yf)\right]+o(h^3)$$

为使局部截断误差 T_i 的阶数尽量高，应选择适当的参数 ω_1，ω_2，α_2，β_{21}，使 T_i 中 h 和 h^2 的系数为 0，即取

$$\begin{cases}\omega_1+\omega_2=1\\ \omega_2\alpha_2=\dfrac{1}{2}\\ \omega_2\beta_{21}=\dfrac{1}{2}\end{cases}$$

以 α_2 为自由参数有

$$\omega_2=\frac{1}{2\alpha_2},\quad \beta_{21}=\alpha_2,\quad \omega_1=1-\frac{1}{2\alpha_2} \tag{9.10}$$

此时

$$T_i=h^3\left[\left(\frac{1}{6}-\frac{\alpha_2}{4}\right)(f''_{x^2}+2f''_{xy}+f''_{y^2}f^2)+\frac{1}{6}f'_y(f'_x+f'_yf)\right]+o(h^3)$$

由于 $f'_y(f'_x+f'_yf)\neq0$，故

$$T_i=o(h^2)$$

即二级的 R-K 方法最多只能达到二阶．对式(9.10)，选取不同的 α_2 值便可得到相应的二级二阶 R-K 公式，取 $\alpha_2=\frac{1}{2}$，得中点公式

$$y_{i+1}=y_i+hf\left(x_i+\frac{h}{2},\ y_i+\frac{h}{2}f(x_i,\ y_i)\right)$$

取 $\alpha_2=\frac{2}{3}$，得 Heun 公式

$$y_{i+1}=y_i+\frac{h}{4}\left[f(x_i,\ y_i)+3f\left(x_i+\frac{2}{3}h,\ y_i+\frac{2}{3}hf(x_i,\ y_i)\right)\right]$$

取 $\alpha_2=1$，得 Euler 预测-校正公式

$$y_{i+1}=y_i+\frac{h}{2}[f(x_i,\ y_i)+f(x_i+h,\ y_i+hf(x_i,\ y_i))]$$

9.3.2 四阶经典 R-K 公式

类似于二级二阶的 R-K 方法的推导可得其他高阶 R-K 公式，常用的是四阶经典的 R-K 公式

$$y_{i+1}=y_i+\frac{1}{6}(K_1+2K_2+2K_3+K_4)$$

$$\begin{cases} K_1=hf(x_i,\ y_i) \\ K_2=hf\left(x_i+\dfrac{h}{2},\ y_i+\dfrac{K_1}{2}\right) \\ K_3=hf\left(x_i+\dfrac{h}{2},\ y_i+\dfrac{K_2}{2}\right) \\ K_4=hf(x_i+h,\ y_i+K_3) \end{cases} \tag{9.11}$$

式(9.11)也称为四阶标准 R-K 公式，它常用来作为线性多步法的启动值计算，可改写为

$$y_{i+1}=y_i+\frac{h}{6}(K_1+2K_2+2K_3+K_4)$$

$$\begin{cases} K_1=f(x_i,\ y_i) \\ K_2=f\left(x_i+\dfrac{h}{2},\ y_i+\dfrac{h}{2}K_1\right) \\ K_3=f\left(x_i+\dfrac{h}{2},\ y_i+\dfrac{h}{2}K_2\right) \\ K_4=f(x_i+h,\ y_i+hK_3) \end{cases}$$

例 9.2　用经典四阶 R-K 方法求解

$$\begin{cases} \dfrac{dy}{dx}=y-\dfrac{2x}{y}, \quad x\in[0,\ 1] \\ y(0)=1 \end{cases}$$

解　取步长 $h=0.2$，计算公式为

$$y_{i+1}=y_i+\frac{0.2}{6}(K_1+2K_2+2K_3+K_4)$$

$$\begin{cases} K_1=y_i-\dfrac{2x_i}{y_i} \\ K_2=y_i+0.1K_1-2\,\dfrac{x_i+0.1}{y_i+0.1K_1} \\ K_3=y_i+0.1K_2-2\,\dfrac{x_i+0.1}{y_i+0.1K_2} \\ K_4=y_i+0.2K_3-2\,\dfrac{x_i+0.2}{y_i+0.2K_3} \end{cases}$$

计算结果见表 9.2.

表 9.2

x_i	计算值 y_i	准确值 $y(x_i)$
0.2	1.183229	1.183216
0.4	1.341667	1.341641
0.6	1.483281	1.483240

续表

x_i	计算值 y_i	准确值 $y(x_i)$
0.8	1.612514	1.612452
1.0	1.732142	1.732051

与例 9.1 的 Euler 方法计算结果相比较，尽管 R-K 方法的步长放大了一倍，但其数值解的精度还是比 Euler 方法高.

R-K 方法简练，易于编制程序，且是单步法．其计算也具有数值稳定的特点.但每一次的计算量都比较大，实用中四阶经典 R-K 方法是比较常用的.

*9.3.3　步长的选取

步长的选取在数值解法中非常重要. 步长过大，每步计算产生的局部截断误差也较大；步长取得较小，虽然每步计算的截断误差较小，但在求解范围确定时，需要完成的计算步骤就较多，这不仅增加了计算量，而且还会造成计算误差的累积.

实用中常在计算过程中自动调整步长，即变步长技巧．仍从 Richardson 外推法出发来构造变步长的技巧．设计算公式是 p 阶的，从 y_i 出发先取步长为 h，经过一步计算得出的数值解记为 $y_{i+1}^{[h]}$，局部截断误差记为

$$y_{i+1}^{[h]}-y(x_{i+1})=C_1h^{p+1}$$

然后将步长折半，取步长为 $\frac{h}{2}$，从 y_i 出发经两步计算得出的数值解记为 $y_{i+1}^{[\frac{h}{2}]}$，其局部截断误差为

$$y_{i+1}^{[\frac{h}{2}]}-y(x_{i+1})=C_2\left(\frac{h}{2}\right)^{p+1}+C_3\left(\frac{h}{2}\right)^{p+1}$$

其中的渐近误差常数 C_1，C_2，C_3 与 $y^{(p+1)}(x)$在$[x_i, x_{i+1}]$上的值有关，但可以近似认为

$$C_1\approx C_2\approx C_3=C$$

故有

$$\begin{cases} y_{i+1}^{[h]}-y(x_{i+1})=Ch^{p+1} \\ y_{i+1}^{[\frac{h}{2}]}-y(x_{i+1})=2C\left(\frac{h}{2}\right)^{p+1} \end{cases}$$

消去渐近误差常数 C 有

$$y(x_{i+1})=\frac{2^p y_{i+1}^{[\frac{h}{2}]}-y_{i+1}^{[h]}}{2^p-1} \tag{9.12}$$

用式(9.12)作 y_{i+1} 近似值比用 $y_{i+1}^{[h]}$，$y_{i+1}^{[\frac{h}{2}]}$作为 y_{i+1} 的近似，其精度要高得多．如取 $p=4$ 就有

$$y_{i+1} \approx \frac{16y_{i+1}^{[\frac{h}{2}]} - y_{i+1}^{[h]}}{15}$$

这种技巧与 Romberg 积分法的思想是一致的，并且有

$$\Delta = |\, y_{i+1}^{[\frac{h}{2}]} - y(x_{i+1}) \,| \approx \left| \frac{y_{i+1}^{[\frac{h}{2}]} - y_{i+1}^{[h]}}{2^p - 1} \right|$$

从 Δ 的值来选择步长 h 的大小，若误差精度为 ε，则

(1) 当 $\Delta < \varepsilon$ 时，反复加倍步长计算，直到 $\Delta > \varepsilon$，再以上一次步长计算所得值作为 y_{i+1}；

(2) 当 $\Delta > \varepsilon$ 时，反复折半步长计算，直到 $\Delta < \varepsilon$，再以最后一次计算所得值作为 y_{i+1}.

从表面上看，判别 Δ 的工作量是增加了，但当方程的解 $y(x)$ 变化较大的情况下，总的工作量还是会减少的 .

外推法也可用来进行误差估计，方法是 p 阶时有

$$y^{[h]}(x) - y^{[\frac{h}{2}]}(x) = \left(1 - \frac{1}{2^p}\right) C_p h^p + \left(1 - \frac{1}{2^{p+1}}\right) C_{p+1} h^{p+1} + \cdots$$

因此有估计式

$$C_p h^p \approx \frac{2^p}{2^p - 1} \left[y^{[h]}(x) - y^{[\frac{h}{2}]}(x) \right] \tag{9.13}$$

式(9.13)的右端常用作 $y^{[h]}(x)$ 的误差估计 .

9.4　线性多步法

高阶的单步法计算工作量较大，为节约计算工作量，在高精度计算中常使用多步法来求解 .

9.4.1　线性多步法的一般形式

求解微分方程(9.1)的线性多步法的一般形式为

$$\begin{aligned} y_{i+1} &= a_0 y_i + a_1 y_{i-1} + \cdots + a_p y_{i-p} \\ &\quad + h[b_{-1} f(x_{i+1}, y_{i+1}) + b_0 f(x_i, y_i) + \cdots + b_p f(x_{i-p}, y_{i-p})] \\ &= \sum_{j=0}^{p} a_j y_{i-j} + h \sum_{j=-1}^{p} b_j f_{i-j} \end{aligned} \tag{9.14}$$

恒假设 a_p，b_p 不全为 0，称式(9.14)为 $p+1$ 步方法，计算 y_{i+1} 时需要 $p+1$ 个点 x_i，x_{i-1}，…，x_{i-p} 处的信息 .

若 $b_{-1}=0$，则称式(9.14)是 $p+1$ 步的显式方法；

若 $b_{-1}\neq 0$，则称式(9.14)是 $p+1$ 步的隐式方法 .

假设 $y_{i-j}=y(x_{i-j})(j=0, 1, 2, \cdots, p)$是准确值，则式(9.14)产生的局部截断误差为

$$T_i=y(x_{i+1})-\sum_{j=0}^{p}a_j y(x_{i-j})-h\sum_{j=-1}^{p}b_j f(x_{i-j}, y(x_{i-j})), \quad i=p, p+1, \cdots$$

假设微分方程(9.1)的解 $y(x)$充分地连续可微，将 $y(x_{i-j})$，$f(x_{i-j}, y(x_{i-j}))$ $(j=-1, 0, 1, \cdots, p)$，在 x_i 处进行 Taylor 展开有

$$T_i=C_0 y(x_i)+C_1 h y'(x_i)+\cdots+C_q h^q y^{(q)}(x_i)+\cdots$$

其中

$$\begin{cases} C_0=1-\sum\limits_{j=0}^{p}a_j \\ C_1=1+\sum\limits_{j=0}^{p}ja_j-\sum\limits_{j=-1}^{p}b_j \\ \qquad\vdots \\ C_q=\dfrac{1}{q!}\left[1-\sum\limits_{j=0}^{p}(-j)^q a_j\right]-\dfrac{1}{(q-1)!}\sum\limits_{j=-1}^{p}(-j)^{q-1}b_j, \quad q=2, 3, \cdots \end{cases} \tag{9.15}$$

定理 9.3 线性多步法式(9.14)是 r 阶的充分必要条件是式(9.15)确定的 C_i 满足关系式

$$C_0=C_1=\cdots=C_r=0，且 C_{r+1}\neq 0$$

定义 9.5 对 r 阶的线性多步法，称 C_{r+1}为方法式(9.14)的渐近误差常数．

由定理 9.3 构造线性多步法可通过解方程组

$$\begin{cases} \sum\limits_{j=0}^{p}a_j=1 \\ -\sum\limits_{j=0}^{p}ja_j+\sum\limits_{j=-1}^{p}b_j=1 \\ \qquad\vdots \\ \sum\limits_{j=0}^{p}(-j)^q a_j+q\sum\limits_{j=-1}^{p}(-j)^{q-1}b_j=1, \quad q=2, 3, \cdots, r \end{cases} \tag{9.16}$$

方程组(9.16)具有 $2p+3$ 个待定参数 $a_j(j=0, 1, 2, \cdots, p)$，$b_j(j=-1, 0, 1, \cdots, p)$，但只有 $r+1$ 个方程，当 $r=2p+2$ 时，式(9.16)存在唯一的解，也即 $p+1$ 步方法式(9.14)的阶可达到 $2p+2$. 但一般取 $r<2p+2$，使线性方程组(9.16)的解中保留一些自由参数，以达到以下目的：

(1) 方法是收敛的；

(2) 方法的局部截断误差项中的系数变小；

(3) 方法是稳定的；

(4) 方法具有某些良好的计算性质，如零系数尽量多等.

例 9.3　分别就 $p=0$ 和 $p=1$ 确定线性多步法式(9.14)的系数，使方法具有最高的截断误差阶.

解　(1) 当 $p=0$ 时，式(9.14)为

$$y_{i+1}=a_0 y_i+h[b_{-1}f(x_{i+1},\ y_{i+1})+b_0 f(x_i,\ y_i)]$$

为达到最高的截断误差的阶，取 $r=2p+2=2$，由方程组(9.16)有

$$\begin{cases}a_0=1\\ b_{-1}+b_0=1\\ 2b_{-1}=1\end{cases}$$

解之有

$$a_0=1,\ b_{-1}=\frac{1}{2},\ b_0=\frac{1}{2}$$

相应的计算公式为

$$y_{i+1}=y_i+\frac{h}{2}[f(x_{i+1},\ y_{i+1})+f(x_i,\ y_i)]$$

该公式即为 Euler 梯形公式，渐近误差常数为

$$c_3=-\frac{1}{12}$$

(2) 当 $p=1$ 时，式(9.14)为

$$y_{i+1}=a_0 y_i+a_1 y_{i-1}+h[b_{-1}f(x_{i+1},\ y_{i+1})+b_0 f(x_i,\ y_i)+b_1 f(x_{i-1},\ y_{i-1})]$$

为达到最高的截断误差的阶，应取 $r=2p+2=4$，但现在取 $r=3$，由式(9.16)得方程组

$$\begin{cases}1-(a_0+a_1)=0\\ 1+a_1-(b_{-1}+b_0+b_1)=1\\ 1-a_1-2(b_{-1}-b_1)=0\\ 1+a_1-3(b_{-1}+b_1)=0\end{cases}$$

以 a_1 为自由参数，解之有

$$a_0=1-a_1,\quad b_{-1}=\frac{5-a_1}{12},\quad b_0=\frac{2(1+a_1)}{3},\quad b_1=\frac{5a_1-1}{12}$$

且

$$C_4=\frac{a_1-1}{24},\quad C_5=-\frac{1+a_1}{180}$$

计算公式为

$$y_{i+1}=(1-a_1)y_i+a_1 y_{i-1}+\frac{h}{12}[(5-a_1)f(x_{i+1},\ y_{i+1})$$
$$+8(1+a_1)f(x_i,\ y_i)+(5a_1-1)f(x_{i-1},\ y_{i-1})]$$

当 $a_1 \neq 1$ 时，计算公式具有三阶的精度，渐近误差常数为

$$C_4=\frac{a_1-1}{24}$$

当 $a_1=1$ 时，计算公式具有四阶的精度，渐近误差常数为

$$C_5=-\frac{1}{90}$$

相应的公式为

$$y_{i+1}=y_{i-1}+\frac{h}{3}[f(x_{i+1}, y_{i+1})+4f(x_i, y_i)+f(x_{i-1}, y_{i-1})]$$

称之为 Simpson 方法．

9.4.2 利用数值积分构造线性多步法

在 $[x_i, x_{i+1}]$ 上对 $y'(x)=f(x, y(x))$ 积分得

$$y(x_{i+1})=y(x_i)+\int_{x_i}^{x_{i+1}} f(x, y(x))\mathrm{d}x \tag{9.17}$$

对右端积分项中被积函数 $f(x, y(x))$ 采用插值多项式作逼近，便得出最常用的一种线性多步法——Adams 方法．

1. Adams 外推法

由 $p+1$ 个点 $(x_i, f(x_i, y(x_i)))$，$(x_{i-1}, f(x_{i-1}, y(x_{i-1})))$，…，$(x_{i-p}, f(x_{i-p}, y(x_{i-p})))$ 构造 $f(x, y(x))$ 的插值多项式，并代入式(9.17)中右端积分项中．当 $p=3$ 时，有计算公式

$$y_{i+1}=y_i+\frac{h}{24}[55f_i-59f_{i-1}+37f_{i-2}-9f_{i-3}] \tag{9.18}$$

局部截断误差

$$T_i=\frac{251}{720}h^5 y^{(5)}(\xi_i) \tag{9.19}$$

式(9.18)即常用的 Adams 四步四阶显式法．

2. Adams 内插法

由 $p+2$ 个点 $(x_{i+1}, f(x_{i+1}, y(x_{i+1})))$，$(x_i, f(x_i, y(x_i)))$，…，$(x_{i-p}, f(x_{i-p}, y(x_{i-p})))$ 作 $f(x, y(x))$ 的 Lagrange 插值多项式，并代入式(9.17)右端的积分项中，当 $p=2$ 时，有计算公式

$$y_{i+1}=y_i+\frac{h}{24}[9f_{i+1}+19f_i-5f_{i-1}+f_{i-2}] \tag{9.20}$$

局部截断误差为

$$T_i=-\frac{19}{720}h^5 y^{(5)}(\xi_i) \tag{9.21}$$

式(9.20)即常用的 Adams 三步四阶隐式方法．

线性多步法的优点在于每次计算量大大减少，如 Adams 四步四阶显式法实际上每步只要计算一次函数值，只有同阶的 R-K 方法的$\frac{1}{4}$. 但它不能自启动，需要用同阶的单步法启动.

例 9.4　利用 Adams 四步四阶显式法计算

$$\begin{cases}\dfrac{\mathrm{d}y}{\mathrm{d}x}=y-\dfrac{2x}{y}, & x\in[0,\ 1]\\ y(0)=1\end{cases}$$

解　取步长 $h=0.1$，前三步用四阶经典 R-K 公式计算，然后用公式

$$y_{i+1}=y_i+\frac{h}{24}\left[55\left(y_i-\frac{2x_i}{y_i}\right)-59\left(y_{i-1}-\frac{2x_{i-1}}{y_{i-1}}\right)+37\left(y_{i-2}-\frac{2x_{i-2}}{y_{i-2}}\right)-9\left(y_{i-3}-\frac{2x_{i-3}}{y_{i-3}}\right)\right]$$

计算结果见表 9.3.

表 9.3

x_i	启动值	计算值 y_i	准确值 $y(x_i)$
0.1	1.095446		1.095445
0.2	1.183217		1.183216
0.3	1.264912		1.264911
0.4		1.341552	1.341641
0.5		1.414046	1.414214
0.6		1.483019	1.483240
0.7		1.548919	1.549193
0.8		1.612116	1.612452
0.9		1.672917	1.673320
1.0		1.731570	1.732051

9.5　高阶的预测-校正公式

线性多步法中的隐式公式的渐近误差常数 C 比同阶的显式公式小得多，同时稳定性也比较好，实际上很少单独用显式公式计算，而用两个同阶的显式和隐式公式组合成为高阶的预测-校正公式计算.

9.5.1　四阶 Adams 预测-校正公式

应用中常将式(9.18)和式(9.20)联合起来，构成 Adams 预测-校正公式

$$\begin{cases}\bar{y}_{i+1}=y_i+\frac{h}{24}[55f_i-59f_{i-1}+37f_{i-2}-9f_{i-3}]\\ y_{i+1}=y_i+\frac{h}{24}[9\bar{f}_{i+1}+19f_i-5f_{i-1}+f_{i-2}]\end{cases}\tag{9.22}$$

其中，$\bar{f}_{i+1}=f(x_{i+1}, \bar{y}_{i+1})$，称第一式为预测公式，第二式为校正公式，并用经典的四阶 R-K 法作启动值计算．

例 9.5 利用 Adams 预测-校正公式求解

$$\begin{cases}\frac{\mathrm{d}y}{\mathrm{d}x}=y-\frac{2x}{y}, \quad x\in[0, 1]\\ y(0)=1\end{cases}$$

解 取步长 $h=0.1$，计算公式为

$$\bar{y}_{i+1}=y_i+\frac{h}{24}\left[55\left(y_i-\frac{2x_i}{y_i}\right)-59\left(y_{i-1}-\frac{2x_{i-1}}{y_{i-1}}\right)+37\left(y_{i-2}-\frac{2x_{i-2}}{y_{i-2}}\right)-9\left(y_{i-3}-\frac{2x_{i-3}}{y_{i-3}}\right)\right]$$

$$y_{i+1}=y_i+\frac{h}{24}\left[9\left(\bar{y}_{i+1}-\frac{2x_{i+1}}{\bar{y}_{i+1}}\right)+19\left(y_i-\frac{2x_i}{y_i}\right)-5\left(y_{i-1}-\frac{2x_{i-1}}{y_{i-1}}\right)+\left(y_{i-2}-\frac{2x_{i-2}}{y_{i-2}}\right)\right]$$

计算结果见表 9.4.

表 9.4

x_i	启动值	预测值 $\bar{y}_i$	校正值 y_i	准确值 $y(x_i)$
0.1	1.095446			1.095445
0.2	1.183217			1.183216
0.3	1.264912			1.264911
0.4		1.341552	1.341641	1.341641
0.5		1.414045	1.414214	1.414214
0.6		1.483017	1.483240	1.483240
0.7		1.548917	1.549193	1.549193
0.8		1.612114	1.612452	1.612452
0.9		1.672916	1.673320	1.673320
1.0		1.731566	1.732051	1.732051

*9.5.2 局部截断误差估计和修正

假设预测式和校正式都是 r 阶的，渐近误差常数为 C_{r+1}，C_{r+1}^*，则在 $y(x)$

充分可微的条件下有

$$\begin{cases} y(x_{i+1})-\bar{y}_{i+1}=C_{r+1}h^{r+1}y^{(r+1)}(x_i)+o(h^{r+1}) \\ y(x_{i+1})-y_{i+1}=C^*_{r+1}h^{r+1}y^{(r+1)}(x_i)+o(h^{r+1}) \end{cases}$$

二式相减有

$$y_{i+1}-\bar{y}_{i+1}=(C_{r+1}-C^*_{r+1})h^{r+1}y^{(r+1)}(x_i)+o(h^{r+1})$$

略去高阶无穷小项有

$$h^{r+1}y^{(r+1)}(x_i)\approx\frac{y_{i+1}-\bar{y}_{i+1}}{C_{r+1}-C^*_{r+1}}$$

由此可得预测式和校正式的局部截断误差估计

$$\bar{T}_i\approx\frac{C_{r+1}}{C_{r+1}-C^*_{r+1}}(y_{i+1}-\bar{y}_{i+1}) \tag{9.23}$$

$$T_i\approx\frac{C^*_{r+1}}{C_{r+1}-C^*_{r+1}}(y_{i+1}-\bar{y}_{i+1}) \tag{9.24}$$

有了式(9.23)和式(9.24)的近似估计后，将其加在原来的预测式和校正式上，可以改进预测值和校正值的精度，称之为修正预测-校正法．但一般只对预测式这样做，若对校正式这样做常会使稳定性变差．估计式(9.24)常用来选择步长，控制局部截断误差．

*9.5.3　修正的 Adams 预测-校正法

对四阶的 Adams 方法，由式(9.19)和式(9.21)有

$$\bar{T}_{i+1}\approx\frac{\frac{251}{720}}{\frac{251}{720}-\left(-\frac{19}{720}\right)}(y_{i+1}-\bar{y}_{i+1})=\frac{251}{270}(y_{i+1}-\bar{y}_{i+1})$$

故有修正的 Adams 预测-校正法．

预测：

$$y^{(0)}_{i+1}=y_i+\frac{h}{24}[55f_i-59f_{i-1}+37f_{i-2}-9f_{i-3}]$$

修正：

$$\bar{y}_{i+1}=y^{(0)}_{i+1}+\frac{251}{270}(y_i-y^{(0)}_i)$$

校正：

$$y_{i+1}=y_i+\frac{h}{24}[9\bar{f}_{i+1}+19f_i-5f_{i-1}+f_{i-2}]$$

局部截断误差估计为

$$T_i\approx-\frac{19}{270}(y_{i+1}-y^{(0)}_{i+1})$$

9.6 一阶常微分方程组与高阶常微分方程

前面所介绍的初值问题数值解法都可以推广到方程组和高阶方程的情形．

9.6.1 一阶常微分方程组

设有初值问题

$$\begin{cases} y'_k = f_k(x, y_1, y_2, \cdots, y_m), & x \in [a, b], k=1, 2, \cdots, m \\ y_k(a) = y_{k0} \end{cases} \tag{9.25}$$

引进向量记号

$$\boldsymbol{y} = (y_1, y_2, \cdots, y_m)^{\mathrm{T}}$$
$$\boldsymbol{y}_0 = (y_{10}, y_{20}, \cdots, y_{m0})^{\mathrm{T}}$$
$$\boldsymbol{f} = (f_1, f_2, \cdots, f_m)^{\mathrm{T}}$$

则微分方程组(9.25)可写成向量形式

$$\begin{cases} \boldsymbol{y}' = \boldsymbol{f}(x, \boldsymbol{y}) \\ \boldsymbol{y}(a) = \boldsymbol{y}_0 \end{cases} \tag{9.26}$$

前面介绍的所有方法都可用来求解初值问题式(9.26)，以 Euler 方法为例，式(9.26)的 Euler 公式为

$$y_{i+1} = y_i + hf(x_i, y_i)$$

写成分量形式为

$$y_{k\ i+1} = y_{k\ i} + hf_k(x_i, y_{1i}, y_{2i}, \cdots, y_{mi}), \quad k=1, 2, \cdots, m$$

写成方程组的形式为

$$\begin{cases} y_{1\ i+1} = y_{1\ i} + hf_1(x_i, y_{1i}, y_{2i}, \cdots, y_{mi}) \\ y_{2\ i+1} = y_{2\ i} + hf_2(x_i, y_{1i}, y_{2i}, \cdots, y_{mi}) \\ \qquad \vdots \\ y_{m\ i+1} = y_{m\ i} + hf_m(x_i, y_{1i}, y_{2i}, \cdots, y_{mi}) \end{cases}$$

9.6.2 高阶常微分方程

对高阶方程，可作变量替换将其转化为一阶方程组，设有高阶方程

$$\begin{cases} y^{(m)} = f(x, y, y', y'', \cdots, y^{(m-1)}) \\ y^{(k)}(a) = y_0^{(k)}, \quad k=0, 1, 2, \cdots, m-1 \end{cases} \tag{9.27}$$

引入变量

$$y_k = y^{(k-1)}, \quad k=1, 2, \cdots, m$$

则式(9.27)可化为等阶的方程组

$$\begin{cases} y'_1 = y_2 \\ y'_2 = y_3 \\ \quad \vdots \\ y'_{m-1} = y_m \\ y'_m = f(x, y_1, y_2, \cdots, y_m) \\ y_k(a) = y_{k0}, \quad k = 1, 2, \cdots, m \end{cases} \tag{9.28}$$

再用一阶方程组的数值方法来求解式(9.28).

例 9.6　写出用 Euler 预测-校正方法求解初值问题

$$\begin{cases} y'' + 4xyy' + 2y^2 = 0 \\ y(0) = 1, \ y'(0) = 0 \end{cases}$$

的计算公式.

解　令 $y' = z$，则所给初值问题化为

$$\begin{cases} y' = z \\ z' = -4xyz - 2y^2 \\ y(0) = 1, \ z(0) = 0 \end{cases}$$

Euler 预测-校正法的计算公式为

预测：
$$\begin{cases} \bar{y}_{i+1} = y_i + hz_i \\ \bar{z}_{i+1} = z_i + h(-4x_i y_i z_i - 2y_i^2) \end{cases}$$

校正：
$$\begin{cases} y_{i+1} = y_i + \dfrac{h}{2}[z_i + \bar{z}_{i+1}] \\ z_{i+1} = z_i + \dfrac{h}{2}[(-4x_i y_i z_i - 2y_i^2) + (-4x_{i+1}\bar{y}_{i+1}\bar{z}_{i+1} - 2\bar{y}_{i+1}^2)] \end{cases}$$

*9.7　收敛性与稳定性

*9.7.1　收敛性

定义 9.6　设线性多步法式(9.14)的 y_{i+1} 之前的 $p+1$ 个函数值是已知且准确的，若用式(9.14)求出的解 y_{i+1} 满足

$$\lim_{h \to 0} y_{i+1} = y(x_{i+1})$$

其中，$y(x_{i+1})$是 x_{i+1}处的准确值，则称线性多步法式(9.14)是收敛的.

单步显式方法的一般形式可以统一表示为

$$y_{i+1} = y_i + h\varphi(x_i, y_i, h) \tag{9.29}$$

定理 9.4　设计算公式(9.29)中的增量函数 $\varphi(x, y, h)$在区域

$$D = \{(x, y, h) \mid a \leqslant x \leqslant b, -\infty < y < +\infty, 0 < h \leqslant h_0\}$$

上关于 y 满足 Lipschitz 条件，又设式(9.29)的局部截断误差 $|T_i| \leqslant Ch^{r+1}$，则

其整体截断误差为

$$|\varepsilon_i| \leqslant |\varepsilon_0| e^{L(b-a)} + \frac{Ch^r}{L}[e^{L(b-a)}-1], \quad i=1, 2, \cdots, n$$

定理 9.4 的结论表明，常微分方程数值解的整体截断误差与初始值的误差有关，当初始值是准确的($\varepsilon_0=0$)，则整体截断误差比局部截断误差的阶数低一阶，从而当 $r\geqslant1$ 时必然有

$$\lim_{h\to0}\varepsilon_i=0, \quad i=1, 2, \cdots, n$$

即数值解收敛于准确解．由此可得出 Euler 方法、R-K 方法是收敛的，可以类似地证明本章介绍的其他方法也是收敛的．

*9.7.2 稳定性

稳定性即数值稳定性，是指在数值计算的过程中误差传播的情况．应用数值方法求解微分方程初值问题时，由于求解过程是按节点逐次递推进行，误差的传播是不可避免的．所以若计算公式不能有效地控制误差的传播，误差的严重积累将使最终的计算结果严重失真．

例 9.7 分别在 $h=0.1$，$h=0.2$ 用经典 R-K 方法求解微分方程

$$\begin{cases} y'=-20y, & 0\leqslant x\leqslant1 \\ y(0)=1 \end{cases}$$

解 计算结果见表 9.5.

表 9.5

x_i	准确值 $y(x_i)$	$y_i(h=0.1)$	$y(x_i)-y_i$	$y_i(h=0.2)$	$y(x_i)-y_i$
0.2	0.0183156	0.1111111	−0.0927955	5	−5
0.4	0.0003354	0.0123456	−0.0120102	25	−25
0.6	0.0000061	0.0013717	−0.0013656	125	−125
0.8	0.0000001	0.0001542	−0.0001523	625	−625
1.0	0.0000000	0.0000017	−0.0000169	3125	−3125

从计算的结果看，当步长 $h=0.1$ 时，各数值解的误差较小，且呈逐渐减小的趋势；当步长 $h=0.2$ 时，数值解的误差较大，且逐渐增大以致失去控制．称 $h=0.1$ 时的数值解是稳定的，$h=0.2$ 时的数值解不稳定．

定义 9.7 设计算公式的准确解为 y_i，其计算解为 $\bar{y}_i$，称

$$\delta_i=y_i-\bar{y}_i$$

为节点 x_i 处的数值解的扰动，又设 $\delta_i\neq0$ 且以后各步计算中设有引进计算误差，若

$$|\delta_j| \leqslant |\delta_i|, \quad j=i+1, i+2, \cdots, n$$

则称计算公式是绝对稳定的．

从定义 9.7 可以对数值计算稳定理解为，差分方程在某步计算中产生的计算误差，在以后各步的计算中不会扩散．绝对稳定性的概念依赖于初值问题式(9.1)右端函数 $f(x, y)$的具体形式，现针对实验方程

$$y'=\lambda y$$

对 Euler 方法式(9.2)进行讨论，数值解

$$y_{i+1}=y_i+h\lambda y_i=(1+h\lambda)y_i$$

计算解

$$\bar{y}_{i+1}=(1+h\lambda)\bar{y}_i$$

二式相减得扰动方程

$$\delta_{i+1}=(1+h\lambda)\delta_i$$

当 $|1+h\lambda|\leqslant 1$，即 $h\lambda\in(-2, 0)$时，Euler 方法绝对稳定，称$(-2, 0)$为 Euler 方法的绝对稳定区间，见表 9.6.

表 9.6　常见方法的绝对稳定区间

方法	方法的阶	稳定区间
Euler 方法	1	$(-2, 0)$
Euler 中点法	2	—
Euler 梯形方法	2	$(-\infty, 0)$
Euler 预测-校正法	2	$(-2, 0)$
二阶 R-K 法	2	$(-2, 0)$
经典 R-K 法	4	$(-2.78, 0)$
Adams 外推法	4	$(-0.3, 0)$
Adams 内插法	4	$(-3, 0)$
Simpson 方法	4	—

其中，Euler 中点法、Simpson 方法没有绝对稳定区间．

习　题　9

9.1　填空题．

(1) 解初值问题的 Euler 法是________阶方法，梯形方法是________阶方法，标准 R-K 方法是________阶方法；

(2) 解初值问题 $y'(x)=20(x-y)$，$y(0)=1$ 时，为保证计算的稳定性，若用经典的四阶 R-K 方法，步长 $0<h<$________，采用 Euler 方法，步长 h 的取值范围为________，若采用 Euler 梯形方法，步长 h 的取值范围为________，若采用 Adams 外推法，步长 h 的范围为________，若采用 Adams 内插法，步长 h 的取值范围为________；

(3) 求解初值问题 Euler 方法的局部截断误差为________，Euler 梯形方法的局部截断误差为________，Adams 外推法的局部截断误差为________，Adams

内插法的局部截断误差为________.

9.2　对初值问题

$$\begin{cases} y'=\dfrac{1}{1+x^2}-2y^2, & 0\leqslant x\leqslant 1 \\ y(0)=0 \end{cases}$$

试用 Euler 法取步长 $h=0.1$ 和 $h=0.2$ 计算其近似解，并与准确解 $y=\dfrac{x}{1+x^2}$进行比较.

9.3　利用 Euler 预测-校正法和四阶经典 R-K 方法，取步长 $h=0.1$，求解方程

$$\begin{cases} y'=x+y, & 0\leqslant x\leqslant 1 \\ y(0)=1 \end{cases}$$

并与准确解 $y(x)=-x-1+2e^x$ 进行比较.

9.4　用待定系数法推导二步法公式

$$y_{i+1}=y_i+\frac{h}{12}(5f_{i+1}+8f_i-f_{i-1})$$

并证明它是三阶公式，求出它的局部截断误差.

9.5　用 Adams 预测-校正法求解

$$\begin{cases} y'=-y^2, & 0\leqslant x\leqslant 1 \\ y(0)=1 \end{cases}$$

并与准确解 $y(x)=\dfrac{1}{1+x}$进行比较.

9.6　用 Euler 中点公式计算

$$\begin{cases} y'=-y, & 0\leqslant x\leqslant 2.5 \\ y(0)=1 \end{cases}$$

取步长 $h=0.25$，与准确解 $y=e^{-x}$比较，并说明中点公式是不稳定的.

9.7　写出用经典的 R-K 方法及 Adams 预测-校正法解初值问题

$$\begin{cases} y'=-8y+7z \\ z'=x^2+yz \\ y(0)=1, \quad z(0)=0 \end{cases}$$

的计算公式.

9.8　写出用 Euler 方法及 Euler 预测-校正法解二阶常微分方程初值问题

$$\begin{cases} y''+\sin y=0 \\ y(0)=1, \quad y'(0)=0 \end{cases}$$

的计算公式.

9.9　证明用单步法

$$y_{i+1}=y_i+hf\left(x_i+\frac{h}{2},\ y_i+\frac{h}{2}f(x_i,\ y_i)\right)$$

解方程 $y'=-2ax$ 的初值问题，可以给出准确解.

第 10 章　Matlab 软件与数值计算

Matlab 的含义是矩阵实验室(matrix laboratory)，是由美国 MathWork 公司于 1984 年推出的一套高性能的数值计算软件，由于它具有使用方便、用户界面友好的特征，能集数值分析、矩阵计算、信号处理和图形显示于一身，更有多种用户工具包可选用，深受计算工作者和工程技术人员的青睐，目前使用十分广泛．本书特选用 Matlab 作为数值分析的演示及实验的软件环境．

本章只介绍与本书演示及实验有关的 Matlab 知识，更详细的 Matlab 知识可参考相关书籍．

10.1　矩阵与数组

1. 行向量

```
>> x=[2 -3 1]                %中间用空格将数据分开，也可用逗号分开
x=
      2    -3    1           %显示输出结果
```

2. 列向量

```
>> y=[3 -1 5]'               %'表示转置
y=
      3
     -1
      5
```

3. 矩阵输入

```
>>A=[1 3 2; 5 4 6; 7 9 8]   %；表示换行
A=
      1    3    2
      5    4    6
      7    9    8
```

4. 矩阵转置

```
>> B = A′

B =
        1    5    7
        3    4    9
        2    6    8
```

5. 单位阵

```
>>I = eye(3)                    % 3 表示矩阵是 3 阶方阵
I =
        1    0    0
        0    1    0
        0    0    1
```

6. 零矩阵

```
>> Z = zeros(3)
Z =
        0    0    0
        0    0    0
        0    0    0
```

7. Hilbert 矩阵

例如，生成三阶 Hilbert 阵

```
>> H = hilb(3)
H =
        1.0000    0.5000    0.3333
        0.5000    0.3333    0.2500
        0.3333    0.2500    0.2000
```

8. 矩阵加减法

```
>> C = A + B,
C =
        2    8     9
        8    8    15
        9   15    16
>>D = A - B
```

```
D =
       0   -2   -5
       2    0   -3
       5    3    0
```

9. 矩阵乘法

```
>> E = A * B
E =
       14    29    50
       29    77   119
       50   119   194
```

10. 数组输入

除上述的矩阵输入法外，数组还可以有如下输入法：

(1) 等差输入：数组＝初值：增量：终值．

```
>> a = 1: 2: 10
a =
       1    3    5    7    9
```

增量为1时，可以省略．

```
>> a = 1: 5
a =
       1    2    3    4    5
```

(2) 等分输入法：数组＝linspace(初值，终值，等分点数)．

```
>> a = linspace(0, 10, 5)
a =
       0    2.5000    5.0000    7.5000    10.0000
```

11. 点乘运算

数组的点乘运算是对应分量相乘；矩阵的点乘是对应元素相乘．例如：

```
>> x = 1: 5
x =
       1    2    3    4    5
>> y = -2: 2
y =
      -2   -1    0    1    2
>>z = x. * y
```

```
z =
    -2  -2   0   4   10
```

10.2 函数运算和作图

10.2.1 基本初等函数

(1) 三角函数：sin(x)，cos(x)，tan(x).

(2) 反三角函数：asin(x)，acos(x)，atan(x).

(3) 指数函数 e^x：exp(x).

(4) 对数函数：

① 自然对数 $\ln x$：log(x)；

② 常用对数 $\lg x$：log10(x)；

③ 以 2 为底的对数$\log_2 x$：log2(x).

(5) 开平方函数：sqrt(x).

(6) 绝对值函数：abs(x).

(7) 计算一般函数值：eval(f). 其中，f 是一个函数表达式的字符串.

```
>> f = 'x. * sin(x)' ;
>> x = 1: 10;
>>y = eval(f)
y =
  Columns 1 through 9
    0.8415   1.8186   0.4234   -3.0272   -4.7946   -1.6765   4.5989
    7.9149   3.7091
  Column 10
   -5.4402
```

10.2.2 多项式函数

(1) 多项式的表示．多项式可用一个向量表示，其分量为其降幂排列的系数．如 x^3-3x^2+5 可表为 $p=[1\quad -3\quad 0\quad 5]$.

(2) 多项式求值：polyval(p, x).

```
>> p = [1  -3  0  5];
>> x = 1: 10;
>> y = polyval(p, x)
y =
    3    1    5    21    55    113    201    325    491    705
```

(3) 多项式的零点：roots(p).

```
>> roots(p)
ans =
        2.0519 + 0.5652i
        2.0519 - 0.5652i
       -1.1038
```

(4) 方阵 **A** 的特征多项式：poly(A).

```
>> A=[3 1 2; 1 3 2; 1 2 3]
  >> p=poly(A)
  p =
       1.0000    -9.0000    20.0000    -12.0000
  >> roots(ans)
  ans =
        6.0000
        2.0000
        1.0000
```

10.2.3 矩阵函数

1. 矩阵的行列式

```
>> A=[1 3 2; 5 4 6; 7 9 8]
A =
     1    3    2
     5    4    6
     7    9    8
>>d=det(A)
d =
     18
```

2. 矩阵的逆

```
>> B=inv(A)
B =
   -1.2222   -0.3333    0.5556
    0.1111   -0.3333    0.2222
    0.9444    0.6667   -0.6111
```

3. ***LU*** 分解

命令格式：[L U P]=lu(A).

说明：这里 $\boldsymbol{L}$ 是单位下三角矩阵，$\boldsymbol{U}$ 是上三角矩阵，$\boldsymbol{P}$ 是置换阵，这是因为本命令中默认加上了按列选主元素．如命令中省略 $\boldsymbol{P}$，则 $\boldsymbol{L}$ 不一定是单位下三角矩阵，而 $\boldsymbol{PL}$ 才是单位下三角矩阵．例如：

```
>> [L U P] = lu(A)
L =
        1.0000        0           0
        0.7143        1.0000      0
        0.1429       -0.7059      1.0000
U =
        7.0000        9.0000      8.0000
        0            -2.4286      0.2857
        0             0           1.0588
P =
        0     0     1
        0     1     0
        1     0     0
>>[L U] = lu(A)
L =
        0.1429       -0.7059      1.0000
        0.7143        1.0000      0
        1.0000        0           0
U =
        7.0000     9.0000         8.0000
        0         -2.4286         0.2857
        0          0              1.0588
```

4. Cholesky 分解

命令格式：L＝chol(A).

说明：这里 $\boldsymbol{A}$ 必须是对称正定矩阵，$\boldsymbol{L}$ 将得到上三角矩阵，使 $\boldsymbol{A}=\boldsymbol{L}^{\mathrm{T}}\boldsymbol{L}$ 成立．例如：

```
>> A = [3 1 2; 1 3 2; 2 2 3];
>> L = chol(A)
L =
        1.7321     0.5774     1.1547
        0          1.6330     0.8165
        0          0          1.0000
>> L'*L
ans =
```

```
    3.0000    1.0000    2.0000
    1.0000    3.0000    2.0000
    2.0000    2.0000    3.0000
```

5. 矩阵范数

命令格式：n1=norm(A，1)，n2=norm(A，2)，ninf=norm(A，inf).

说明：这三个命令分别求 ***A*** 的 1 -范数，2 -范数和∞-范数，其中 n2=norm(A，2)也可写为 n2=norm(A). 例如：

```
>> A=[3 1 2; 1 3 2; 2 2 3];
>> n1=norm(A, 1)
n1=
     7
>> n2=norm(A, 2)
n2=
     6.3723
>> ninf=norm(A, inf)
ninf=
     7
```

6. 矩阵条件数

命令格式：k1=cond(A，1)，k2=cond(A，2)，kinf=cond(A，inf).

说明：这三个命令分别求 ***A*** 的 1 -条件数，2 -条件数和∞-条件数，其中 k2=cond(A，2)也可写为 k2=cond(A). 例如：

```
>> k1=cond(A, 1)
k1=
     14
>> k2=cond(A, 2)
k2=
     10.1515
>> kinf=cond(A, inf)
kinf=
     14
```

7. *QR* 分解

命令格式：[Q，R]=qr(A).

说明：也称为正交三角分解，将 ***A*** 分解成为一个正交阵 ***Q*** 和一个上三角矩阵 ***R*** 的乘积. 例如：

```
>> A=[3 1 2 ; 1 3 2; 2 2 3];
>> [Q, R]=qr(A)
Q=
    -0.8018    0.4364   -0.4082
    -0.2673   -0.8729   -0.4082
    -0.5345   -0.2182    0.8165
R=
    -3.7417   -2.6726   -3.7417
     0        -2.6186   -1.5275
     0         0         0.8165
```

8. 奇异值分解

命令格式：[U, S, V]=svd(A).

说明：将矩阵 **A** 分解成为正交阵 **U**、对角阵 **S** 和正交阵 **V** 的乘积，即 $\boldsymbol{A}=\boldsymbol{U}\boldsymbol{S}\boldsymbol{V}^{\mathrm{T}}$. 例如：

```
>> A=[3 1 2; 1 3 2; 2 2 3; 1 3 2]
A=
     3    1    2
     1    3    2
     2    2    3
     1    3    2
>> [U, S, V]=svd(A)
U=
    -0.4520   -0.7443    0.4915   -0.0000
    -0.4922    0.4518    0.2315   -0.7071
    -0.5578   -0.1941   -0.8069    0.0000
    -0.4922    0.4518    0.2315    0.7071
S=
    7.2836         0         0
    0         2.3475         0
    0              0    0.6617
    0              0         0
V=
    -0.4745   -0.7317    0.4894
    -0.6207    0.6723    0.4034
    -0.6242   -0.1124   -0.7732
```

9. 特征值分解

命令格式：[Q, D]=eig(A), D=eig(A).

说明：此命令可以求出方阵 **A** 的特征值和相应的特征向量．例如：

```
>> A=[3 1 2; 1 3 2; 2 2 3]
A=
        3     1     2
        1     3     2
        2     2     3
>> D=eig(A)
D=
        0.6277
        2.0000
        6.3723
>> [Q, D]=eig(A)
Q=
        0.4544      0.7071      0.5418
        0.4544     -0.7071      0.5418
       -0.7662      0           0.6426
D=
        0.6277            0             0
        0                 2.0000        0
        0                 0             6.3723
```

10.2.4　绘图命令

(1) 二维绘图函数 plot，常用和最简单的绘图工具．

① 格式：plot(x, y,'—r')；

② 说明：将 **x** 和 **y** 对应分量定义的点依次用红色实线联结(x，y 的维数必须一致)；

③ 其中线型、点型和色号可按表 10.1、表 10.2 选择；

表 10.1

线型	符号	点型	符号
实线	—(减号)	实心圆点	.
虚线	——(双减号)	加号	+
点线	:	星号	*
虚线间点	—.(减号加点)	空心圆点	o(小写字母 o)
		叉号	x(小写字母 x)

表 10.2

蓝色	红色	黄色	绿色
b	r	y	g

④ 绘图辅助命令．利用以下命令可以为图形加上不同效果，注意以下命令必须放在相应的 plot 命令之后，见表 10.3.

表 10.3

title('…')	在图形上方加标题
xlabel('…')	为 x 轴加说明
ylabel('…')	为 y 轴加说明
grid	在图上显示虚线格标度
text(x，y,'…')	在图中 x，y 坐标处显示'…'中的内容
gtext('…')	在图中用光标确定位置处显示'…'中的内容
axis([xl，xu，yl，yu])	用[]中四个实数定义 x，y 方向显示范围
hold on	后面的 plot 图形将叠加在一起
hold off	解除 hold on 命令，后面 plot 产生的图形将冲去原有图形

例 10.1　作出$[-\pi, \pi]$上函数 $y=x^2\sin x$ 的图形．

```
x = - pi: 0.05: pi;
y = x. * x. * sin(2 * x);
plot(x, y,'-')
grid
```

结果如图 10.1 所示．

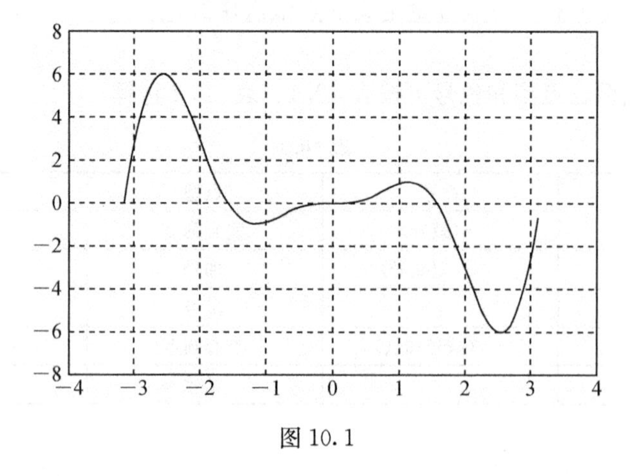

图 10.1

(2) 一元函数绘制函数命令 fplot，可绘制已定义函数在指定区间上的图像，与 plot 命令类似，但能自适应地选择取值点．plot 的线型和色号选项依然适用．

格式：fplot(f，[a，b])，其中 f 是一个函数表达式的字符串，a 和 b 是 x 取值的下界和上界．

例 10.2　作出$[-\pi, \pi]$上函数 $y=x^2\sin x$ 的图形．

```
f = ′x. * x. * sin(2 * x)′
fplot(f, [-pi, pi])
```

也可以作出与例 10.1 一样的图形．

(3) 多窗口绘图函数 subplot.

格式：subplot(p，q，r).

说明：将图形窗口分为 p 行 q 列共 $p\times q$ 个格子，在第 r 个格子上画图，格子是从上到下，从左到右依次计数的．

例 10.3　作出$[-1, 1]$上前四个 Legendre 多项式的图形．

Legendre 多项式是定义在$[-1, 1]$上的正交多项式系列，它可由下列递推公式生成：

$$p_0(x)=1, \qquad p_1(x)=x$$

$$p_{k+1}(x)=\frac{2k+1}{k+1}xp_k(x)-\frac{k}{k+1}p_{k-1}(x)$$

```
x = -1: 0.05: 1
p0 = 1 + 0 * x; p1 = x;
p2 = (3 * x.^2 - 1)/ 2;
p3 = (5 * x.^3 - 3 * x)/ 2
subplot(2, 2, 1); plot(x, p0)
subplot(2, 2, 2); plot(x, p1)
subplot(2, 2, 3); plot(x, p2)
subplot(2, 2, 4); plot(x, p3)
```

结果如图 10.2 所示．

(4) 三维图形函数 mesh(z).

仅用例子说明，详细功能及语法参考 Matlab 有关资料．

例 10.4　作出 $x\in[-3, 3]$，$y\in[-3, 3]$上 $z=\exp\left(-\frac{x^2+y^2}{2}\right)$的图形．

```
k = 3;
x = -k: 0.05: k; y = x′;
u = ones(size(y)) * x;
v = y * ones(size(x));
z = exp( - (u.^2 + v.^2)/ 2);
mesh(z)
```

结果如图 10.3 所示．

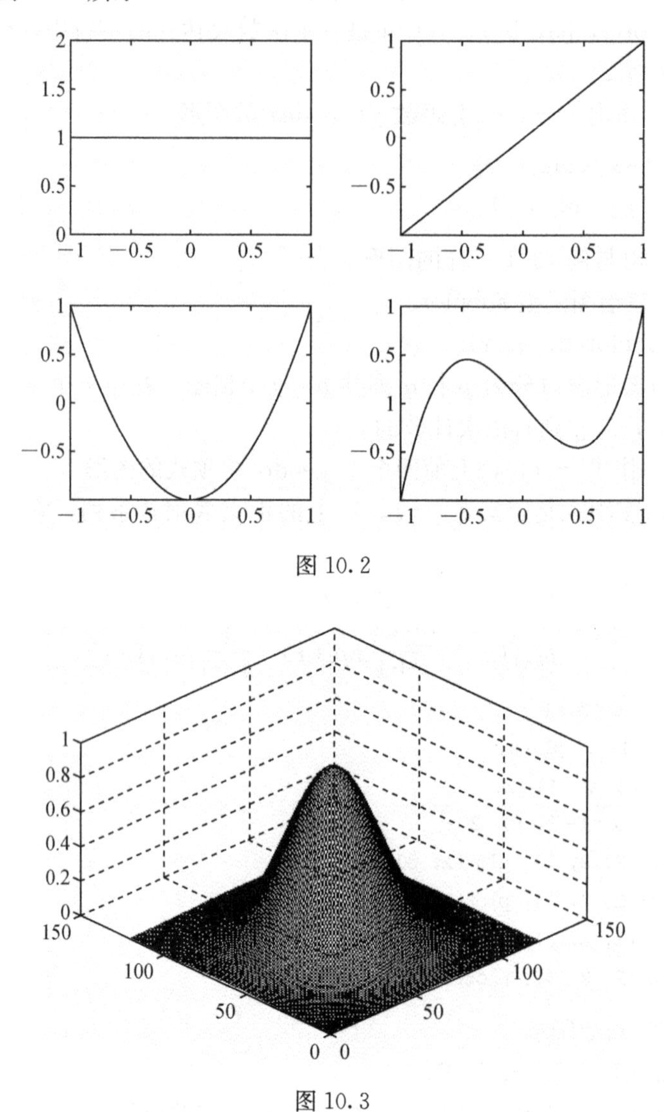

图 10.2

图 10.3

10.2.5 Matlab 编程

将一个完整的命令集合写成 M 文件便是一段 Matlab 程序．Matlab 程序具有一般程序语言的基本结构和功能．有顺序结构、分支结构和循环结构三种结构．

(1) 顺序结构：如程序中没有控制语句，则程序执行时按语句顺序逐句执行．

(2) 分支结构(条件语句)：

① if ＜条件＞

　　　＜语句组＞
　　end
② if　＜条件＞
　　　＜语句组 1＞
　　else
　　　＜语句组 2＞
　　end

(3) 循环结构 . Matlab 提供两种循环结构：

① for 循环 .

for　＜循环变量＞＝＜初值＞：＜步长＞：＜终值＞
＜语句组＞
end

② while 循环 .

while ＜条件＞
＜语句组＞
end

(4) 以上两种控制结构中的＜条件＞由逻辑表达式的值决定：1 为真，表示条件成立；0 为假，表示条件不成立 . 逻辑表达式由关系表达式和逻辑运算符组合而成，关系表达式由变量、常量、表达式和关系运算符组合而成 .

(5) 关系表达式中的关系运算符见表 10.4.

表 10.4

＝＝	相等	＞	大于
＜＝	小于等于	＜	小于
＞＝	大于等于	～＝	不等于

(6) 逻辑表达式中的逻辑运算符见表 10.5.

表 10.5

<table>
<tr><td>&</td><td>逻辑与</td><td>A&B</td><td>A 与 B 同时成立</td></tr>
<tr><td>|</td><td>逻辑或</td><td>A | B</td><td>A 或 B 成立</td></tr>
<tr><td>～</td><td>逻辑非</td><td>～A</td><td>与条件 A 相反的条件成立</td></tr>
</table>

例 10.5　找出 1～100 的完全平方数 .

```
for i = 1：100
        if sqrt(i) = = fix(sqrt(i))
            i
```

```
        end
end
```

例 10.6 找出 2000～2100 年的闰年 .

```
i=2000;
while i<=3000
    s=i/100;
    if mod(i, 4)==0 & ~(s==fix(s) & mod(s, 4)>0)
       %年份能整除 4 且逢 100 年能整除 400
        i
    end
    i=i+1;
end
```

(7) 自定义函数 .

如 M 文件的第一行为：function <因变量>=<函数>(自变量表)，则这个文件是一个自定义函数，可以如标准函数一样调用 .

例 10.7 求方阵 **A** 的 Jacobi 迭代法的迭代矩阵 ***B***.

```
function B=bj(A)
n=max(size(A));
D=zeros(n);
for i=1: n
    D(i, i)=A(i, i);
end
B=-inv(D)*(A-D);
```

以上程序存为名为 bj. m 的 M 文件，调用如下：

```
>> A=[3 1 2; 1 3 2; 1 2 3]
A=
     3     1     2
     1     3     2
     1     2     3
>> BJ=bj(A)
BJ=
        0          -0.3333       -0.6667
   -0.3333            0          -0.6667
   -0.3333         -0.6667          0
```

10.3　线性方程组的数值解

10.3.1　直接法

$\boldsymbol{Ax}=\boldsymbol{b}$，$\boldsymbol{A}$ 是一个 $n\times n$ 方阵，$\boldsymbol{b}$ 是 n 维列向量．

1. Gauss 消元法

```
>> x=A\b
```
，用带选主元素的 Gauss 消元法求解 $\boldsymbol{Ax}=\boldsymbol{b}$

2. ***LU*** 分解和 Doolittle 方法

```
>>[L U]=lu(A)
```
，得到 $\boldsymbol{A}$ 的 $\boldsymbol{LU}$ 分解

Doolittle 方法：$\boldsymbol{Ax}=\boldsymbol{b}\Rightarrow\boldsymbol{LUx}=\boldsymbol{b}\xrightarrow{\boldsymbol{y}=\boldsymbol{Ux}}\begin{cases}\boldsymbol{Ly}=\boldsymbol{b}\\ \boldsymbol{Ux}=\boldsymbol{y}\end{cases}$.

```
>>[L U]=lu(A)
>>y=L\b
>>x=U\y
```

3. Cholesky 分解和平方根法

平方根法：$\boldsymbol{Ax}=\boldsymbol{b}\Rightarrow\boldsymbol{L}^{\mathrm{T}}\boldsymbol{Lx}=\boldsymbol{b}\xrightarrow{\boldsymbol{y}=\boldsymbol{Lx}}\begin{cases}\boldsymbol{L}^{\mathrm{T}}\boldsymbol{y}=\boldsymbol{b}\\ \boldsymbol{Lx}=\boldsymbol{y}\end{cases}$.

例 10.8　用平方根法求解

$$\begin{pmatrix}3 & 1 & 2\\ 1 & 3 & 2\\ 1 & 2 & 3\end{pmatrix}\begin{pmatrix}x_1\\ x_2\\ x_3\end{pmatrix}=\begin{pmatrix}3\\ -3\\ 1\end{pmatrix}$$

```
>> A=[3 1 2; 1 3 2; 1 2 3]
>> b=[3 -3 1]'
>> L=chol(A)
>> y=L'\b
y=
      1.7321
     -2.4495
      1
>> x=L\y
x=
            1
           -2
```

1

10.3.2 迭代法

$\boldsymbol{Ax}=\boldsymbol{b}$，$\boldsymbol{A}=\boldsymbol{L}+\boldsymbol{D}+\boldsymbol{U}$，$\boldsymbol{L}$ 是 $\boldsymbol{A}$ 的下三角部分，$\boldsymbol{U}$ 是上三角部分，$\boldsymbol{D}$ 是对角部分．

1. Jacobi 迭代法

原理：

$$\boldsymbol{B}_{\mathrm{J}}=-\boldsymbol{D}^{-1}(\boldsymbol{L}+\boldsymbol{U}),\quad \boldsymbol{f}_{\mathrm{J}}=\boldsymbol{D}^{-1}\boldsymbol{b}$$

$$\boldsymbol{x}^{(k+1)}=\boldsymbol{B}_{\mathrm{J}}\boldsymbol{x}^{(k)}+\boldsymbol{f}_{\mathrm{J}},\quad k=0,1,2,\cdots$$

编程公式：对 $k=0,1,2,\cdots$，有

$$x_i^{(k+1)}=\frac{b_i}{a_{ii}}-\frac{1}{a_{ii}}\left(\sum_{j=1}^{i-1}a_{ij}x_j^{(k)}+\sum_{j=i+1}^{n}a_{ij}x_j^{(k)}\right),\quad i=1,2,\cdots,n$$

例 10.9 用 Jacobi 迭代法求解

$$\begin{cases}10x_1-2x_2-x_3=3\\-2x_1+10x_2-x_3=15\\-x_1-2x_2+5x_3=10\end{cases}$$

当 $\|x^{(k+1)}-x^{(k)}\|_\infty<10^{-6}$ 时退出运算．

解 编制程序，存入 M 文件 jacobi. m.

```
%输入数据
A=[10 -2 -1; -2 10 -1; -1 -2 5];
b=[3 15 10]';
e=0.000001;                 %控制误差
%%%%%%%%%%%%%%
n=max(size(A));             %测定维数
for i=1:n
      if A(i, i)==0
        '对角元为零，不能求解'
          return
      end
end
x=zeros(n, 1)               %设置初始解
k=0;                        %预设迭代次数为0
kend=50                     %最大迭代次数为50
r=1;                        %前后项之差的无穷范数，初始值设为1
while k<=kend & r>e         %达到预定精度或迭代超过50次退出计算
    x0=x;                   %记下前次近似解
```

```
        for i=1: n
            s=0;
            for j=1: i-1
                s=s+A(i, j)*x0(j);
            end
            for j=i+1: n
                s=s+A(i, j)*x0(j);
            end
            x(i)=b(i)/A(i, i)-s/A(i, i);
        end
        r=norm(x-x0, inf);    %重新计算前后项之差的无穷范数
        k=k+1;
    end
    if k>kend
        '迭代不收敛，失败'
    else
        '求解成功'
        x
        k
    end
```

此程序是一个通用程序，更改 $\boldsymbol{A}$，$\boldsymbol{b}$，e 后可求其他线性方程组的解．当迭代次数超过50次(也可以更改)还不能达到精度要求时，认为迭代失败，输出迭代失败信息．迭代收敛时，给出符合精度要求的近似解和迭代次数．如出现对角元为零时自动停止计算，并给出失败信息．

运行结果：

```
    >>jacobi
    x=
       0.99999984084662
       1.99999984084006
       2.99999973808525
    k=16
```

2. Gauss-Seidel迭代法

原理：

$$\boldsymbol{B}_S=-(\boldsymbol{D}+\boldsymbol{L})^{-1}\boldsymbol{U},\quad \boldsymbol{f}_S=(\boldsymbol{D}+\boldsymbol{L})^{-1}\boldsymbol{b}$$

$$\boldsymbol{x}^{(k+1)}=\boldsymbol{B}_S\boldsymbol{x}^{(k)}+\boldsymbol{f}_S,\qquad k=0,\ 1,\ 2,\ \cdots$$

编程公式：对 $k=0$，1，2，…，有

$$x_i^{(k+1)}=\frac{b_i}{a_{ii}}-\frac{1}{a_{ii}}\left(\sum_{j=1}^{i-1}a_{ij}x_j^{(k+1)}+\sum_{j=i+1}^{n}a_{ij}x_j^{(k)}\right),\quad i=1,2,\cdots,n$$

编程时只要在 jacobi. m 中作一处更改便可，请读者作为习题完成，将相应文件存为 g_s. m.

运行结果：

```
>>g_s
```

求解成功：

```
x=
      0.99999989453805
      1.99999994851584
      2.99999995831395
k=9
```

可见对此题 Gauss-Seidel 法比 Jacobi 法迭代收敛快 .

3. SOR 迭代法

原理：

$$\boldsymbol{B}_\omega=(\boldsymbol{D}+\omega\boldsymbol{L})^{-1}[(1-\omega)\boldsymbol{D}-\omega\boldsymbol{U}],\quad \boldsymbol{f}_\omega=\omega(\boldsymbol{D}+\omega\boldsymbol{L})^{-1}\boldsymbol{b}$$

$$\boldsymbol{x}^{(k+1)}=\boldsymbol{B}_\omega\boldsymbol{x}^{(k)}+\boldsymbol{f}_\omega,\quad k=0,1,2,\cdots$$

编程公式：对 $k=0,1,2,\cdots$，有

$$x_i^{(k+1)}=(1-w)x_i^{(k)}+\frac{\omega}{a_{ii}}\left(b_i-\sum_{j=1}^{i-1}a_{ij}x_j^{(k+1)}-\sum_{j=i+1}^{n}a_{ij}x_j^{(k)}\right),\quad i=1,2,\cdots,n$$

例 10.10　用 SOR 方法程序计算例 3.3.

编程，并将相应文件存为 sor. M.

```
% SOR迭代法
%输入数据
A=[4 -2 -1; -2 4 -2; -1 -2 3];
b=[0 -2 3]';
e=0.000001;              %控制误差
w=1;
%%%%%%%%%%%%%%
n=max(size(A));          %测定维数
for i=1:n
      if A(i,i)==0
        '对角元为零，不能求解'
        return
      end
end
```

```
x = zeros(n, 1)              % 设置初始解
k = 0;                       % 预设迭代次数为 0
kend = 100                   % 最大迭代次数为 100
r = 1;                       % 前后项之差的无穷范数，初始值设为 1
while k<=kend & r>e          % 达到预定精度或迭代超过 100 次退出计算
    x0 = x;                  % 记下前次近似解
    for i = 1: n
          s = 0;
          for j = 1: i-1
          s = s + A(i, j) * x(j);
        end
        for j = i + 1: n
          s = s + A(i, j) * x0(j);
        end
        x(i) = (1 - w) * x0(i) + w/ A(i, i) * (b(i) - s);
    end
    r = norm(x - x0, inf); % 重新计算前后项之差的无穷范数
    k = k + 1;
    x
end
if k>kend
    '迭代不收敛，失败'
else
    '求解成功'
    w
    x
    k
end
```

运行结果：

```
>>sor
```

求解成功：

```
w =
     1
x =
   0.99999538826086
   0.99999470865865
   1.99999493519272
k =
```

```
77
```

可见 $\omega=1$，即使用 Gauss-Seidel 迭代法时，此迭代收敛很慢，要 77 次才能达到相应精度．

更改程序第 5 行为 $\omega=1.45$，重新运行：

```
>>sor
```

求解成功：

```
w =
    1.45000000000000
x =
    0.99999945473105
    0.99999973714141
    1.99999963067734
k =
    24
```

可见 $\omega=1.45$ 时，迭代收敛加快，只要 24 次就能达到相应精度，取得了明显的加速效果．SOR 方法是广泛使用的求解大型线性方程组的迭代法，只要松弛因子 ω 选择适当，常可获得相当好的加速效果，但松弛因子 ω 的选取尚无有效的方法，只能通过经验或试算获得．

10.3.3 迭代法收敛理论

$\boldsymbol{Ax}=\boldsymbol{b}$，$\boldsymbol{A}=\boldsymbol{L}+\boldsymbol{D}+\boldsymbol{U}$，$\boldsymbol{L}$ 是 $\boldsymbol{A}$ 的下三角部分，$\boldsymbol{U}$ 是上三角部分，$\boldsymbol{D}$ 是对角部分．若能将 $\boldsymbol{Ax}=\boldsymbol{b}$ 转化为等价的 $\boldsymbol{x}^{(k+1)}=\boldsymbol{Bx}^{(k)}+\boldsymbol{f}(k=0,1,2,\cdots)$，有 $\rho(\boldsymbol{B})<1$，则此迭代格式收敛；$\rho(\boldsymbol{B})\geqslant 1$ 时，迭代不收敛．$\rho(\boldsymbol{B})$ 越接近于零，收敛越快．

对 Jacobi 迭代法：

$$\boldsymbol{B}_{\mathrm{J}}=-\boldsymbol{D}^{-1}(\boldsymbol{L}+\boldsymbol{U})$$

对 Gauss-Seidel 迭代法：

$$\boldsymbol{B}_{\mathrm{S}}=-(\boldsymbol{D}+\boldsymbol{L})^{-1}\boldsymbol{U}$$

对 SOR 迭代法：

$$\boldsymbol{B}_{\omega}=(\boldsymbol{D}+\omega\boldsymbol{L})^{-1}[(1-\omega)\boldsymbol{D}-\omega\boldsymbol{U}]$$

只要算出对应的 $\rho(\boldsymbol{B}_{\mathrm{J}})$，$\rho(\boldsymbol{B}_{\mathrm{S}})$，$\rho(\boldsymbol{B}_{\omega})$ 则很容易判断迭代收敛或比较收敛的快慢．

例 10.11

$$\boldsymbol{A}_1=\begin{pmatrix}10 & -2 & -1\\ -2 & 10 & -1\\ -1 & -2 & 5\end{pmatrix},\quad \boldsymbol{A}_2=\begin{pmatrix}4 & 2 & 1\\ 2 & 2 & 1\\ 1 & 1 & 1\end{pmatrix}$$

判别用 Jacobi 迭代法和 Gauss-Seidel 迭代法的收敛性．

(1) 前面已有函数 bj. m，继续编制函数 bs. m 如下：

```
function B = bs(A)
n = max(size(A));
D = zeros(n);
for i = 1: n
    for j = 1: n
        if j< = i
            DL(i, j) = A(i, j);
        end
    end
end
U = A - DL;
BS = - inv(DL) * U
```

(2) 谱半径计算如下：

```
>>rho = max(abs(eig(B)))
```

(3) 判断 $\boldsymbol{A}_1$.

```
>> A1 = [10 -2 -1; -2 10 -1; -1 -2 5]
A1 =
      10     -2     -1
      -2     10     -1
      -1     -2      5
>> BJ = bj(A1)
BJ =
      0           0.2000    0.1000
      0.2000      0         0.1000
      0.2000      0.4000    0
>> rho_j = max(abs(eig(BJ)))
rho_j =  0.3646
>> BS = bs(A1)
BS =
      0     0.2000    0.1000
      0     0.0400    0.1200
      0     0.0560    0.0680
>> rho_s = max(abs(eig(BS)))
rho_s = 0.1372
```

可见两种迭代法均收敛，且 Gauss-Seidel 迭代法比 Jacobi 迭代法快 .

(4) 判断 $\boldsymbol{A}_2$.

```
>> A2=[4 2 1; 2 2 1; 1 1 1]
A2=
      4     2     1
      2     2     1
      1     1     1
>> BJ=bj(A2)
BJ=
        0          -0.5000     -0.2500
      -1.0000        0         -0.5000
      -1.0000      -1.0000       0
>> rho_j=max(abs(eig(BJ)))
rho_j= 1.2808
>> BS=bs(A2)
BS=
      0    -0.5000   -0.2500
      0     0.5000   -0.2500
      0     0          0.5000
>> rho_s=max(abs(eig(BS)))
rho_s=0.5000
```

可见 Jacobi 迭代法不收敛，Gauss-Seidel 迭代法收敛.

10.3.4 SOR 法的松弛因子

例 10.12 就例 3.3 的矩阵，用步长 $h=0.01$ 扫描寻找 $\boldsymbol{A}$ 的最佳松弛因子.编制函数 bw.m 如下：

```
function BW=bw(A, w)
n=max(size(A));
L=zeros(n);
U=L;
for i=1: n
    for j=1: n
        if j<i
            L(i, j)=A(i, j);
        end
        if j>i
            U(i, j)=A(i, j);
        end
    end
end
D=A-L-U;
```

```
BW = inv(D + w * L) * [(1 - w) * D - w * U];
```

编制程序 best _ w. m：

```
A = [4 -2 -1; -2 4 -2; -1 -2 3]
w = 0.5: 0.01: 2;
n = size(w)
rho = zeros(n)
for i = 1: max(n)
    BW = bw(A, w(i));
    rho(i) = max(abs(eig(BW)))
end
[rho _ best, m] = min(rho);
w _ best = w(m)
rho _ best
```

运行结果：

```
w _ best = 1.4400
rho _ best = 0.5291
```

即当 ω=1.44 时，可获得最小的迭代矩阵的谱半径 0.5291. 进一步可以画出 ω 和谱半径关系的函数图像. 程序如下：

```
plot(w, rho)
grid
xlabel('w')
ylabel('rho')
```

结果如图 10.4 所示. 从图像看出，迭代矩阵的谱半径对于松弛因子 ω 是一个单峰函数，有唯一的最小值点.

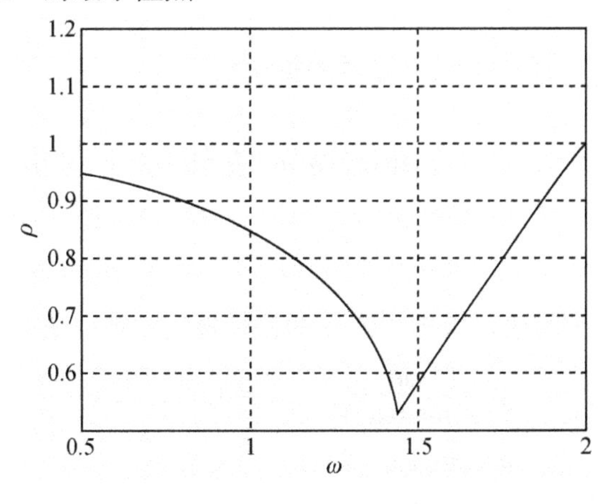

图 10.4

10.3.5 病态方程组和条件数

$\text{cond}(\boldsymbol{A})=\|\boldsymbol{A}\|\cdot\|\boldsymbol{A}^{-1}\|$ 称为 $\boldsymbol{A}$ 的条件数，条件数越大，方程组的病态越严重，用一般方法求解将会出现较大的误差 .

例 10.13 计算 1～10 阶 Hilbert 矩阵的条件数 .

编制程序：

```
k=[];
for i=1: 10
    A=hilb(i)
    k(i)=cond(A, 2);
end
k'
```

计算结果：

```
ans =
            1
       19.281
       524.06
        15514
   4.7661e+005
   1.4951e+007
   4.7537e+008
   1.5258e+010
   4.9315e+011
   1.6025e+013
```

可见，当 n 稍大时，Hilbert 矩阵严重病态 .

10.4 方阵的特征值和特征向量

10.4.1 乘幂法

用如下归一化乘幂法可求出方阵 $\boldsymbol{A}$ 的按模最大的特征值和相应的特征向量 .

$$\begin{cases}\boldsymbol{y}_k=\dfrac{\boldsymbol{u}_k}{\max(\boldsymbol{u}_k)}, & k=0,1,2,\cdots\\ \boldsymbol{u}_{k+1}=\boldsymbol{A}\boldsymbol{y}_k\end{cases}$$

例 10.14 计算矩阵

$$A=\begin{pmatrix}3 & 1 & 2\\1 & 3 & 2\\2 & 2 & -5\end{pmatrix}$$

的按模最大的特征值和特征向量.

编制程序 eig _ power. m 如下：

```
A=[3 1 2; 1 3 2; 2 2 -5];
e=0.00001;                    %要求误差
u=ones(max(size(A)), 1);      %初始特征向量，预设各分量为 1
r=1;                          %当前误差，预设为 1
k=1;                          %迭代次数
n=100;                        %最大迭代次数，预设为 100
[t, s]=max(abs(u));
while r>=e & k<n
    u0=u;
    t0=t;
    y=u./u(s);
    u=A*y;
    [t, s]=max(abs(u));
    if u0(s)*u(s)<0
        t=-u(s);
    else
        t=u(s);
    end
    r=abs(t-t0);
    k=k+1;
    t;
end
if k>=n
    '不收敛'
else
    t
    u
end
```

运行结果：

```
>>eig_power
t= -5.8151
u=
```

```
  1.1849
  1.1849
 -5.8151
```

10.4.2 古典 Jacobi 旋转法

可用于求出对称矩阵的全部特征值，算法见有关章节．

例 10.15 用古典 Jacobi 方法计算矩阵

$$A=\begin{pmatrix}1 & 0.5 & 0.5\\ 0.5 & 2 & 0.5\\ 0.5 & 0.5 & 3\end{pmatrix}$$

的全部特征值．

编制程序 eig_jacobi.m 如下：

```
A=[1 0.5 0.5; 0.5 2 0.5; 0.5 0.5 3];
n=max(size(A));              %测定对称阵的维数
e=0.00001;                   %给定误差限
r=1;                         %当前误差，预设为1
k=1;                         %迭代次数
m=100;                       %最大迭代次数，预设为100
while r>=e & k<=m
 %当前误差小于给定误差限或迭代次数超过规定次数时退出迭代
                             %确定绝对值最大的非对角元的位置
    p=1; q=1; amax=0;
    for i=1: n
        for j=1: n
            if i~=j & abs(A(i, j))>amax
                amax=abs(A(i, j));
                p=i; q=j;
            end
        end
    end
    r=amax; %重算当前误差
    %构造正交变换阵U
    l=-A(p, q);
    u=(A(p, p)-A(q, q))/ 2;
    if u==0
        w=1;
    else
```

```
            w = sign(u) * 1/sqrt(1 * 1 + u * u);
        end
        s = - w/sqrt(2 * (1 + sqrt(1 - w * w)));
        c = sqrt(1 - s * s);
        U = eye(n);
        U(p, p) = c;
        U(q, q) = c;
        U(p, q) = - s;
        U(q, p) = s;
        A = U' * A * U; % 旋转运算
        k = k + 1;
    end
    if k>m
        '不收敛'
    else
        lambda = [];
        for i = 1: n, lambda(i) = A(i, i); end
        lambda
    end
```

运行结果：

```
    lambda =  0.7554      1.8554      3.3892
```

10.4.3　基本 QR 算法

基本 QR 算法可用于求出一般矩阵的全部特征值和特征向量，是目前求矩阵特征值的最有效方法．完整的 QR 算法很复杂，以下仅介绍原理型的基本 QR 算法．

对矩阵 $\boldsymbol{A}$，基本 QR 算法的过程为：

一般矩阵→(正交三角化)→上 Hessenberg 阵→(基本 QR 算法)→上三角阵；

对称矩阵→(正交三角化)→对称三对角阵→(基本 QR 算法)→对角阵．

有关命令：

(1) hess( )命令：将一般矩阵变换为相似的拟上三角阵(上 Hessenberg 阵)．

命令格式：[P，H]＝hess(A)．产生一个正交矩阵 $\boldsymbol{P}$ 和一个上 Hessenberg 阵 $\boldsymbol{H}$，$\boldsymbol{H} \sim \boldsymbol{A}$，因而 $\boldsymbol{H}$ 与 $\boldsymbol{A}$ 有相同的特征值．

$\boldsymbol{H}$＝hess($\boldsymbol{A}$) 只产生一个上 Hessenberg 阵 $\boldsymbol{H}$，$\boldsymbol{H} \sim \boldsymbol{A}$.

```
    >> A = [1 -1 2; -2 0 5; 6 -3 6]
    A =
            1     -1     2
```

```
   -2     0   5
    6    -3   6
>> H = hess(A)
H =
        1          2.2136       -0.31623
        6.3246     4.8          -1.4
        0          6.6           1.2
```

(2) qr( )命令：将矩阵进行正交三角分解 $\boldsymbol{A}=\boldsymbol{QR}$.

命令格式：[Q R]=qr(A). 产生一个上三角阵 $\boldsymbol{R}$ 和一个正交矩阵 $\boldsymbol{Q}$，使得 $\boldsymbol{A}=\boldsymbol{QR}$.

例如：

```
>> [Q R] = qr(H)
Q =
      -0.9759        0.19694     0.09399
      -0.21822      -0.88074    -0.42034
        0           -0.43072     0.90249
R =
      -10.247       -3.8843     -0.52372
        0           -7.8938     -5.2149
        0            0           5.4891
```

(3) 基本 QR 算法参考程序.

例 10.16　用基本 QR 算法计算

$$\boldsymbol{A}=\begin{pmatrix}1 & -1 & 2\\ -2 & 0 & 5\\ 6 & -3 & 6\end{pmatrix}$$

的全部特征值.

编制程序 eig_qr.m 如下：

```
A = [1 -1 2; -2 0 5; 6 -3 6];
n = max(size(A))              % 测定 A 的阶数
e = 0.00001;                  % 要求误差
r = 1;                        % 当前误差，预设为 1
k = 1;                        % 迭代次数
m = 100;                      % 最大迭代次数，预设为 100
H = hess(A)                   % 化 A 为 Hessenberg 阵
while r >= e & k < m
    % QR 过程
```

```
        [Q R] = qr(H);
        H = R * Q
        % % % % % % % % %
        amax = 0;
        for i = 2: n
            for j = 1: i - 1
                if max(abs(H(i, j)))> = amax
                    amax = abs(H(i, j));
                end
            end
        end
        r = amax                % 重算当前误差
        k = k + 1;
    end
    if k> = m
        '不收敛'
    else
    H
    End
```

运行结果：

```
    k = 23
    H =
      5.0000      7.4864      - 0.5929
      0           3.0000      - 4.9600
      0           0           - 1.0000
```

矩阵的特征值为：5.0000，3.0000，－1.0000.

10.4.4 Matlab 中求特征值和特征向量的命令

(1) Matlab 中有一个求特征值和特征向量的现成命令 eig( )，功能十分强大. 例如：

```
    A = [1 - 1 2; - 2 0 5; 6 - 3 6];
    >> A = [1 - 1 2; - 2 0 5; 6 - 3 6];
    >> E = eig(A)
    E =
              - 1
                5
                3
```

```
>>[V, D] = eig(A)
V =
        0.44721        0.20328        0.13736
        0.89443        0.65049        0.82416
        0              0.7318         0.54944
D =
        -1        0        0
         0        5        0
         0        0        3
```

(2) 用特征多项式的零点也可求出 **A** 的特征值．例如：

```
>> p = poly(A)
p =        1            -7            7            15
```

表示 **A** 的特征多项式为 $P(\lambda)=|\lambda \boldsymbol{I}-\boldsymbol{A}|=\lambda^3-7\lambda^2+7\lambda+15$.

```
>> E = roots(p)
E =
            5
            3
           -1
```

$P(\lambda)$的零点是 5，3，-1.

10.5　方程和方程组求根

10.5.1　二分法

例 10.17　求 $2x-e^{-x}=0$ 在 $[0,1]$ 的根，要求 $|f(x)|\leqslant 10^{-7}$ 或 $|b-a|\leqslant 0.0001$.

编制程序 equation _ B 如下：

```
fun = '2 * x - exp( - x)'          % 输入 f(x)
a = 0; b = 1;                      % 输入求根区间[a, b]
e1 = 10^ ( - 7);                   % 要求误差 1
e2 = 0.0001;                       % 要求误差 2
r = 1;                             % 当前误差，预设为 1
k = 1;                             % 迭代次数
m = 20;                            % 最大迭代次数，预设为 20
x = a; fa = eval(fun);
x = b; fb = eval(fun);
```

```
if fa * fb>0
    '不能求出实根'
    return
end
while r> = e2 & k<m
    x = a; fa = eval(fun);
    x = (a + b)/ 2;
    fx = eval(fun);
    if abs(fx)< = e1
        k
        froot = x;
        return
    else
        if fx * fa>0
            a = x;
        else
            b = x;
        end
    end
    r = b - a;
    k = k + 1;
end
k
froot = x
```

运行结果：

```
k = 15
froot =  0.3517
```

10.5.2 Newton 法

例 10.18　求 $2x-e^{-x}=0$ 在 0.5 附近的根，要求 $|x_{k+1}-x_k|\leqslant 10^{-7}$.

编制程序 equation_N 如下：

```
fun = '2 * x - exp( - x)';          % 输入 f(x)
dfun = '2 + exp( - x)';             % 输入 f '(x)
x0 = 0.5;                           % 输入初始解
e = 10^ ( - 7);                     % 要求误差
r = 1;                              % 当前误差，预设为 1
k = 1;                              % 迭代次数
```

```
m = 20;                       %最大迭代次数，预设为10
while r> = e & k<m
    x = x0;
    x = x - eval(fun)/eval(dfun)
    r = abs(x - x0);
    x0 = x;
    k = k + 1;
end
k
froot = x
```

运行结果如下：

```
k = 5
froot =   0.3517
```

10.5.3 Matlab 关于方程(组)求根的命令

Matlab 里有几个很好用的求根命令．

1. *多项式方程求根*

命令格式：x=roots(p).

这里，***p*** 是多项式方程系数按降幂排列的系数向量，***x*** 是得到的全部根．

例如：求 $x^3-2x^2+3x-4=0$ 的全部根．

```
>> p = [1  - 2 3  - 4];
>> x =  roots(p)
ans =
        1.6506
        0.1747 + 1.5469i
        0.1747 - 1.5469i
```

2. *求函数的零点*

命令格式：x=fzero(fun，x0).

找出函数在 x_0 附近的零点．这个命令是基于二分法的，它要求函数在 x_0 附近变号，否则可能失败并给出 NaN 结果．

例如：求 $e^{-x/2}-x=0$ 在 1 附近的根．

```
>> fun = ' exp( - x/ 2) - x'
>> x = fzero(fun, 1)
x = 0.7035
```

3. 求非线性方程组的解

命令格式：x=fsolve(fun，x0)

这个命令可用于求解非线性方程组，它的使用比较复杂，以下仅用例子说明，详情请阅读 help 文件或有关资料．

例如：求$\begin{cases} e^{-x_1/2}-x_2=0 \\ x_1^2+x_2^2-5=0 \end{cases}$的解．

```
>> fun='[exp(-x(1)/2)*x(2)-1; x(1)^2+x(2)^2-5]';
>> x0=[1, 2];
>> x=fsolve(fun, x0)
x=
    1.2411      1.8600
>> x0=[-2 1]
>> x=fsolve(fun, x0)
x=
   -2.2114      0.3310
```

4. 非线性方程组的解析解

命令格式：x=solve(fun1，fun2，…，funn).

如果你的 Matlab 安装了符号运算工具箱，则可以使用 solve 命令求方程或方程组的解析解，在得不到解析解时，有时可以得到数值解，但它求数值解的效率不高，且可能失败．它的使用也比较复杂，以下仅用例子说明，详情请阅读 help 文件或有关资料．

例如：求 $ax^2+bx+c=0$ 的根．

```
>> x=solve('a*x^2+b*x+c')
x=
[1/2/a*(-b+(b^2-4*a*c)^(1/2))]
[1/2/a*(-b-(b^2-4*a*c)^(1/2))]
```

例如：求 $x^2-3x+3=0$ 的根．

```
>> x=solve('x^2-3*x+3')
x=
[3/2+1/2*i*3^(1/2)]
[3/2-1/2*i*3^(1/2)]
```

例如：求$\begin{cases} x^2+y^2-5=0 \\ x-3y-5=0 \end{cases}$的根．

```
>>[x, y]=solve('x^2+y^2-5','x-3*y-5')
```

```
x =
[-1]
[2]
y =
[-2]
[-1]
```

10.6 插值方法

10.6.1 Lagrange 插值

在互异节点 x_0，x_1，…，x_n 有函数值 y_0，y_1，…，y_n，求作 n 次 Lagrange 插值多项式 $L_n(x)$，并求在 x_star 处的插值结果.

例 10.19　已知$\sqrt{4}=2$，$\sqrt{9}=3$，$\sqrt{16}=4$，用 Lagrange 插值求$\sqrt{7}$的近似值. 编制程序存入 int_lagr.m，并运行.

```
x=[4 9 16];              %输入x值
y=sqrt(x);               %输入y值
x_star=7;                %输入x_star值
n=max(size(x));          %测定x的维数
y_star=0;
for i=0:n-1
    lj=1;
    for j=0:n-1
        if j~=i
            lj=lj*(x_star-x(j+1))/(x(i+1)-x(j+1));
        end
    end
    y_star=y_star+y(i+1)*lj;
end
y_star
```

运行结果:

```
y_star= 2.6286
```

10.6.2 Newton 插值

在互异节点 x_0，x_1，…，x_n 有函数值 y_0，y_1，…，y_n，求作 1 到 n 次 Newton 插值多项式 $N_n(x)$，并求在 x_star 处的插值结果.

例 10.20　已知 $\sin x$ 在 30°，45°，60°，90°的值，用 Newton 插值求 sin 40°的近似值.

编制程序存入 int _ newton. m，并运行.

```
x=[pi/ 6 pi/ 4 pi/ 3 pi/ 2];              %输入x值
y=sin(x);                                 %输入y值
x _ star=2*pi/ 9;                         %输入x _ star值
n=max(size(x));                           %测定x的维数
y _ star=y(1)
xf=1;                                     %一次因子的乘积预置为1
dx=y;                                     %各阶差商，预置为y值
for i=1: n-1                              %计算各阶差商
    dx0=dx;
for j=1: n-i
        dx(j)=(dx0(j+1)-dx0(j))/(x(i+j)-x(j));
end
    df=dx(1);
    %%%%%%%%%%%%%
    xf=xf*(x _ star-x(i));                %计算一次因子的乘积
    y _ star=y _ star+xf*df               %计算各次Newton插值的值
end
```

运行结果：

```
y _ star= 0.5000
y _ star= 0.6381
y _ star= 0.6434
y _ star= 0.6429
```

10.6.3 用拟合函数 polyfit 作插值

当拟合多项式次数只比数据点个数少 1 时，它就是插值多项式. 所以可以用 polyfit( )命令作插值. 它使用简单，可直接得到插值多项式的降幂标准形式，插值结果与 Lagrange 插值和 Newton 插值完全一样.

命令格式：p=polyfit(x，y，n).

这里，***x***，***y*** 是 $n+1$ 维数据向量，***p*** 得到的是一个 $n+1$ 维向量，它的分量就是插值多项式按降幂排列的系数.

例如：已知 $\sin x$ 在 30°，45°，60°，90°的值，用 polyfit 插值求 sin 40°的近似值.

```
>> x=[pi/ 6 pi/ 4 pi/ 3 pi/ 2];
```

```
>> y=sin(x);
>> p=polyfit(x, y, 3)
p= -0.0913   -0.1365    1.0886   -0.0195
>> polyval(p, 2*pi/9)
ans= 0.6429
```

10.6.4 Matlab 中的插值命令

Matlab 中有多种插值命令，可直接用于插值，十分便捷.

(1) 一维插值命令：interp1.

命令格式 1：yi=interp1(x, y, xi,' linear')，分段线性插值.

例 10.21 在区间[0, 10] 画出 $y=\sin x$ 分为 10 等份的分段线性插值图像.

```
>> x=1: 10; y=sin(x);
>> xi=1: 0.25: 10; yi=interp1(x, y, xi,'linear');
>> plot(x, y,'o')
>> hold on
>> plot(xi, yi,'k-')
>> plot(xi, sin(xi),'k:')
```

结果如图 10.5 所示.

命令格式 2：yi=interp1(x, y, xi,'cubic')，分段三次 Hermite 插值.

命令格式 3：yi=interp1(x, y, xi,'spline')，分段三次样条插值.

将例 10.21 中第二句改为以上命令格式，可得到如图 10.6 和图 10.7 所示的两个图像.

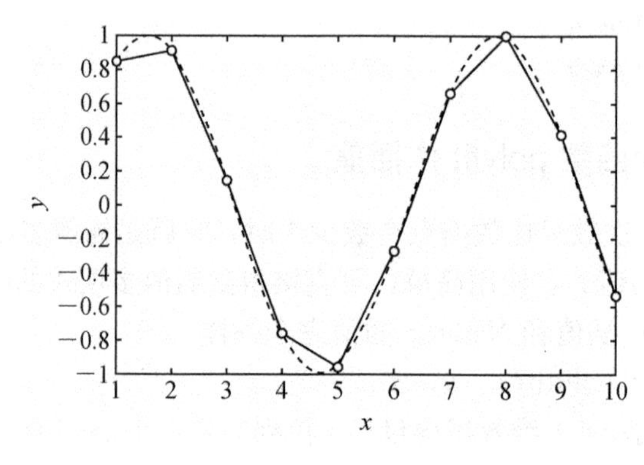

图 10.5

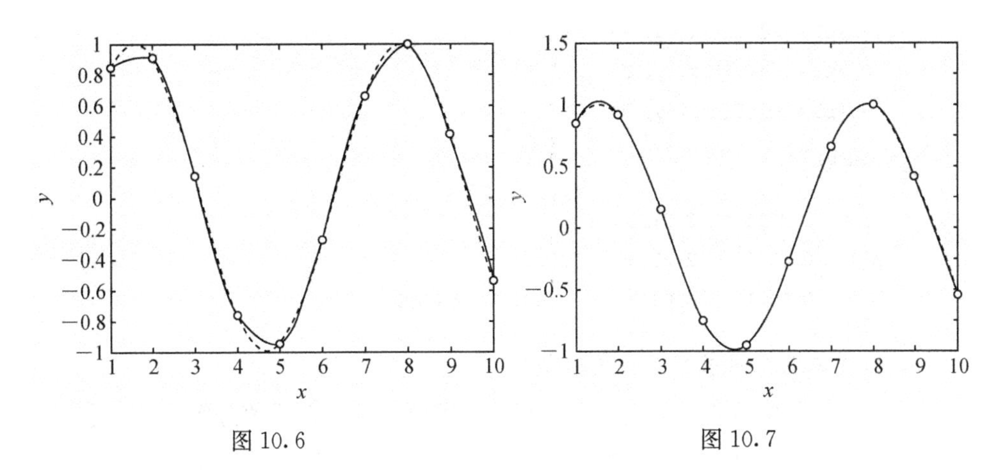

图 10.6　　图 10.7

此处还有：

(2) 二维插值命令：interp2 可用于曲面插值，详见有关资料 .

(3) 其他三次样条插值命令：

spline( )可得到分段三次函数的系数表；

pchip( )同上；

csape( )可选择输入边界条件 .

详见有关资料 .

10.7　数据拟合与函数逼近

10.7.1　多项式数据拟合

1. 多项式拟合命令 polyfit( )

命令格式：p=polyfit(x，y，n).

求出 n 次最小二乘多项式的系数向量 $\boldsymbol{p}$ ，这里 $\boldsymbol{x}$，$\boldsymbol{y}$ 是数据向量，它们的维数应大于 n，当它们的维数是 $n+1$ 时，这个命令求出的是插值多项式 .

例如：已知数据如表 10.6 所示 .

表 10.6

x_i	−1.00	−0.75	−0.5	−0.25	0	0.25	0.5	0.75	1.00
y_i	0.2209	0.3295	0.8826	1.4392	2.0003	2.5645	3.1334	3.7061	4.2836

求一次、二次、三次拟合多项式 .

```
>> x = -1: 0.25: 1;
>>y=[0.2209  0.3295  0.8826  1.4392  2.0003  2.5645  3.1334  3.7061  4.2836];
```

```
>>p1 = polyfit(x, y, 1)
>>p2 = polyfit(x, y, 2)
>>p3 = polyfit(x, y, 3)
```

运行结果：

```
p1 =   2.2516    2.0131
p2 =   0.0313    2.2516    2.0001
p3 =   0.0021    0.0313    2.2501    2.0001
```

2. 构造正规方程求解多项式拟合

polyfit 命令并不使用正规方程，而是使用更复杂的奇异值分解方法，它可以避免正规方程组的病态．如果想构造正规方程组求解可进行如下编程．

例 10.22　就表 10.6 数据求二次多项式拟合．

```
x= -1: 0.25: 1;
y=[0.2209  0.3295  0.8826  1.4392  2.0003  2.5645  3.1334  3.7061  4.2836];
x0 = x.^0
x1 = x
x2 = x.^2
A = [x0; x1; x2]'
N = A'*A
b = A'*y'
p = N\b.
```

运行结果：

```
N =
       9.0000        0          3.7500
       0             3.7500     0
       3.7500        0          2.7656
b =
       18.1183
        8.4437
        7.5870
p =
       2.0001
       2.2516
       0.0313
```

注意：这里 p 是升幂排列，与上次的结果是一致的．

10.7.2　非线性拟合

(1) 非线性拟合如能事先化为线性拟合，最好事先转化为用线性拟合处理，这样计算量小且精度高.

例 10.23　已知数据如表 10.7 所示.

表 10.7

x_i	1	2	3	4	5	6	7	8
y_i	15.3	20.5	27.4	36.6	49.1	65.6	87.8	117.6

求形如 $y=ae^{bx}$ 的经验公式(a，b 为待定常数).

解　$\ln y=\ln a+bx$，令 $Y=\ln y$，$A=\ln a \Rightarrow Y=A+bx$.

编程如下：

```
x=1: 8;
y=[15.3  20.5  27.4  36.6  49.1  65.6  87.8  117.6];
Y=log(y);
p=polyfit(x, Y, 1)
p=0.2912    2.4369
a=exp(p(2))
b=p(1)
```

运行结果：

```
a= 11.4371
b= 0.2912
```

有 $y=11.4371e^{0.2912x}$，还可以画出拟合效果图．编程如下：

```
xi=1: 0.1: 8;
yi=a*exp(b*xi);
plot(x, y,'+', xi, yi,'-')
```

结果如图 10.8 所示.

(2) Matlab 中的非线性拟合命令.

```
isqcurvefit( )    位于优化工具箱
isqnolin( )       位于优化工具箱
nlinfit( )        位于统计工具箱
```

以上命令都可以用于非线性拟合，使用比较复杂，现仅就 nlinfit( )举例说明，详情请参阅有关资料.

```
>>x=1: 8;
```

```
>>y=[15.3  20.5  27.4  36.6  49.1  65.6  87.8  117.6];
>>fun=inline(' p(1)*exp(p(2)*x)','p','x' )
>>p=nlinfit(x, y, fun, [10, 0.2])
p=
    11.4241
     0.2914
```

结果与例 10.23 略有不同，其实不如例 10.23 精确 .

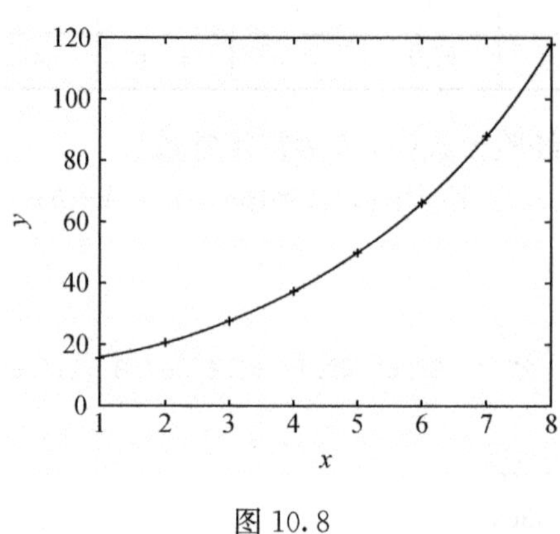

图 10.8

10.7.3 最佳平方逼近

$y=f(x)$，$x\in[a, b]$，求 $P_n(x)=\sum_{k=0}^{n}a_kx^k$，使$\int_a^b[f(x)-P_n(x)]^2\mathrm{d}x\Rightarrow\min$，称为求最佳平方逼近多项式 .

例 10.24 $y=\mathrm{e}^x$，$x\in[-1, 1]$，求最佳平方逼近多项式 $P_2(x)=a_0+a_1x+a_2x^2$.

Matlab 没有现成的逼近命令，现编程求解如下：

```
clf            %清除图形
%以下输入函数，区间和逼近多项式次数
fun='exp(x) ';
a=-1; b=1;
n=2;
%以下构造正规矩阵 A
A=zeros(n+1)
g='x.^0';
px=zeros(1, n+1);
for i=1: 2*n+1
```

```
        px(i) = quad(g, a, b)
        g = ['x. * ', g];
    end
    for i = 1: n+1
        for j = 1: n+1
            A(i, j) = px(i+j-1);
        end
    end
    A
    %以下构造右端 f
    f = ones(n+1, 1);
    g = fun;
    for i = 1: n+1
        f(i) = quad(g, a, b);
        g = ['x. *', g];
    end
    f
    %以下求解正规方程组
    p0 = A\f;
    p = [];
    for i = 1: n+1
        p(i) = p0(n-i+2);
    end
    p
    %以下绘制逼近效果图
    fplot(fun, [a, b])
    hold on
    xi = a: 0.1: b;
    yi = polyval(p, xi);
    plot(xi, yi,'r:')
```

运算结果:

```
A =
        2.0000    0.0000    0.6667
        0.0000    0.6667    0
        0.6667    0         0.4000
f =
        2.3504
        0.7358
```

```
        0.8789
p=
        0.5367      1.1036      0.9963
```

得 $P_2(x)=0.9963+1.1036x+0.5367x^2$.

结果如图 10.9 所示．这里，实线是函数曲线，虚线是逼近多项式曲线．

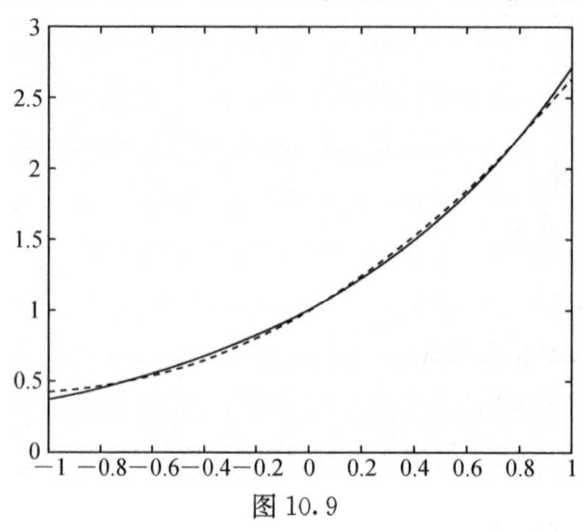

图 10.9

10.8 数值积分

10.8.1 非复化的数值积分

$$I=\int_a^b f(x)\mathrm{d}x\approx\sum_{k=1}^{n}A_k f(x_k)$$

实际上是一个线性组合计算，用 Matlab 编程计算很容易．

例 10.25 分别用 Cotes 公式和三点 Gauss-Legendre 公式计算 $I\approx\int_0^2 x\sin x\mathrm{d}x$（准确值为 1.7416）.

```
% 输入被积函数和积分区间
fun='x.*sin(x)'
a=0; b=2;
% 四阶 Newton-Cotes 公式
A=[7 32 12 32 7]/90;
n=max(size(A))-1; h=(b-a)/n; x=a:h:b;
IC=eval(fun)*A'*(b-a)
% 三点 Gauss-Legendre 求积公式
x=[1-0.7746, 1, 1.7746]
A=[5 8 5]/9
```

```
IL = eval(fun) * A'
```

计算结果：

```
IC =  1.7417
IL = 1.7414
```

其他积分的计算只要变更参数即可 .

10.8.2　复化数值积分计算

(1) 分 n 段的复化梯形公式 .

$$I \approx \frac{h}{2}\left[f(a)+f(b)+\sum_{k=1}^{n-1} f(x_k)\right]$$

这里，n 是等分段数，$h=(b-a)/n$ 是步长，节点为 $x_i=a+kh\,(k=0, 1, \cdots, n)$.

例 10.26　用分 10 段的复化梯形公式计算 $I \approx \int_0^2 x\sin x\,\mathrm{d}x$.

```
%复化梯形积分公式
fun = inline('x. * sin(x)')          %输入函数
a = 0; b = 2;                        %输入区间
n = 10;                              %输入等分段数
h = (b - a)/ n;                      %计算步长
%以下计算积分值
I = feval(fun, a) + feval(fun, b);
for k = 2: n
    I = I + 2 * feval(fun, a + (k - 1) * h);
end
I = I * h/ 2
```

运行结果：

```
I = 1.7419
```

(2) 逐次分半的复化梯形公式 .

$$T_1=\frac{f(a)+f(b)}{2}\times h$$

$$T_{2k}=\frac{T_k}{2}+h\sigma_k$$

这里，n 是等分段数，$h=(b-a)/n$ 是步长，节点为 $x_i=a+kh(k=0, 1, \cdots, n)$.

例 10.27　用逐次分半的复化梯形公式计算 $I \approx \int_0^2 x\sin x\mathrm{d}x$ ，精确到10^{-4}.

```
%   逐次分半的复化梯形积分公式
fun = inline('x. * sin(x))');          %输入函数
```

```
a=0; b=2;                         %输入区间
h=b-a;                            %步长预设为区间长
e=1e-4;                           %要求精度
%以下计算积分值
T=(feval(fun, a)+feval(fun, b))/2*h
n=1;
r=1;                              %当前误差预设为1
while r>e                         %当前误差小于要求精度时退出计算
    h=h/2; n=2*n;
    s=0;
    for k=2: 2: n
        s=s+feval(fun, a+(k-1)*h);
    end
    T0=T;
    T=T0/2+s*h                    %逐次分半公式
    r=abs(T0-T);                  %计算当前误差
end
T
```

运行结果：

```
T=1.7416
```

(3) 复化 Simpson 公式．

$$I \approx \frac{h}{3}\left[f(a)+f(b)+2\sum_{k=0}^{m} f(x_{2k})+4\sum_{k=1}^{m-1} f(x_{2k+1})\right]$$

这里，$2m$ 是等分段数，$h=\frac{b-a}{2m}$ 是步长，节点为 $x_i=a+kh(k=0,1,\cdots,2m)$．

例 10.28 用分 10 段的复化 Simpson 公式计算 $I\approx\int_0^2 x\sin x\mathrm{d}x$，精确到$10^{-4}$．

```
%quad_4 复化 Simpson 积分公式
fun=inline('x.*sin(x)');          %输入函数
a=0; b=2;                         %输入区间
m=10;                             %输入等分段数
h=(b-a)/m/2;                      %计算步长
%以下计算积分值
S=feval(fun, a)+feval(fun, b);
for k=2: m
    S=S+2*feval(fun, a+2*(k-1)*h);
end
```

```
for k = 1: m
    S = S + 4 * feval(fun, a + (2 * k - 1) * h);
end
S = S * h/3
```

运行结果：

```
S =  1.7416
```

10.8.3　Romberg 积分计算

以下编制的是四列形式的 Romberg 公式，其中，第一个序列是 T 序列，它由逐次分半的梯形公式形成，收敛较慢；第二个序列是 S 序列，由 T 序列的线性组合 $S_{i+1}=\frac{4T_{i+1}-T_i}{3}$ 形成；第三个序列是 C 序列，由 S 序列的线性组合 $C_{i+1}=\frac{16S_{i+1}-S_i}{15}$ 形成；第四个序列是 R 序列，由 C 序列的线性组合 $R_{i+1}=\frac{64C_{i+1}-C_i}{63}$ 形成．

例 10.29　用 Romberg 公式计算 $I\approx\int_0^2 x\sin x\,\mathrm{d}x$，当 $|R_{i+1}-R_i|<\varepsilon=10^{-5}$ 时退出．

编程计算：

```
% Romberg 积分公式
fun = inline('x. * sin(x)');              % 输入函数
a = 0; b = 2;                             % 输入区间
e = 1e - 6;                               % 输入精度要求
% 以下是 Romberg 过程
h = b - a; n = 1;
r = 1;                                    % 当前误差预设为 1
T = []; S = T; C = T; R = T;
T(1) = (feval(fun, a) + feval(fun, b))/ 2 * h;
i = 2;
while r>e                                 % 当前误差小于要求精度时退出计算
    h = h/ 2; n = 2 * n;
    s = 0;
    for k = 2: 2: n
        s = s + feval(fun, a + (k - 1) * h);
    end
    T(i) = T(i - 1)/ 2 + s * h;           % 形成 T 序列
    S(i) = (4 * T(i) - T(i - 1))/ 3;      % 形成 S 序列
    if i> = 3
        C(i) = (16 * S(i) - S(i - 1))/ 15;     % 形成 C 序列
```

```
    end
    if i>=4
        R(i)=(64*C(i)-C(i-1))/63;        % 形成R序列
    end
    if i>4
        r=abs(R(i)-R(i-1));             % 重新计算当前误差
    end
    i=i+1;
end
A=[T', S', C', R']                       % 得到结果
```

运行结果:

```
A=
    1.8186    0         0         0
    1.7508    1.7282    0         0
    1.7434    1.7409    1.7417    0
    1.7420    1.7415    1.7416    1.7416
    1.7417    1.7416    1.7416    1.7416
```

10.8.4 Matlab 中的积分公式

在 Matlab 中有一批积分命令，直接使用非常简单方便.

(1) 复化梯形公式：Trapz( ).

格式：I=trapz(x，y).

其中，x 是离散的数据点，y 是对应的函数值.

同例 10.29 用 $n=10$ 的复化梯形公式计算积分值.

```
>> fun='x.*sin(x)';
>> x=0:1/10:2;
>> y=eval(fun);
>> I=trapz(x, y)
I=1.7417
```

(2) 复化 Simpson 公式：quad( ).

格式：I=quad(fun，a，b，e).

其中，e 是积分的精度要求，缺省值是 10^{-6}. 它采用的是自适应的 Simpson 公式，即对 Simpson 公式逐次对分，直到满足精度要求为止.

同例 10.29 用自适应的复化 Simpson 公式计算积分值，精度要求 10^{-6}.

```
>> fun='x.*sin(x)';
>> I=quad(fun, 0, 2)
```

```
I = 1.7416
```

(3) 复化 Lobatto 公式：quadl( ).

格式：I=quadl(fun，a，b，e).

它采用的是自适应的复化 Lobatto 公式，Lobatto 公式是一类闭式 Gauss 型积分公式，代数精度较高．用法同 quad( ).

```
>> I = quadl(fun, 0, 2)
I = 1.7416
```

(4) 复化的 8 阶 Newton-Cotes 公式：quad8( ).

格式：I=quad8(fun，a，b，e).

它采用的是自适应的复化 8 阶 Newton-Cotes 公式，代数精度较高．用法同 quad( ).

```
>> I = quad8(fun, 0, 2)
I = 1.7416
```

(5) 二重积分和三重积分公式．

二重积分公式：dblquad( ).

三重积分公式：traplequad( ).

这两个公式参数较多，使用时请参阅有关资料．仅以 dblquad( )举例说明．

例如：计算 $I=\iint\limits_D \sqrt{|y-x^2|}\,\mathrm{d}x\mathrm{d}y$，$D=\{(x, y)\,|-1\leqslant x\leqslant 1, 0\leqslant y\leqslant 2\}$，精度要求 10^{-6}.

```
>> fun = 'sqrt(abs(y - x.^2))';
>> I = dblquad(fun, -1, 1, 0, 2)
I = 3.2375
```

10.9　常微分方程初值问题数值解

已知

$$\begin{cases} y'=f(x, y), & a\leqslant x\leqslant b \\ y(a)=y_0 \end{cases}$$

求 $y=y(x)$，$a\leqslant x\leqslant b$.

这称为常微分方程初值问题，有多种数值方法求解．

10.9.1　单步法

1. Euler 方法

$$\begin{cases} y_0=y(a) \\ y_{k+1}=y_k+hf(x_k, y_k), & k=0, 1, 2, \cdots \end{cases}$$

例 10.30 取 $h=0.1$，用 Euler 方法计算

$$\begin{cases} y=y-\dfrac{2x}{y}, & 0\leqslant x\leqslant 1 \\ y(0)=1 \end{cases}$$

```
%Euler方法
%输入函数f(x, y)和求解区间[a, b]
fun='y-2*x./y';
a=0; b=1;
h=0.1;
n=(b-a)/h; X=a: h: b; Y=zeros(1, n+1);
%Euler方法
X(1)=a; Y(1)=1;
for i=1: n
    x=X(i); y=Y(i);
    Y(i+1)=Y(i)+h*eval(fun)
end
[X', Y']
```

运行结果：

```
ans =  0         1.0000
       0.1000    1.1000
       0.2000    1.1918
       0.3000    1.2774
       0.4000    1.3582
       0.5000    1.4351
       0.6000    1.5090
       0.7000    1.5803
       0.8000    1.6498
       0.9000    1.7178
       1.0000    1.7848
```

精确解为 $y=\sqrt{1+2x}$，在图 10.10 中用实线表示，数值解用小圆圈表示.

2. 四阶经典 R-K 法

$$\begin{cases} y_0=y(a) \\ K_1=f(x_k,\ y_x) \\ K_2=f\left(x_i+\dfrac{h}{2},\ y_i+\dfrac{hK_1}{2}\right) \\ K_3=f\left(x_i+\dfrac{h}{2},\ y_i+\dfrac{hK_2}{2}\right) \\ K_4=f(x_i+h,\ y_i+hK_3) \\ y_{i+1}=y_i+\dfrac{h}{6}(K_1+2K_2+2K_3+K_4), \quad i=0,\ 1,\ 2,\ \cdots \end{cases}$$

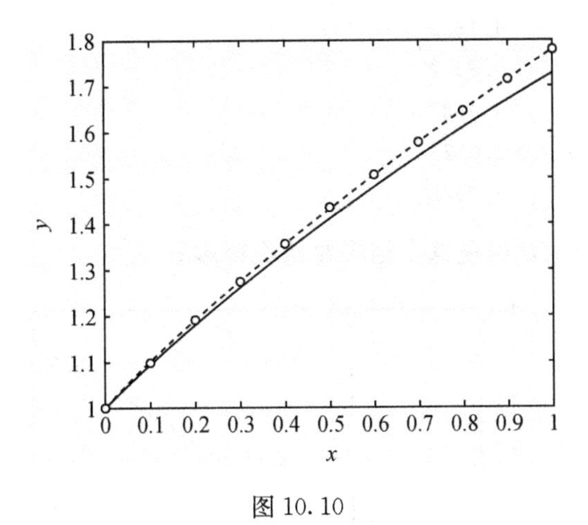

图 10.10

例 10.31　取 h=0.2，用四阶经典 R-K 法计算例 10.30.

```
%四阶 R-K 方法
%输入函数 f(x, y)和求解区间[a, b]
fun='y-2*x./y'
a=0; b=1;
y0=1;
h=0.2;
%四阶 R-K 方法
n=(b-a)/h; X=a:h:b; Y=zeros(1,n+1);
X(1)=a; Y(1)=y0;
for i=1:n
    x=X(i); y=Y(i);
    k1=eval(fun);
    x=X(i)+h/2; y=Y(i)+h*k1/2;
    k2=eval(fun);
    y=Y(i)+h*k2/2;
    k3=eval(fun);
    x=X(i)+h; y=Y(i)+h*k3;
    k4=eval(fun);
    Y(i+1)=Y(i)+h*(k1+2*k2+2*k3+k4)/6;
end
[X',Y']
```

运行结果：

```
ans=0          1.0000
```

```
0.2000      1.1832
0.4000      1.3417
0.6000      1.4833
0.8000      1.6125
1.0000      1.7321
```

如图 10.11 所示，可见这个结果要精确得多．

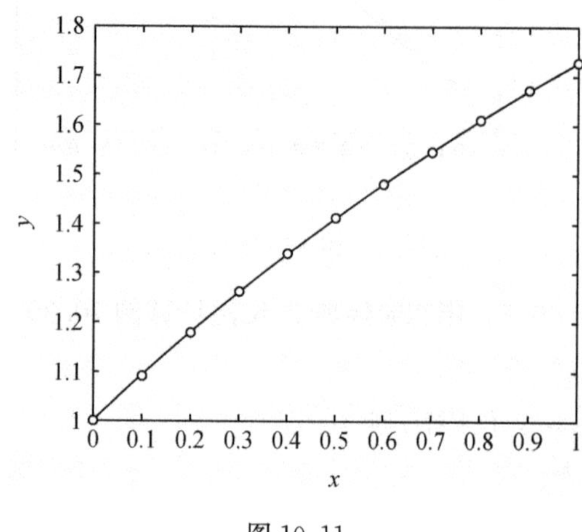

图 10.11

10.9.2 线性多步法

线性多步法有很多种方法，它们都不能自启动，常用同阶的 R-K 方法启动，程序都不难编制，仅举几例说明.

(1) Milne 方法是一种四阶四次显式方法，前三步用四阶经典 R-K 法计算启动．

$$y_{i+1}=y_{i-3}+\frac{4h}{3}(2f_{i-2}-f_{i-1}+2f_i),\quad i=3,\ 4,\ \cdots,\ n-1$$

例 10.32 取 $h=0.1$，用 Milne 方法计算例 10.30，前三步用四阶经典 R-K 法启动．

```
% Milne 方法
%输入函数 f(x, y)，求解区间[a, b]和步长 h
fun='y-2*x./y'
a=0; b=1;
y0=1;
h=0.1;
%四阶 R-K 方法启动
n=(b-a)/h; X=a:h:b; Y=zeros(1, n+1);
```

```
X(1) = a; Y(1) = y0;
for i = 1: 3
    x = X(i); y = Y(i);
    k1 = eval(fun);
    x = X(i) + h/ 2; y = Y(i) + h * k1/ 2;
    k2 = eval(fun);
    y = Y(i) + h * k2/ 2;
    k3 = eval(fun);
    x = X(i) + h; y = Y(i) + h * k3;
    k4 = eval(fun);
    Y(i + 1) = Y(i) + h * (k1 + 2 * k2 + 2 * k3 + k4)/ 6;
end
%  Milne 方法
for i = 4: n
    x = X(i - 2); y = Y(i - 2);
    f1 = eval(fun);
    x = X(i - 1); y = Y(i - 1);
    f2 = eval(fun);
    x = X(i); y = Y(i);
    f3 = eval(fun);
    Y(i + 1) = Y(i - 3) + 4 * h * (2 * f1 - f2 + 2 * f3)/ 3;
end
[X', Y']
```

运行结果：

```
ans = 0          1.0000
    0.1000       1.0954
    0.2000       1.1832
    0.3000       1.2649
    0.4000       1.3416
    0.5000       1.4141
    0.6000       1.4832
    0.7000       1.5491
    0.8000       1.6123
    0.9000       1.6732
    1.0000       1.7320
```

(2) Adams 外推方法是一种四阶四次显式方法，前三步用四阶经典 R-K 法计算启动．

$$y_{i+1}=y_i+\frac{h}{24}(55f_i-59f_{i-1}+37f_{i-2}-9f_{i-3}),\quad i=3,4,\cdots,n-1$$

例 10.33 取 $h=0.1$，用 Adams 外推方法求解例 10.30，前三步用四阶经典 R-K 法启动.

```
%四阶 Adams 外推方法
%输入函数 f(x, y)，求解区间[a, b]和步长 h
fun='y-2*x./y'
a=0; b=1;
y0=1;
h=0.1;
%四阶 R-K 方法启动
n=(b-a)/h; X=a:h:b; Y=zeros(1, n+1);
X(1)=a; Y(1)=y0;
for i=1:3
    x=X(i); y=Y(i);
    k1=eval(fun);
    x=X(i)+h/2; y=Y(i)+h*k1/2;
    k2=eval(fun);
    y=Y(i)+h*k2/2;
    k3=eval(fun);
    x=X(i)+h; y=Y(i)+h*k3;
    k4=eval(fun);
    Y(i+1)=Y(i)+h*(k1+2*k2+2*k3+k4)/6;
end
%四阶 Adams 外推方法
for i=4:n
    x=X(i-3); y=Y(i-3);
    f1=eval(fun);
    x=X(i-2); y=Y(i-2);
    f2=eval(fun);
    x=X(i-1); y=Y(i-1);
    f3=eval(fun);
    x=X(i); y=Y(i);
    f4=eval(fun);
    Y(i+1)=Y(i)+h*(55*f4-59*f3+37*f2-9*f1)/24;
end
[X', Y']
```

运行结果：

```
ans = 0          1.0000
    0.1000       1.0954
    0.2000       1.1832
    0.3000       1.2649
    0.4000       1.3416
    0.5000       1.4140
    0.6000       1.4830
    0.7000       1.5489
    0.8000       1.6121
    0.9000       1.6729
    1.0000       1.7316
```

10.9.3　预测-校正法

线性多步法可互相搭配．形成多种预测-校正格式．现仅介绍四阶 Adams 预测-校正格式．

例 10.34　取 $h=0.1$，用 Adams 预测-校正格式求解例 10.30，前三步用四阶经典 R-K 法启动．

```
%四阶 Adams 预测-校正方法      %输入函数 f(x, y)，求解区间[a, b]和步长 h
fun = 'y - 2 * x. / y'
a = 0; b = 1;
y0 = 1;
h = 0.1;
%四阶 R-K 方法启动
n = (b - a)/ h; X = a: h: b; Y = zeros(1, n + 1);
X(1) = a; Y(1) = y0;
for i = 1: 3
    x = X(i); y = Y(i);
    k1 = eval(fun);
    x = X(i) + h/ 2; y = Y(i) + h * k1/ 2;
    k2 = eval(fun);
    y = Y(i) + h * k2/ 2;
    k3 = eval(fun);
    x = X(i) + h; y = Y(i) + h * k3;
    k4 = eval(fun);
    Y(i + 1) = Y(i) + h * (k1 + 2 * k2 + 2 * k3 + k4)/ 6;
end
%四阶 Adams 预测-校正方法
```

```
for i=4: n
    x=X(i-3); y=Y(i-3);
    f1=eval(fun);
    x=X(i-2); y=Y(i-2);
    f2=eval(fun);
    x=X(i-1); y=Y(i-1);
    f3=eval(fun);
    x=X(i); y=Y(i);
    f4=eval(fun);
    Y(i+1)=Y(i)+h*(55*f4-59*f3+37*f2-9*f1)/24;
%四阶 Adams 外推公式预测
    x=X(i+1); y=Y(i+1);
    f0=eval(fun);
    Y(i+1)=Y(i)+h*(9*f0+19*f4-5*f3+f2)/24;
%四阶 Adams 内插公式校正
end
[X', Y']
```

运行结果：

```
ans=0         1.0000
    0.1000    1.0954
    0.2000    1.1832
    0.3000    1.2649
    0.4000    1.3416
    0.5000    1.4142
    0.6000    1.4832
    0.7000    1.5492
    0.8000    1.6125
    0.9000    1.6733
    1.0000    1.7321
```

10.9.4 Matlab 中求解常微分方程初值问题数值解的命令

(1) ode45 命令是求解常微分方程初值问题数值解的最主要命令，它基于4～5阶 R-K 方法，是单步方法，它将会自动选择步长．

命令格式：[x，y]=ode45(fun，[a，b]，y0)．

例如：用 ode45 命令求解例 10.30.

```
>> fun=inline('y-2*x./y')
>> ode45(fun, [0, 1], 1)
```

结果很精确，有45行，限于篇幅不再列出.

(2) ode23命令是基于2～3阶R-K方法，是单步方法，精度稍差但计算量小，且可用于轻度刚性问题.

命令格式：[x，y]=ode23(fun，[a，b]，y0).

例如：用ode23命令求解例10.30.

```
>> fun = inline('y - 2 * x. / y')
>> ode45(fun, [0, 1], 1)
```

结果较精确，有41行，限于篇幅不再列出.

以上命令也可用于常微分方程组和高阶方程，Matlab中还有一些命令用于对付刚性方程组，详情请参阅有关资料.

习题参考答案或提示

习　题　1

1.1　(1) 有限次，四则；

(2) 相近数，远小于；

(3) 截断误差，舍入误差；

(4) 小.

1.2　$\sqrt{10}\approx 3.162$.

1.3　$\varepsilon(y)=\frac{1}{2\sqrt{x}}\varepsilon(x)$，$x\geqslant\frac{1}{4}$.

1.4　x_1：4，$\varepsilon(x_1)=0.5\times10^{-4}$，$\varepsilon_r(x_1)=1.64\times10^{-4}$；

x_2：2，$\varepsilon(x_2)=0.5\times10^{8}$，$\varepsilon_r(x_2)=0.0098$；

x_3：3，$\varepsilon(x_3)=0.5$，$\varepsilon_r(x_3)=0.00125$；

x_4：4，$\varepsilon(x_4)=0.5\times10^{-6}$，$\varepsilon_r(x_4)=1.49\times10^{-4}$；

x_5：4，$\varepsilon(x_5)=0.5\times10^{-8}$，$\varepsilon_r(x_5)=5.71\times10^{-4}$.

1.5　略.

1.6　$\varepsilon_r(V)=3.0\%$.

1.7　$\varepsilon(R)=0.06(\mathrm{s})$，$\varepsilon_r(R)=0.1\%$.

1.8　$n\geqslant 4$.

1.9　$V\approx 3300.6\mathrm{mm}^2$，$\varepsilon(V)=243.6$，$\varepsilon_r(V)=7.38\%$.

1.10　$\varepsilon_r(\tan x)\approx 1972\varepsilon_r(x)$.

1.11　$\varepsilon(S)=\sum_{i=1}^{n}|c_i|\varepsilon(x_i)\leqslant\varepsilon\sum_{i=1}^{n}|c_i|$；

当 c_i 有正有负时，$\sum_{i=1}^{n}|c_i|\geqslant\sum_{i=1}^{n}c_i=1$，可能有 $\varepsilon(S)>\varepsilon$.

1.12　(1) $y=\frac{2x^2}{(1+2x)(1+x)}$；(2) $y=\frac{2}{x\left(\sqrt{x^2+\frac{1}{x}}+\sqrt{x^2-\frac{1}{x}}\right)}$；

(3) $y=\frac{2\sin^2 x}{x}$；(4) $y=\frac{q^2}{\sqrt{p^2+q^2}+p}$.

习　题　2

2.1　(1) 计算中断，误差增大；

(2) $\frac{n^3}{3}$，$\frac{n^3}{6}$；

(3) $\frac{n^3}{3}$，$\approx 5n$；

(4) 3，2.2882，2；

(5) t，t^2；

(6) c，$\frac{c}{a}$.

2.2 (1) $\boldsymbol{x}=(2,2,3)^{\mathrm{T}}$；

(2) $\boldsymbol{x}=(0,1,-1,0)^{\mathrm{T}}$.

2.3 (1) $\boldsymbol{x}=(0,-1,1)^{\mathrm{T}}$；

(2) $\boldsymbol{x}=\left(-\frac{1}{2},1,\frac{1}{3},-2\right)^{\mathrm{T}}$.

2.4 $\boldsymbol{A}^{-1}=\begin{pmatrix}0 & 1/3 & 1/3\\ 0 & 1/3 & -2/3\\ -1 & 2/3 & -1/3\end{pmatrix}$.

2.5 (1) $\boldsymbol{L}=\begin{pmatrix}1 & & \\ 1 & 1 & \\ -2 & 3 & 1\end{pmatrix}$，$\boldsymbol{U}=\begin{pmatrix}1 & 1 & -1\\ & 1 & -1\\ & & 2\end{pmatrix}$，$\boldsymbol{x}=\begin{pmatrix}2\\2\\3\end{pmatrix}$；

(2) $\boldsymbol{L}=\begin{pmatrix}1 & & & \\ 3/4 & 1 & & \\ 1/2 & 6/7 & 1 & \\ 1/4 & 5/7 & 5/6 & 1\end{pmatrix}$，$\boldsymbol{U}=\begin{pmatrix}4 & 3 & 2 & 1\\ & 7/4 & 3/2 & 5/4\\ & & 12/7 & 10/7\\ & & & 5/3\end{pmatrix}$，$\boldsymbol{x}=\begin{pmatrix}0\\1\\-1\\0\end{pmatrix}$.

2.6 $\boldsymbol{x}=(1,-4,9)^{\mathrm{T}}$.

2.7 $\boldsymbol{x}=(0.8333,0.6667,0.5000,0.3333,0.1667)^{\mathrm{T}}$.

2.8 (1) 用代数余子式讨论；

(2) 用矩阵乘法公式讨论.

2.9 用 $\boldsymbol{L}_k^{-1}\boldsymbol{L}_{k+1}^{-1}=(\boldsymbol{I}+\boldsymbol{l}_k)(\boldsymbol{I}+\boldsymbol{l}_{k+1})$讨论.

2.10 (1) 用 Cauchy 不等式讨论；

(2)，(3)易证.

2.11 (1) 5，4，3.618，2.2361；

(2) 13，13，11.5826，11.5826.

2.12 (1) 39025；

(2) 1.

2.13 略.

习 题 3

3.1 (1) 不可约；

(2) Gauss-Seidel；

(3) 谱半径，$0<\omega<2$；

(4) $q\geqslant 1$，0，1；

(5) $\boldsymbol{B}_{\mathrm{J}}=-\begin{pmatrix}0 & 1\\ 1/2 & 0\end{pmatrix}$，$\rho(\boldsymbol{B}_{\mathrm{J}})=\dfrac{\sqrt{2}}{2}$，$\boldsymbol{B}_{\mathrm{S}}=-\begin{pmatrix}0 & 1\\ 0 & 1/2\end{pmatrix}$，$\rho(\boldsymbol{B}_{\mathrm{S}})=\dfrac{1}{2}$.

3.2 (1) $\boldsymbol{x}=(5.75, -8.5, 6.25)^{\mathrm{T}}$；

(2) $\boldsymbol{x}=(-1, -4, -3)^{\mathrm{T}}$.

3.3 $\boldsymbol{x}=(-2, 0, 1)^{\mathrm{T}}$，取 $\omega=0.9$，迭代 14 步，取 $\omega=1$，迭代 51 步.

3.4 (1) 不可约且对角占优，两种迭代法均收敛；

(2) $\rho(\boldsymbol{B}_{\mathrm{J}})=\sqrt{3}>1$，$\rho(\boldsymbol{B}_{\mathrm{S}})=3>1$，两种迭代法均不收敛，但若行交换后为严格对角占优；

(3) $\rho(\boldsymbol{B}_{\mathrm{J}})=\dfrac{\sqrt{2}}{2}<1$，$\rho(\boldsymbol{B}_{\mathrm{S}})=1$，Jacobi 迭代法收敛，Gauss-Seidel 迭代法不收敛；

(4) 三对角阵不可约，对角占优，两种迭代法均收敛；

(5) 严格对角占优，两种迭代法均收敛；

(6) 对称正定，Gauss-Seidel 迭代法收敛，$\rho(\boldsymbol{B}_{\mathrm{J}})=1$，Jacobi 迭代法不收敛.

3.5 用谱半径定义证明.

3.6 (1) 顺序主子式证明；

(2)用谱半径证明.

习 题 4

4.1 (1) 按模最大，全部；

(2) 绝对值最大，非对角；

(3) 一般，精确化，对应的特征向量.

4.2 $\lambda_1\approx 6.001$，$\boldsymbol{x}_1\approx(1.000, 0.714, -0.250)^{\mathrm{T}}$.

4.3 精度取 10^{-3}，不平移时，迭代 153 次，平移后，迭代 8 次，得 $\lambda_1\approx-15.969$.

4.4 12.671.

4.5 略.

4.6 $\boldsymbol{H}=\begin{pmatrix}0.5811 & -0.8018 & -0.1396\\ -0.8018 & -0.5345 & -0.2673\\ -0.1396 & -0.2673 & 0.9535\end{pmatrix}$，$\boldsymbol{y}=\boldsymbol{H}\boldsymbol{x}=\begin{pmatrix}0\\ -3.7417\\ 0\end{pmatrix}$.

4.7 $\theta=35.7825$，

$$\boldsymbol{U}=\begin{pmatrix}0.8112 & -0.5847 & 0\\ -0.5847 & 0.8112 & 0\\ 0 & 0 & 1\end{pmatrix},\quad \boldsymbol{B}=\begin{pmatrix}-1.1623 & 0 & 1.0378\\ 0 & 5.1623 & 1.9807\\ 1.0378 & 1.9807 & 6.0000\end{pmatrix}.$$

4.8～4.10 略.

习 题 5

5.1 (1) [0.5, 1]，[0.5, 0.75]；

(2) $x_{k+1}=\dfrac{f(x_k)-f'(x_k)x_k}{1-f'(x_k)}$；

(3) $-\frac{\sqrt{5}}{5}<C<0$；

(4) $\lambda(x_k)=\frac{1}{3x_k^2-2x_k-1}$；

(5) $\sqrt[3]{3}$，二.

5.2 $f(\alpha)$在 x_k 处二阶 Taylor 展开 .

5.3 [0，1]，[2，3]，[6，7]各有一实根，$x\approx 6.29$.

5.4 (1) $x\approx -1.797$；

(2) $x\approx 0.0908$.

5.5 (1)，(2)不收敛；(3)收敛，$x=2.0945$.

5.6 $x=0.56714$.

5.7 $x=1.8794$.

5.8 (1) $x=1.5185$；

(2) $x=4.2748$；

(3) $x=1.8955$.

5.9 [−1，0]，[0，1]，[3，4]，$x=0.9100$.

5.10 Jacobi 法 7 步，Gauss-Seidel 法迭代 4 步，$x=1.4881$，$y=0.7650$.

5.11 Newton 法 3 步，简化 Newton 法 4 步，$x=-0.2854$，$y=1.2854$.

习 题 6

6.1 (1) 3，18，1，0；

(2) x，k；

(3) 16，7，$7x^2+9x$.

6.2 二次 0.883573，0.740576；三次 0.884499，0.739280.

6.3 0.587810， 3.4×10^{-5}.

6.4 0.455211.

6.5 $y_3(x)=0.1420x^3-0.3889x^2-1.4444x+2$.

6.6 $P(x)=\left(1+\frac{x-x_0}{x_1-x_0}\right)\frac{x-x_1}{x_0-x_1}y_0+\left(1-\frac{x-x_1}{x_0-x_1}\right)\frac{x-x_0}{x_1-x_0}y_1+(x-x_0)\frac{x-x_1}{x_0-x_1}y'_0$，

$R(x)=\frac{f'''(\xi)}{6}(x-x_0)^2(x-x_1)$.

6.7 (1) 令 $f(x)\equiv 1$；

(2) 令 $f(x)=x^k$；

(3) 令 $f(x)\equiv(x-t)^k$.

6.8 $N(0+t)=t^2+2t+3$；$N(4-t)=t^2-10t+27$.

6.9 $y_3(x)=-x^3+\frac{3}{2}x^2+\frac{1}{2}x+1$.

6.10 1.05126，1.52196，2.11702.

6.11 $h\leqslant 0.00632$.

6.12 (1) $m=(1，0.925663，0.761396，0.888813，0.6868)$；

(2) $m=(1.198006, 0.515987, 0.901015, 0.696512, 0.711244)$.

6.13 略.

习 题 7

7.1 (1)1，$\sqrt{\frac{2}{3}}$，1；

(2) $\begin{pmatrix}3 & 0\\0 & 2\end{pmatrix}\begin{pmatrix}a\\b\end{pmatrix}=\begin{pmatrix}1\\0\end{pmatrix}$，$y_1=\frac{1}{3}$；

(3) $\begin{bmatrix}2 & 0 & 2/3\\0 & 2/3 & 0\\2/3 & 0 & 2/5\end{bmatrix}$，$\begin{bmatrix}2 & 2 & 8/3\\2 & 8/3 & 4\\8/3 & 4 & 6.4\end{bmatrix}$.

7.2 (1) $y=0.1811x-0.0061$；

(2) 拟合值 1.26，1.62，2.17，2.71，3.43；

(3) $y(24)=4.34$.

7.3 (1) $y=0.2360+0.2650x$；

(2) 拟合值 0.236，0.501，0.766，1.031，1.296；

(3) $y(5)=1.561$，$y(6)=1.826$.

7.4 $y_2(x)=6.33-0.6032x+0.05268x^2$；

拟合值 4.6071，4.8757，5.5657，6.6771，8.2100，10.1643.

7.5 $y=60.1776e^{-0.0609x}+20$，$y(1)=76.6$，$y(2)=73.3$，$y(5)=64.3$.

7.6 $y_1=2.2516x+2.0131$，$r_1=0.0012$；

$y_2=0.0313x^2+2.2516x+2.0001$，$r_2=0.00000176$；

$y_3=0.0021x^3+0.0313x^2+2.2501x+2.0001$，$r_3=0.000000248$.

7.7 $y_1=0.5281x+0.6479$，$R=0.0036$；

$y_2=-0.1406x^2+0.5281x+0.6948$，$R=0.000119$.

7.8 $y=-4.1225x^2+4.1225x+0.0505$，$R=0.000298$.

7.9 (1) $y_1=0.5$，$R=0.1667$；

(2) $y_2=0.1875+0.9375(x-1)^2$，$R=0.0104$.

习 题 8

8.1 (1) n，$2n+1$；

(2) 1，3；

(3) $\frac{1}{12}$，3.

8.2 (1) $A_0=\frac{h}{3}$，$A_1=\frac{4}{3}h$，$A_2=\frac{1}{3}h$，代数精度为 3；

(2) $\begin{cases}x_1=0.6899\\x_2=-0.1266\\A=\frac{1}{3}\end{cases}$ 或 $\begin{cases}x_1=-0.2899\\x_2=0.5266\\A=\frac{1}{3}\end{cases}$，二次精度；

(3) $A_1=\frac{1}{2}$，$A_2=0$，$A_3=\frac{3}{2}$，二次精度；

(4) $A_1=A_3=\frac{1}{3}$，$A_2=\frac{4}{3}$，$x_1=-1$，三次精度；

(5) $\begin{cases} x_1=1-\sqrt{3}/3 \\ x_2=1+\sqrt{3}/3 \end{cases}$，三次精度.

8.3 (1) 0.1114024，0.1115718，0.1115718；

(2) 0.6605093，0.6640996；

(3) 0.7462108，0.768242，0.7468241；

(4) 1.0356219，1.0357641；

(5) 1.3694596，1.3707623，1.3707621.

8.4 (1) 0.84270；

(2) 4.75236.

8.5 (1) 1.263158，3.974843，2.047285；

(2) 0.631979，0.632120，0，632121；

(3) 1.090909，1.098039，1.098570.

8.6 (1) 0.9238795，0.9064405，0.8992802；

(2) 2.1708038，2.1158011，2.1317948.

8.7 0.8557832， 0.8862269， 精确值 0.8862269.

8.8 −0.232，−0.176，−0.247，−0.187.

8.9 $h=0.1$，一阶 14.16，15.649，14.9045，二阶 14.89；

$h=0.2$，一阶 13.486，16.472，14.979，二阶 14.93.

习 题 9

9.1 (1) 1，2，4；

(2) 0.139，$0<h<0.1$，$0<h<\infty$，$0<h<0.115$，$0<h<0.15$；

(3) $\frac{h^2}{2}y''(\xi_i)$，$-\frac{h^3}{12}y'''(\xi_i)$，$\frac{251}{720}h^5y^{(5)}(\xi_i)$，$-\frac{19}{720}h^5y^{(5)}(\xi_i)$.

9.2 运算得下表.

(1) 取步长 $h=0.1$ 时，

x_n	y_n	$y(x_n)$
0.0000	0.0000	0.0000
0.1000	0.1000	0.0990
0.2000	0.1970	0.1923
0.3000	0.2854	0.2752
0.4000	0.3609	0.3448
0.5000	0.4210	0.4000

续表

x_n	y_n	$y(x_n)$
0.6000	0.4656	0.4412
0.7000	0.4957	0.4698
0.8000	0.5137	0.4878
0.9000	0.5219	0.4972
1.0000	0.5227	0.5000

(2) 取步长 $h=0.2$ 时，

x_n	y_n	$y(x_n)$
0.0000	0.0000	0.0000
0.2000	0.2000	0.1923
0.4000	0.3763	0.3448
0.6000	0.4921	0.4412
0.8000	0.5423	0.4878
1.0000	0.5466	0.5000

9.3　运算得下表：

x_n	y_n	$y(x_n)$	$\lvert y(x_n)-y_n \rvert$
0.1000	1.1100	1.1103	0.0003
0.2000	1.2421	1.2428	0.0007
0.3000	1.3985	1.3997	0.0012
0.4000	1.5818	1.5836	0.0018
0.5000	1.7949	1.7974	0.0025
0.6000	2.0409	2.0442	0.0033
0.7000	2.3231	2.3275	0.0044
0.8000	2.6456	2.6511	0.0055
0.9000	3.0124	3.0192	0.0068
1.0000	3.4282	3.4366	0.0084

9.4　略.

9.5　运算得下表：

x_n	R-K　y_n	Adams　y_n	准确值 $y(x_n)$
0.1000	0.9091		0.9091
0.2000	0.8333		0.8333

续表

x_n	R-K y_n	Adams y_n	准确值 $y(x_n)$
0.3000	0.7692		0.7692
0.4000		0.7142	0.7143
0.5000		0.6667	0.6667
0.6000		0.6250	0.6250
0.7000		0.5882	0.5882
0.8000		0.5555	0.5556
0.9000		0.5263	0.5263
1.0000		0.4999	0.5000

9.6 用 Euler 方法作启动运算得下表：

x_n	Euler y_n	Euler 中点 y_n	准确值 $y(x_n)$
0.1000	0.75		0.77880
0.2000		0.625	0.60653
0.3000		0.4375	0.47237
0.4000		0.40625	0.36788
0.5000		0.234375	0.28650
0.6000		0.2890625	0.22313
0.7000		0.08984375	0.17377
0.8000		0.244140625	0.13534
0.9000		−0.0322	0.10540
1.0000		0.26024	0.08208

9.7，9.8 略.

9.9 证明局部截断误差为 0.

参 考 文 献

戴嘉尊，邱建贤．2002．微分方程数值解法．南京：东南大学出版社．
丁丽娟．1997．数值计算方法．北京：北京理工大学出版社．
封建湖，李刚明．2001．计算方法典型题分析解集．2版．西安：西北工业大学出版社．
高培旺．2003．计算方法典型例题与解集法．长沙：国防科技大学出版社．
何旭初，苏煜城，包雪松．1980．计算数学简明教程．北京：高等教育出版社．
李荣华，冯果忱．1980．微分方程数值解法．北京：人民教育出版社．
李岳生，黄友谦．1978．数值逼近．北京：人民教育出版社．
史万民，杨骅飞，吴裕树，等．2002．数值分析．北京：北京理工大学出版社．
王能超．1984．数值分析简明教程．北京：高等教育出版社．
现代应用数学手册编委会．2005．现代应用数学手册——计算与数值分析卷．北京：清华大学出版社．
薛毅．2005．数值分析与实验．北京：北京工业大学出版社．
杨大地，谈骏渝．2002．实用数值分析．重庆：重庆大学出版社．
杨大地，涂光裕．1998．数值分析．重庆：重庆大学出版社．
杨凤翔，翟瑞彩，孙晶．1996．数值分析．天津：天津大学出版社．
易大义，蒋叔豪，李有法．1984．数值方法．浙江：浙江科学技术出版社．
Nakamura S. 2002．科学计算引论．北京：电子工业出版社．